일반수학

김익성 지음

KM 경문사

머리말

일반수학은 자연 계열뿐만 아니라 공학 계열과 경상 계열 학생들의 전공에 필요한 수학의 여러 기초 내용을 공부한다.

집합은 기존의 정의와 더불어 새로운 의미를 부여하여 설명했다. 또한 집합을 일반화한 퍼지 집합을 도입하였다. 퍼지 집합은 근래에 여러 분야에 적용되고 많이 응용되는 추세이다. 미분과 적분 그리고 편미분과 이중적분에 대한 기본 이론과 응용에 대해서 많은 예제와 자세한 증명을 통하여 개념파악이 잘 되도록 노력했고 스스로 공부할 수 있도록 하였다.

수학은 자기 자신이 혼자서 내용을 이해하고 문제를 해결하는 것이 중요하다. 많은 연습문제를 풀어봄으로 문제해결 능력과 논리적 사고력을 증대시킬 수 있다. 이 책이 학생들의 전공분야의 수리적 이해에 도움이 되기를 바란다.

끝으로 이 책의 발행에 수고하신 도서출판 경문사의 여러분께 깊이 감사를 드린다.

2015년 8월
지은이

차례

제1장 기초 이론

제2장 도함수

제3장 도함수의 응용

제4장 역도함수

제5장 리만 적분의 응용

제6장 로그함수와 지수함수

제7장 적분법

제8장 이상적분

제9장 편도함수

제10장 다중적분

부록

제 1 장

기초 이론

1.1 집합

1.2 함수

1.1 집합

수학의 모든 분야에서 기본이 되는 개념은 집합이며 수학의 모든 사물과 구성이 집합 위에서 만들어진다. 집합의 중요하므로 가장 먼저 집합의 성질과 특성에 대해서 알아본다. 그리고 집합보다 넓은 의미를 가지고 있는 퍼지집합의 성질과 집합과 퍼지집합의 차이점에 대해서 알아본다. 또한 정수에서 합동 성질을 이용하여 암호이론에 대해서 공부한다.

1. 집합

집합(set)은 명확하고 확실하게 정의되는 사물의 모임을 의미하고, 집합에 속한 사물을 그 집합의 원소(element)라 하고 다음과 같이 표시한다.

집합 : 알파벳의 대문자 $(A,\ B,\ C,\ \cdots)$
원소 : 알파벳의 소문자 $(a,\ b,\ c,\ \cdots)$

주어진 집합에 속하는 원소를 나타내는 방법에는 다음과 같이 두 가지 방법이 있다.

1) 원소나열법 그리고 2) 조건제시법

정의

원소나열법은 집합의 원소를 나열하여 집합을 나타내는 방법을 의미한다.

예제 1 집합 A가 알파벳의 모음으로 이루어졌을 때 집합 A를 원소나열법으로 나타내시오.

풀이 $A = \{\mathrm{a},\ \mathrm{e},\ \mathrm{i},\ \mathrm{o},\ \mathrm{u}\}$

정의

조건제시법은 집합의 원소가 만족하는 성질에 의하여 집합을 나타내는 방법을 의미한다.

예제 2 집합 B가 3이 배수로 이루어졌을 때 집합 B를 조건제시법으로 나타내시오.

풀이 $B = \{x : x\text{는 3의 배수}\}$

예제 3 집합 B를 원소나열법으로 나타내시오.

풀이 $B = \{\cdots, -3, 0, 3, 6, \cdots\}$

예제 4 예제 1의 집합 A를 조건제시법으로 나타내시오.

풀이 $A = \{x : x\text{는 알파벳의 모음}\}$

정의

원소 x가 집합 A에 속할 때 $x \in A$로 나타내고, 원소 x가 집합 A에 속하지 않을 때 $x \not\in A$로 나타낸다.

정의

집합 A에 속하는 모든 원소가 집합 B에 속할 때 $A \subseteq B$로 표시한다. 이때 A는 B의 부분집합(subset)이라 하고 B는 A의 초월집합(superset)이라 한다.

특히 $A \subseteq B$이고 A에 속하지 않는 B의 원소가 적어도 하나 존재할 때 A는 B의 진부분집합(proper subset)이라 하고 $A \subset B$로 표시한다.

예제 5 $A = \{1, 2, 3\}$, $B = \{1, 2, 2\}$, $C = \{1,1,1\}$일 때 포함관계를 구하시오.

풀이 $C \subset B \subset A$ 또는 $C \subseteq B \subseteq A$

모든 집합의 초월집합을 전체집합 (universal set)이라 하고 집합 U로 나타낸다.

정의

집합 A의 모든 부분집합의 집합을 A의 멱집합(power set)이라 하고 $P(A)$로 나타낸다.

특히 다음을 알 수 있다.

$$X \subseteq A \quad \Leftrightarrow \quad X \in P(A)$$

예제 6 $A = \{a,\ b,\ c\}$ 일 때 A의 멱집합을 구하시오.

풀이 $P(A) = \{\varnothing, \{a\}, \{b\}, \{c\}, \{a,b\}, \{b,c\}, \{a,c\}, \{a,b,c\}\}$

정의

집합 A에 속하는 모든 원소가 집합 B에 속하고 또 집합 B에 속하는 모든 원소가 집합 A에 속할 때 $A = B$로 정의한다.

집합의 상등에 대한 또 다른 정의는 다음과 같다.

$$A = B \quad \Leftrightarrow \quad A \subseteq B \text{ 그리고 } B \subseteq A$$

예제 7 $A = \{x \mid x^2 - 5x + 6 = 0\}$이고 $B = \{2,\ 3,\ 3,\ 3\}$일 때 $A = B$가 성립한다.

풀이 A의 원소 2, 3는 모두 B의 원소이므로 다음과 같다.

$$A \subseteq B$$

B의 원소 2, 3, 3, 3 역시 A의 원소이므로 다음과 같다.

$$B \subseteq A$$

그 결과 다음을 알 수 있다.

$$A = B$$

정의

집합 A 의 원소의 개수를 $|A|$으로 나타내고, 원소의 개수가 1인 집합을 한원소 집합(singleton set)이라 한다.

$S=\{*\}$인 경우 다음을 알 수 있다.

$$|S|=1$$

정리 1

$|A|=n$인 경우, $P(A)$ 의 원소의 개수는 2^n개다.

증명 수학적 귀납법 또는 일대일 대응함수를 이용하여 다음을 증명할 수 있다.

$$|P(A)|=2^{|A|}$$

원소 x가 집합 A에 속할 때, 즉 $x\in A$는 다음과 같이 정의역이 한원소 집합인 함수의 형태로 나타낼 수 있다.

$$x\in A \quad \Leftrightarrow \quad x:\{*\}\to A$$

2. 집합의 연산

다음은 집합의 연산 즉, 합집합, 교집합, 여집합 그리고 차집합에 대해서 알아보자.

정의

A와 B의 합집합 $A\cup B$는 다음과 같이 정의한다.

$$A\cup B=\{x: x\in A \text{ 또는 } x\in B\}$$

또한 합집합 $A\cup B$는 함수를 이용하여 나타낼 수 있다.

두 수의 최소공배수 (least common multiple) 는 두 수의 공배수 중에서 최소인 공배수를 의미한다. 그 결과 다음을 알 수 있다.

두 집합의 합집합은 두 집합의 공통 초월집합 중에서 최소인 공통 초월집합 즉, 최소공 초월집합(least common superset)을 의미한다.

정리 1

집합 A, B, C 에 대해서 다음이 성립한다.

(a) $A \cup B = B \cup A$

(b) $A \cup A = A$

(c) $(A \cup B) \cup C = A \cup (B \cup C)$

(d) $A \subseteq A \cup B$

(e) $B \subseteq A \cup B$

n 개의 집합 $A_1, A_2, \cdots, A_n$ 의 합집합은 다음과 같이 나타낸다.

$$A_1 \bigcup A_2 \bigcup \cdots \bigcup A_n \equiv \bigcup_{i=1}^{n} A_i$$

무한개의 집합 $A_1, A_2, \cdots, A_n, \cdots$ 의 합집합은 다음과 같이 나타낸다.

$$A_1 \bigcup A_2 \bigcup \cdots \bigcup A_n \bigcup \cdots \equiv \bigcup_{i=1}^{\infty} A_i$$

정의

A 와 B 의 교집합 $A \cap B$ 는 다음과 같이 정의한다.

$$A \cap B = \{x : x \in A \text{ 그리고 } x \in B\}$$

또한 교집합 $A \cap B$ 는 함수를 이용하여 나타낼 수 있다.

두 수의 최대공약수 (greatest common divisor)는 두 수의 공약수 중에서 최대인 공약수를 의미한다. 그 결과 다음을 알 수 있다.

두 집합의 교집합은 두 집합의 공통 부분집합 중에서 최대인 공통 부분집합 즉, 최대공 부분집합(greatest common subset)을 의미한다.

정리 2

집합 A, B, C 에 대해서 다음이 성립한다.

(a) $A \cap B = B \cap A$

(b) $A \cap A = A$

(c) $(A \cap B) \cap C = A \cap (B \cap C)$

(d) $A \cap B \subseteq A$

(e) $A \cap B \subseteq B$

n 개의 집합 $A_1, A_2, \cdots, A_n$ 의 교집합은 다음과 같이 나타낸다.

$$A_1 \bigcap A_2 \bigcap \cdots \bigcap A_n \equiv \bigcap_{i=1}^{n} A_i$$

무한개의 집합 $A_1, A_2, \cdots, A_n, \cdots$ 의 교집합은 다음과 같이 나타낸다.

$$A_1 \bigcap A_2 \bigcap \cdots \bigcap A_n \bigcap \cdots \equiv \bigcap_{i=1}^{\infty} A_i$$

배분법칙(distributive law)은 다음과 같다.

(a) $A \cap (B \cup C) = (A \cap B) \cup (A \cap C)$

(b) $A \cup (B \cap C) = (A \cup B) \cap (A \cup C)$

정의

A 의 여집합 A^c 또는 $\overline{A}$ 는 다음과 같이 정의한다.

$$A^c = \{x : x \not\in A\}$$

또한 여집합 A^c 는 함수를 이용하여 나타낼 수 있다.

정리 3

집합 A, B에 대해서 다음이 성립한다.

$A \cup A^c = U$, 단 U는 전체집합

$A \subseteq B \Rightarrow B^c \subseteq A^c$

정의

A, B의 차집합 $A-B$는 다음과 같이 정의한다.

$$A-B=\{x : x \in A \text{ 그리고 } x \notin B\}$$

또는 다음과 같이 나타낼 수 있다.

$$A-B = A \cap B^c$$

정의

원소를 가지고 있지 않은 집합을 공집합(empty set)이라 정의하고 { } 또는 $\varnothing$ 으로 나타낸다. 또는 다음과 같이 정의한다.

$$\varnothing = \{x \mid x \neq x\}$$

공집합은 모든 집합의 부분집합이고 또한 다음을 알 수 있다.

$$|\varnothing| = 0$$

정리 4

집합 A, $\varnothing$, U에 대해서 다음이 성립한다.

(a) $A \cap A^c = \varnothing$

(b) $A \cup A^c = U$

(c) $A \cup \varnothing = A$

(d) $A \cap \varnothing = \varnothing$

(e) $A \cup U = U$

(f) $A \cap U = A$

(g) $(A^c)^c = A$

(h) $U^c = \varnothing$

(i) $\varnothing^c = U$

예제 1 전체집합 $U=\{a, b, c, d, e\}$, $A=\{a, c, e\}$, $B=\{a, b, c\}$일 때 다음을 구하시오.

(a) $A\cup B$ (b) $A\cap B$

(c) A^c (d) B^c

(e) $A-B$ (f) $B-A$

풀이 (a) $A\cup B=\{a, b, c, e\}$ (b) $A\cap B=\{a, c\}$

(c) $A^c=\{b, d\}$ (d) $B^c=\{d, e\}$

(e) $A-B=\{e\}$ (f) $B-A=\{b\}$

정의

두 집합 A, B의 곱집합 $A\times B$는 다음과 같이 정의한다.

$$A\times B=\{(a,b)\mid a\in A,\ b\in B\}$$

또한 다음을 알 수 있다.

$$|A\times B|=|A|\times|B|$$

예제 2 $A=\{1,2,3\}$, $B=\{a,b\}$인 경우 $A\times B$, $A\times A$, $B\times B$, $B\times A$를 구하시오.

풀이 $A\times B=\{(1,a),(1,b),(2,a),(2,b),(3,a),(3,b)\}$

$A\times A=\{(1,1),(1,2),(1,3),(2,1),(2,2),(2,3)(3,1),(3,2),(3,3)\}$

$B\times B=\{(a,a),(a,b),(b,a),(b,b)\}$

$B\times A=\{(a,1),(b,1),(a,2),(b,2),(a,3),(b,3)\}$

또한 다음을 알 수 있다.

$$A\times B\neq B\times A$$

그러나 다음이 성립한다.

$$|A\times B|=|B\times A|=6$$

또한 다음을 알 수 있다.

$$|A \times A| = 9,\ |B \times B| = 4$$

정의

두 집합 A, B에 대해서 B^A는 다음과 같이 정의한다.

$$B^A = \{f \mid f : A \to B\}$$

또한 다음을 알 수 있다.

$$|A^B| = |A|^{|B|}$$

예제 3 A는 임의의 집합이고 $B = 2 = \{0,1\}$인 경우 다음이 성립한다.

$f : A \to 2$에 대해서 A의 부분집합이 유일하게 존재한다.

그 결과 다음을 알 수 있다.

$$|P(A)| = |2^A|$$

3. 퍼지 집합

전체 집합 U의 임의의 부분집합 A에 대해서 $x \in U$는 $x \in A$ 또는 $x \notin A$임을 알 수 있다. 이 결과 우리는 부분집합 A에 대해서 다음의 함수가 존재함을 알 수 있다.

$$\mu_A : U \to \{0,1\}$$

$$\text{단, } \mu_A(x) = 1 \quad \text{만약} \quad x \in A$$

$$\mu_A(x) = 0 \quad \text{만약} \quad x \notin A$$

이 함수를 U에서 A의 특성함수(characteristic function of A in U)라고 한다.

퍼지 집합 A는 전체 집합 U의 임의의 각 원소가 A에 소속하는 정도를 [0,1]의 값으로 나타내는 다음과 같은 함수를 의미한다.

$$\mu_A : U \to [0,1]$$

정의

전체 집합 U의 임의의 부분집합 A에 대해서 함수 $\mu_A : U \rightarrow [0,1]$ 가 존재하는 경우 A를 U에서의 퍼지 집합이라 한다.
또한 다음을 퍼지 집합 A의 소속정도 함수라 한다.

$$\mu_A : U \rightarrow [0,1]$$

임의의 집합은 퍼지 집합임을 알 수 있다. 즉 퍼지 집합은 집합의 일반화이다.

예제 1 전체 집합 $U=\{a,b,c,d,e\}$라 하고 퍼지 집합 A를 내가 좋아하는 알파벳으로 정의하자. 좋아하는 정도는 다음과 같다.

$$\mu_A(a)=0.8,\ \mu_A(b)=0.2,\ \mu_A(c)=1,\ \mu_A(d)=0,\ \mu_A(e)=0.7$$

퍼지 집합 A는 다음과 같이 나타낼 수 있다.

$$A=\{(a,0.8),(b,0.2),\ (c,1),\ (d,0),\ (e,0.7)\}$$

정의

전체 집합 U에서 정의된 두 퍼지 집합 A,B에 대해서 $\mu_A(x)=\mu_B(x)\ \ \forall x \in U$이 성립되는 경우 $A=B$로 정의한다.

예제 2 $A=\{(a,0.8),(b,0.2),\ (c,1),\ (d,0.5),\ (e,0.7)\}$ 그리고
$B=\left\{(a,0.8),(b,\frac{1}{5}),\ (c,1),(d,\frac{1}{2}),\ (e,0.7)\right\}$인 경우 다음을 알 수 있다.

$$A=B$$

정의

전체 집합 U에서 정의된 두 퍼지 집합 A,B 에 대해서 $\mu_A(x) \leq \mu_B(x)\ \ \forall x \in U$이 성립되는 경우 $A \subseteq B$로 정의한다.

예제 3 $A=\{(a,0.8),(b,0.2),\ (c,1),\ (d,0.5),\ (e,0.7)\}$ 그리고 $B=\{(a,0.8),(b,0.5),\ (c,1),(d,0.8),\ (e,0.7)\}$인 경우 다음을 알 수 있다.

$$A \subseteq B$$

예제 4 전체 집합 U에서 정의된 두 퍼지 집합 A, B에 대해서 $\mu_A(x)=\mu_B^2(x)$ $\forall x \in U$이 성립되는 경우 $0 \leq \mu_B(x) \leq 1$이므로 다음을 알 수 있다.

$$A \subseteq B$$

4. 퍼지 집합의 연산

퍼지 집합에서의 연산은 경우에 따라 다르게 정의된다. 우리는 표준 퍼지연산에 대해서 공부한다.

정의

전체 집합 U에서 정의된 두 퍼지 집합 A, B에 대해서 $A \cup B$는 다음과 같다.

$$\mu_{A \cup B}(x)=\max\{\mu_A(x),\ \mu_B(x)\}, \quad \forall x \in U$$

예제 1 다음과 같은 경우 $A \cup B$를 구하시오.

$$A=\{(a,0.9),(b,0.2),\ (c,1),\ (d,0.5),\ (e,0.8)\},$$
$$B=\{(a,0.8),(b,0.5),\ (c,1),(d,0.8),\ (e,0.7)\}$$

풀이 다음을 알 수 있다.

$$A \cup B=\{(a,0.9),(b,0.5),\ (c,1),(d,0.8),\ (e,0.8)\}$$

정의

전체 집합 U에서 정의된 두 퍼지 집합 A, B에 대해서 $A\cap B$는 다음과 같다.

$$\mu_{A\cap B}(x)=\min\{\mu_A(x),\ \mu_B(x)\},\quad \forall x\in U$$

예제 2 다음과 같은 경우 $A\cap B$를 구하시오.

$$A=\{(a,0.9),(b,0.2),\ (c,1),\ (d,0.5),\ (e,0.8)\},$$
$$B=\{(a,0.8),(b,0.5),\ (c,1),(d,0.8),\ (e,0.7)\}$$

풀이 다음을 알 수 있다.

$$A\cap B=\{(a,0.8),(b,0.2),\ (c,1),\ (d,0.5),\ (e,0.7)\}$$

정리 1

전체 집합 U에서 정의된 두 퍼지 집합 A, B에 대해서 다음이 성립한다.

(a) $A\cap B\subseteq A,\quad A\cap B\subseteq B$

(b) $A\subseteq A\cup B,\quad B\subseteq A\cup B$

(c) $A\subseteq B\ \Rightarrow\ A\cup B=B,\ A\cap B=A$

정의

전체 집합 U에서 정의된 퍼지 집합 A에 대해서 A^c는 다음과 같다.

$$\mu_{A^c}(x)=1-\mu_A(x),\quad \forall x\in U$$

예제 3 다음과 같은 경우 A^c와 B^c를 구하시오.

$$A=\{(a,0.9),(b,0.2),\ (c,1),\ (d,0.5),\ (e,0.8)\}\ \text{그리고}$$
$$B=\{(a,0.8),(b,0.5),\ (c,1),(d,0.8),\ (e,0.7)\}$$

풀이 $A^c=\{(a,0.1),(b,0.8),\ (c,0),\ (d,0.5),\ (e,0.2)\}$

$B^c=\{(a,0.2),(b,0.5),\ (c,0),(d,0.2),\ (e,0.3)\}$

정의

전체 집합 U에서 정의된 두 퍼지 집합 A, B에 대해서 $A-B$는 다음과 같다.

$$\mu_{A-B}(x) = \min\{\mu_A(x),\ 1-\mu_B(x)\},\ \ \forall x \in U$$

예제 4 다음과 같은 경우 $A-B$를 구하시오.

$$A = \{(a,0.9), (b,0.2),\ (c,1),\ (d,0.5),\ (e,0.8)\}$$ 그리고

$$B = \{(a,0.8), (b,0.5),\ (c,1), (d,0.8),\ (e,0.7)\}$$

풀이 $A-B = \{(a,0.2), (b,0.2),\ (c,0), (d,0.2),\ (e,0.3)\}$

정의

전체 집합 U는 $\mu_U(x) = 1,\ \forall x \in U$ 그리고 공집합 $\varnothing$ 는 $\mu_{\varnothing}(x) = 0,\ \ \forall x \in U$을 만족하는 퍼지 집합이다.

정리 2

전체 집합 U와 공집합 $\varnothing$에 대해서 다음이 성립한다.

(a) $U^c = \varnothing$

(b) $\varnothing^c = U$

정리 3

전체 집합 U에서 정의된 두 퍼지 집합 A, B에 대해서 다음이 성립한다.

(a) $A \cup U = U$, $\ A \cap U = A$

(b) $A \cup \varnothing = A$, $\ A \cap \varnothing = \varnothing$

예제 5 전체 집합 U에서 정의된 퍼지 집합 A에 대해서 다음과 같다.

$$A \cap A^c \neq \varnothing,\ \ A \cup A^c \neq U$$

풀이 $A = \{(a,0.9), (b,0.2),\ (c,1),\ (d,0.5),\ (e,0.8)\}$인 경우 A^c는 다음과 같다.

$$A^c = \{(a,0.1),(b,0.8),\ (c,0),\ (d,0.5),\ (e,0.2)\}$$

그리고 다음이 성립한다.

$$A \cap A^c = \{(a,0.1),(b,0.2),\ (c,0),\ (d,0.5),\ (e,0.2)\},$$

$$\varnothing = \{(a,0),(b,0),\ (c,0),\ (d,0),\ (e,0)\}$$

그 결과 다음을 알 수 있다.

$$A \cap A^c \neq \varnothing$$

또한 다음이 성립한다.

$$A \cup A^c = \{(a,0.9),(b,0.8),\ (c,1),\ (d,0.5),\ (e,0.8)\},$$

$$U = \{(a,1),(b,1),\ (c,1),\ (d,1),\ (e,1)\}$$

그 결과 다음을 알 수 있다.

$$A \cup A^c \neq U$$

다음은 퍼지 집합의 함수에 대해서 알아보자.

$f: A \to B$는 다음과 같이 정의한다. 단,

$$A = \{(p,0.9),(q,0.2),\ (x,1),\ (y,0.5),\ (z,0.8)\}\ \text{그리고}$$

$$B = \{(a,0.8),(b,0.5),\ (c,1),(d,0.8),\ (e,0.7)\}$$

다음과 같이 소속정도가 크거나 같은 원소로만 대응한다.

$$f(p) = c$$

$$f(q) \in \{a,b,c,d,e\}$$

$$f(x) = c$$

$$f(y) \in \{a,b,c,d,e\}$$

$$f(z) \in \{a,c,d\}$$

5. 실수

우리가 공부하는 내용이 실수를 바탕으로 전개되기 때문에 실수의 성질을 이해하는 것은 매우 중요하다. 자연수, 정수, 유리수 그리고 실수의 특성에 대해서 알아본다.

자연수(natural number)는 1, 2, 3, 4, 5, ⋯를 말하며, 자연적으로 생겨난 "수"이다. 또는 양의 정수(positive integer)라고도 한다. 자연수의 집합을 다음과 같이 나타낸다.

$$\mathbb{N} = \{1, 2, 3, \cdots\}$$

또한 자연수의 집합은 셀 수 있는 무한개의 원소를 가지고 있다.

임의의 두 자연수 a와 b에 대해서 다음이 성립한다.

(a) 합(sum) $a+b$는 자연수 집합의 원소이다.

(b) 곱(product) $a \cdot b$는 자연수 집합의 원소이다.

이러한 사실을 자연수의 집합은 덧셈(addition)과 곱셈(multiplication)에 대해서 닫혀있다(closed)고 말한다.

정의

임의의 $n \in M$에 대해서 $m \in M$ 그리고 $m \le n$이면 m은 집합 M의 최소원(least element)이라 한다.

정리 1

M을 공집합이 아닌 자연수의 부분집합이라 하면 M은 최소원을 갖는다.

예제 1 $M = \{2,4,6,8\}$인 경우, M의 최소원을 구하시오.

풀이 M은 공집합이 아니고 자연수의 부분집합이므로 최소원 2를 갖는다.

정리 2

자연수 $n \in N$에 대한 명제 $P(n)$에 대해서 다음을 만족한다.

(a) $P(1)$은 참이다.

(b) $k \in N$에 대해서 $P(k)$이 참을 가정하면 $P(k+1)$도 참이다.

그러면 모든 자연수 $n \in N$에 대해서 명제 $P(n)$은 참이다.

$-1, -2, -3, -4, -5, \cdots$ 를 음의 정수(negative integer)라 하며, 임의의 자연수 a와 b에 대하여 방정식 $x+b=a$의 해를 위해서 생겨난 “수”이다. 또한 이것은 덧셈의 역인 뺄셈을 가능하게 하고 $x=a-b$로 나타낸다.

양의 정수(자연수)의 집합, 음의 정수의 집합과 0을 정수(integer)의 집합이라 한다. 정수의 집합을 다음과 같이 나타낸다.

$$\mathbb{Z} = \{\cdots, -2, -1, 0, 1, 2, \cdots\}$$

또한 정수의 집합은 셀 수 있는 무한개의 원소를 가지고 있고 다음을 알 수 있다. 우리는 다음과 같이 나타낸다.

(a) $5\mathbb{Z} = \{\cdots, -10, -5, 0, 5, 10, \cdots\}$

(b) $\mathbb{Z}/5\mathbb{Z} = \{0, 1, 2, 3, 4\} = Z_5$

정리 3

주어진 세 개의 정수 $a, b, c \in Z$와 두 개의 연산 $+$, $\cdot$ 에 대해서 다음이 성립한다.

(a) $a+b \in R$, 덧셈에 대해서 닫혀있다.

(b) $a \cdot b \in R$, 곱셈에 대해서 닫혀있다.

(c) $a+b=b+a$, 덧셈의 교환법칙(commutative law)

(d) $a+(b+c)=(a+b)+c$, 덧셈의 결합법칙(associative law)

(e) $a \cdot b = b \cdot a$, 곱셈의 교환법칙

(f) $a \cdot (b \cdot c) = (a \cdot b) \cdot c$, 곱셈의 결합법칙

(g) $a \cdot (b+c) = a \cdot b + a \cdot c$, 배분법칙(distributive law)

(h) $a+0=a=0+a$를 만족하는 0이 존재한다.

즉, 덧셈의 항등원(identity)이 존재한다.

(i) $a \cdot 1 = a = 1 \cdot a$를 만족하는 1이 존재한다.

즉, 곱셈의 항등원이 존재한다.

(j) $x+a=0=a+x$를 만족하는 $x=-a$가 존재한다.

즉, 덧셈의 역원(inverse)이 존재한다.

예제 2 S는 다음과 같다.

$$S=\{x|x=5n+1,\ n\ \in Z\}\subseteq\ Z$$

S는 덧셈과 곱셈에 대해서 닫힘 여부를 설명하시오.

풀이 S의 임의의 두 원소 x, y는 다음과 같다.

$$x=5p+1,\ \ y=5q+1\ \text{ 단, } p,q\in Z$$

다음이 성립한다.

$$x+y=(5p+1)+(5q+1)=5(p+q)+2$$

그러므로 S는 덧셈에 대해서 닫혀있지 않다.

또한 다음이 성립한다.

$$x\ \bullet\ y=(5p+1)\ \bullet\ (5q+1)=5(5pq+p+q)+1$$

그러므로 S는 곱셈에 대해서 닫혀있다.

예제 3 정수의 집합은 최소원을 갖지 않는다.

정의

고정된 양의 정수 m과 두 정수 a, b에 대해서 다음을 만족하는 경우 $a\equiv b(\mathrm{mod}\ m)$으로 나타내고, 법 m에 대해서 a와 b는 합동이라 한다.

$$a-b=mk$$

즉, 두 정수 a와 b의 차가 m의 배수이다.

예제 4 $26-6=20=5\ \bullet\ 4$이므로 다음을 알 수 있다.

$$26\equiv 6(\mathrm{mod}\quad 5)$$

$7-(-2)=9=3\ \bullet\ 3$이므로 다음을 알 수 있다.

$$7\equiv -2\ (\mathrm{mod}\quad 3)$$

ISBN(International Standard Book Number)은 책의 뒤편에 기록된 책의 고유번호 $a_1a_2a_3a_4a_5a_6a_7a_8a_9a_{10}$를 의미한다.

ISBN $a_1a_2a_3a_4a_5a_6a_7a_8a_9a_{10}$은 다음을 만족한다.

$$\sum_{i=1}^{10} ia_i = 0 \pmod{11}$$

그러므로 $\sum_{i=1}^{10} ia_i = \sum_{i=1}^{9} ia_i + 10a_{10}$에서 다음을 알 수 있다.

$$a_{10} = \sum_{i=1}^{9} ia_i$$

또한 $1a_1 + 2a_2 + \cdots + 10a_{10} = 0 \pmod{11}$에서 다음을 알 수 있다.

$$10a_1 + 9a_2 + \cdots + 1a_{10} = 0 \pmod{11}$$

특히 $a_{10} = 10$인 경우 다음과 같이 나타낸다.

$$a_{10} = X$$

예제 5 다음이 ISBN임을 설명하시오.

$$89 - 08 - 02043 - 8$$

바코드(Bar Code)는 13자리 숫자 $a_1a_2a_3a_4a_5a_6a_7a_8a_9a_{10}a_{11}a_{12}a_{13}$로 구성된 표준형이 주로 사용되고 있다. 바코드 $a_1a_2a_3a_4a_5a_6a_7a_8a_9a_{10}a_{11}a_{12}a_{13}$는 다음을 만족한다.

$$(a_1 + a_3 + a_5 + a_7 + a_9 + a_{11} + a_{13}) + 3(a_2 + a_4 + a_6 + a_8 + a_{10} + a_{12}) = 0 \pmod{10}$$

예제 6 다음이 바코드임을 설명하시오.

$$978 - 89 - 547 - 1432 - 7$$

$Z_{26} = \{0,1,2,\cdots,24,25\}$의 각 원소에 알파벳을 대응하면 다음과 같다.

A	B	C	D	E	F	G	H	I	J	K	L	M
00	01	02	03	04	05	06	07	08	09	10	11	12

N	O	P	Q	R	S	T	U	V	W	X	Y	Z
13	14	15	16	17	18	19	20	21	22	23	24	25

예제 7 평문 BUS, 암호화함수 $f(x) = x + 10$인 경우 암호문을 구하시오.

풀이 평문 BUS는 012018로 나타낼 수 있고 암호화함수 $f(x) = x + 10$인 경우 012018은 다음과 같이 변환한다.

113028 즉, 110402

그 결과 다음의 암호문을 얻을 수 있다.

LEC

예제 8 암호화함수 $f(x) = x + 10$인 경우 복호화함수를 구하시오.

풀이 복호화함수는 역함수이므로 다음과 같다.

$$f^{-1}(x) = x - 10$$

또한 다음을 알 수 있다.

$$f^{-1}(x) = x + 16$$

110402는 다음과 같이 변환한다.

272018 즉, 012018

그 결과 다음의 평문을 얻을 수 있다.

BUS

예제 9 암호화함수 $f(x) = 3x + 5$인 경우 복호화함수를 구하시오.

풀이 복호화함수는 다음과 같다.

$$f^{-1}(x) = \frac{1}{3}(x-5)$$

그러나 Z_{26}에서 $\frac{1}{3}$은 9를 의미하므로 다음이 성립한다.

$$f^{-1}(x) = 9(x-5)$$

또한 다음을 알 수 있다.

$$\begin{aligned} f^{-1}(x) &= 9(x-5) \\ &= 9x - 45 + 52 \\ &= 9x + 7 \end{aligned}$$

유리수(rational number)는 임의의 정수 p와 q에 대해서, $\frac{q}{p}$(단, $p \neq 0$) 형태로 나타나는 수를 말하며, 방정식 $px = q$의 해를 위한 수이다.
또한 이것은 곱셈의 역인 나눗셈을 가능하게 하고 $x = \frac{q}{p}$로 나타낸다.

유리수의 집합은 다음과 같이 나타낸다.

$$\mathbb{Q} = \left\{ \frac{q}{p} \,\middle|\, p,\ q\text{는 정수},\ p \neq 0 \right\}$$

또한 유리수의 집합은 셀 수 있는 무한개의 원소를 가지고 있고 다음을 알 수 있다.

정리 4

$r^2 = 2$인 유리수 r은 존재하지 않는다.

증명 $r^2 = 2$인 유리수 r이 존재한다고 가정하자.
다음과 같이 놓자.

$$r = \frac{q}{p}, \quad p\text{와 } q\text{는 서로소}$$

$r^2 = 2$에서 다음이 성립한다.

$$p^2 = 2q^2$$

p^2은 짝수이고 p 역시 짝수이므로 다음과 같다.

$$p = 2t$$

$p^2 = 2q^2$에서 다음을 얻는다.

$$q^2 = 2t^2$$

그 결과 다음과 같다

$$q^2 \text{ : 짝수 그리고 } q \text{ : 짝수}$$

이는 'p와 q는 서로소'라는 가정에 모순이므로 다음을 알 수 있다.

$r^2 = 2$인 유리수 r은 존재하지 않는다.

무리수(irrational number)는 $\sqrt{5}$ 와 π 와 같이 두 정수 p와 q에 대해서 $\frac{q}{p}$(단, $p \neq 0$) 형태로 나타낼 수 없는 수를 말한다. 유리수의 집합과 무리수의 집합을 합해서 실수(real number)의 집합이라고 한다. 또한 양의 실수의 집합을 양수의 집합, 음의 실수의 집합을 음수의 집합이라고 한다. 또한 실수의 집합은 셀 수 없는 무한개의 원소를 가지고 있고 다음을 알 수 있다.

이제까지 소개한 집합들의 관계에 대해서 알아보자.

$\mathbb{N}$은 자연수 전체의 집합, $\mathbb{Z}$는 정수 전체의 집합, $\mathbb{Q}$는 유리수 전체의 집합, $\mathbb{R}$은 실수 전체의 집합을 표시한다. 그 결과 다음을 알 수 있다.

$$\mathbb{N} \subset \mathbb{Z} \subset \mathbb{Q} \subset \mathbb{R}$$

먼저 실수의 대수적 공리에 대해서 알아보자.

주어진 세 개의 실수 $a, b, c \in R$와 두 개의 연산 $+$, $\cdot$ 에 대해서 다음을 만족한다.

(a) $a+b \in R$, 덧셈에 대해서 닫혀있다.

(b) $a \cdot b \in R$, 곱셈에 대해서 닫혀있다.

(c) $a+b = b+a$, 덧셈의 교환법칙(commutative law)

(d) $a+(b+c) = (a+b)+c$, 덧셈의 결합법칙(associative law)

(e) $a \cdot b = b \cdot a$, 곱셈의 교환법칙

(f) $a \cdot (b \cdot c) = (a \cdot b) \cdot c$, 곱셈의 결합법칙

(g) $a \cdot (b + c) = a \cdot b + a \cdot c$, 배분법칙(distributive law)

(h) $a + 0 = a = 0 + a$를 만족하는 0이 존재한다.

즉, 덧셈의 항등원(identity)이 존재한다.

(i) $a \cdot 1 = a = 1 \cdot a$를 만족하는 1이 존재한다.

즉, 곱셈의 항등원이 존재한다.

(j) $x + a = 0 = a + x$를 만족하는 $x = -a$가 존재한다.

즉, 덧셈의 역원(inverse)이 존재한다.

(k) $x \cdot a = 1 = a \cdot x$를 만족하는 $x = a^{-1} = \frac{1}{a}$이 존재한다.

즉, 곱셈의 역원이 존재한다.

다음은 실수의 순서공리에 대해서 알아보자.

양의 실수의 집합 P는 다음 성질을 만족한다.

(a) $a, b \in P \Rightarrow a + b \in P$

(b) $a, b \in P \Rightarrow a \cdot b \in P$

(c) $a \in P \Rightarrow -a \notin P$

(d) $a \in R$ 인 경우 다음중 하나가 성립한다.

$$a \in P \text{ 또는 } a = 0 \text{ 또는 } -a \in P$$

이 성질을 실수의 삼분법이라 한다.

정의

$a, b \in R$이고 $a - b \in P$이면 $a > b$로 나타내고 $a - b \in P \cup \{0\}$이면 $a \geq b$로 나타낸다.

정리 5

$a, b, c \in R$에 대해서 다음이 성립한다.

(a) $a > b$ 그리고 $b > c$이면 $a > c$이다.

(b) $a \geq b$ 그리고 $b \geq a$이면 $a = b$이다.

(c) $1 > 0$

(d) $a > b$이면 $a + c > b + c$이다.

(e) $a > b$이고 $c < 0$이면 $a \cdot c < b \cdot c$이다.

(f) $a > b$이면 $-a < -b$이다.

(g) $a > b > 0$이면 $\frac{1}{b} > \frac{1}{a} > 0$이다.

또한 $a < b$이고 $b < c$인 경우 다음과 같이 나타낸다.

$$a < b < c$$

특히 $a < x < b$는 a와 b 사이의 모든 수로, 개구간(open interval)이라 하며 다음과 같이 표시한다.

$$(a,\ b)$$

반면에 $a \leq x \leq b$는 개구간 (a, b)에 양 끝점 a와 b를 포함한 모든 수로, 폐구간(closed interval)이라 하며 다음과 같이 표시한다.

$$[a,\ b]$$

집합기호	구간기호	그래프
$\{x \mid a < x < b\}$	(a, b)	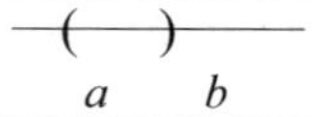
$\{x \mid a \leq x < b\}$	$[a, b)$	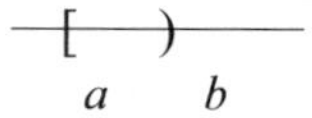
$\{x \mid a < x \leq b\}$	$(a, b]$	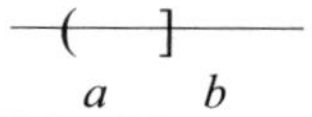
$\{x \mid a \leq x \leq b\}$	$[a, b]$	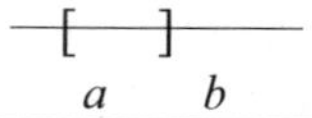
$\{x \mid x < b\}$	$(-\infty, b)$	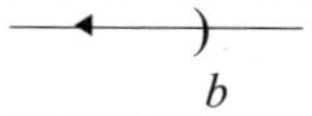
$\{x \mid x \leq b\}$	$(-\infty, b]$	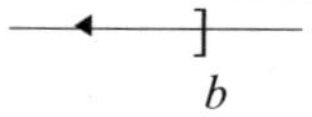
$\{x \mid x > a\}$	(a, ∞)	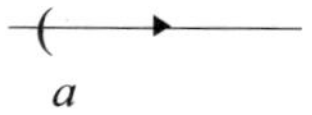
$\{x \mid x \geq a\}$	$[a, \infty)$	
$\mathbb{R}$	$(-\infty, \infty)$	

6. 절댓값

실수 a의 절댓값은 $|a|$로 표시하고 다음과 같이 정의한다.

$$|a| = \begin{cases} a, & a \geq 0 \\ -a, & a < 0 \end{cases}$$

정리 1

$a,\ b \in R$에 대해서 다음이 성립한다.

(a) $|-a| = |a|$

(b) $|a| \cdot |b| = |ab|$

(c) $|x| < a \iff -a < x < a, \quad \forall a > 0$

(d) $-|x| \leq x \leq |x|$

(e) $\dfrac{|a|}{|b|} = \left|\dfrac{a}{b}\right|$, 단 $b \neq 0$

(f) $|a+b| \leqq |a| + |b|$

(g) $|a| - |b| \leqq |a-b|$

예제 1 $|x-4| < 3$의 해를 구하시오.

풀이 부등식의 성질에 의해서 다음과 같다.

$$-3 < x - 4 < 3$$

각 항에 4를 더하면 다음의 해를 구할 수 있다.

$$1 < x < 7$$

예제 2 $|x-c| < \delta$의 해를 구하시오.

풀이 부등식의 성질에 의해서 다음과 같다.

$$-\delta < x - c < \delta$$

각 항에 c를 더하면 다음과 같은 해를 구할 수 있다.

$$c-\delta < x < c+\delta$$

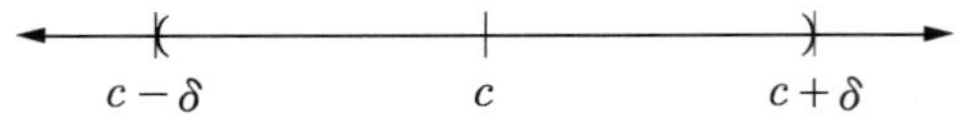

[그림 1-1] $c-\delta < x < c+\delta$

예제 3 $0 < |x-c| < \delta$의 해를 구하시오.

풀이 부등식의 성질에 의해서 다음과 같다.

$$-\delta < x-c < \delta \text{ 그리고 } x \neq c$$

각 항에 c를 더하면 다음과 같은 해를 구할 수 있다.

$$c-\delta < x < c+\delta \text{ 그리고 } x \neq c$$

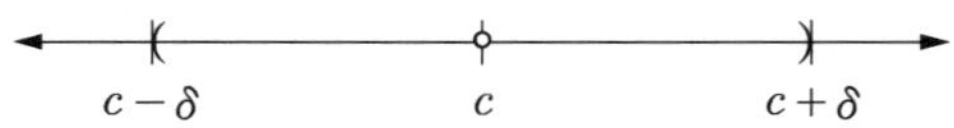

[그림 1-2] $c-\delta < x < c+\delta,\ x \neq c$

예제 4 $|4x+1| \geq 3$의 해를 구하시오.

풀이 부등식의 성질에 의해서 다음과 같다.

$$4x+1 \geq 3 \text{ 또는 } 4x+1 \leq -3$$

양변에 (-1)을 더하면 다음이 성립한다.

$$4x \geq 2 \text{ 또는 } 4x \leq -4$$

양변에 $\frac{1}{4}$을 곱하면 다음과 같은 해를 구할 수 있다.

$$x \geq \frac{1}{2} \text{ 또는 } x \leq -1$$

1.2 함수

함수를 두 집합의 곱집합의 부분집합인 관계의 특수한 개념으로 나타낼 수도 있고, 두 집합 사이의 대응규칙으로 나타낼 수도 있다. 또한 함수의 개념은 수학의 여러 분야에 적용되고 있고 활용도가 많은 분야이다.

1. 함수

정의

집합 A에서 집합 B로의 함수 $f: A \to B$는 다음을 만족한다.

(a) 모든 $a \in A$에 대해서 $f(a) = b$를 만족하는 $b \in B$가 존재한다.

(b) $a_1 = a_2$이면 $f(a_1) = f(a_2)$이다.

함수의 또 다른 정의는 다음과 같다.

정의

집합 A에서 집합 B로의 함수 $f: A \to B$는 다음을 만족하는 $R \subseteq A \times B$을 의미한다.

(a) 모든 $a \in A$에 대해서 $(a,b) \in R$를 만족한다.

(b) $(a,b),\ (a,c) \in R \ \Rightarrow \ b = c$

정의

함수 $f: A \to B$에서 A를 함수 f의 정의역(domain)이라 하고 $Dom(f)$로 나타낸다. 또한 B를 함수 f의 공변역(codomain)이라 하고 $Cod(f)$로 나타낸다.

정의역의 한 원소를 공변역의 한 원소로 대응시키는 것을 사상(mapping)이라 한다. 함수 f의 치역(range)은 $Ran(f)$로 나타내고 다음과 같다.

$$f[A] = \{f(a) \mid a \in A\}$$

예제 1 정의역이 구간 $[-10, 10]$이고, $f(x) = x^2 + 2$인 경우 다음의 값을 구하시오.

(a) $f(-\pi)$　　(b) $f(0)$　　(c) $f(\sqrt{3})$

풀이 (a) $f(-\pi) = (-\pi)^2 + 2$

$= \pi^2 + 2$

(b) $f(0) = 2$

(c) $f(\sqrt{3}) = (\sqrt{3})^2 + 2 = 5$

예제 2 $h(x) = x^2 - 4x - 1$일 때 다음을 구하시오.

(a) $h(1)$　　(b) $h(1+a)$

(c) $h(1+a) - h(1)$　　(d) $\{h(1+a) - h(1)\} \cdot \dfrac{1}{a}$

풀이 (a) $h(1) = 1^2 - 4 \cdot 1 - 1 = -4$

(b) $h(1+a) = (1+a)^2 - 4(1+a) - 1$

$= (1+a)(1+a-4) - 1$

$= (a+1)(a-3) - 1$

$= a^2 - 2a - 4$

(c) $h(1+a) - h(1) = a^2 - 2a$

(d) $\{h(1+a) - h(1)\} \cdot \dfrac{1}{a} = a - 2$

함수에서 사상이 중요하지만 정의역에 따라서 사상 자체가 무의미할 수도 있다. 그래서 정의역이 정의되지 않은 함수에서 사상이 의미 있도록 만드는 실수의 부분집합을 자연 정의역(natural domain)이라 한다.

예제 3 다음 함수의 자연 정의역을 구하시오.

(a) $f(x) = \dfrac{1}{x}$　　(b) $h(x) = \sqrt{x^2 - 25}$

풀이 (a) 다음과 같다.

$$Dom(f) = \{x \in \mathbb{R} \mid x \neq 0\}$$

왜냐하면 $x=0$인 경우 $f(0) = \frac{4}{0}$가 되어 $f(0)$이 존재하지 않는다.

그러므로 $x=0$은 정의역에서 제외되어야 한다.

(b) 다음과 같다.

$$Dom(h) = \{x \in \mathbb{R} \mid x \leq -5 \text{ 또는 } x \geq 5\}$$

왜냐하면 $h(x)$의 값이 실수가 되기 위해서 다음을 만족해야 한다.

$$x^2 - 25 \geq 0$$

이 부등식의 해를 구하면 다음과 같다.

$$(-\infty, -5] \cup [5, \infty)$$

정의

$g: X \rightarrow Y$ 그리고 $C \subseteq X$, $D \subseteq Y$에 대하여 C에 대한 f의 순상을 다음과 같이 나타낸다.

$$f[C] = \{f(c) \mid c \in C\}$$

그리고 D에 대한 f의 역상을 다음과 같이 나타낸다.

$$f^{-1}[D] = \{c \in X \mid f(c) \in D\}$$

예제 4 함수 $f: \{1,2,3\} \rightarrow \{a,b,c\}$는 다음과 같이 정의한다.

$$f(1) = a, \quad f(2) = f(3) = b$$

$C = \{1,2\}$인 경우 다음이 성립한다.

$$f[C] = \{a,b\} \text{ 그리고 } f^{-1}[f[C]] = \{1,2,3\}$$

그러므로 다음과 같다.

$$C \subseteq f^{-1}[f[C]]$$

$D=\{b,c\}$인 경우 다음이 성립한다.

$$f^{-1}[D]=\{2,3\} \text{ 그리고 } f[f^{-1}[D]]=\{b\}$$

그러므로 다음과 같다.

$$f[f^{-1}[D]] \subseteq D$$

또한 $f: X \to Y$ 가 단사함수인 경우 다음이 성립한다.

$$A=f^{-1}[f[A]] \text{ 그리고 } f[f^{-1}[B]] \subseteq B \ (\text{단, } A \subseteq X,\ B \subseteq Y)$$

그리고 $f: X \to Y$ 가 전사함수인 경우 다음이 성립한다.

$$A \subseteq f^{-1}[f[A]] \text{ 그리고 } f[f^{-1}[B]] = B \ (\text{단, } A \subseteq X,\ B \subseteq Y)$$

$f: X \to Y$ 가 전단사함수인 경우 다음이 성립한다.

$$A=f^{-1}[f[A]] \text{ 그리고 } f[f^{-1}[B]] = B \ (\text{단, } A \subseteq X,\ B \subseteq Y)$$

정의

두 함수 f, g에 대해서 다음을 만족하면 $f=g$라고 한다.

(a) $Dom(f)=Dom(g)$

(b) $Cod(f)=Cod(g)$

(c) $f(a)=g(a),\ \forall a \in Dom(f)=Dom(g)$

예제 5 $f: N \to N$이고 $f(x)=x$, $g: R \to R$이고 $g(x)=x$인 경우 $f(x)=g(x)$를 만족하지만 $f \neq g$임을 설명하시오.

풀이 다음과 같다.

$$Dom(f) \neq Dom(g) \text{ 그리고 } Cod(f) \neq Cod(g)$$

그러므로 다음이 성립한다.

$$f \neq g$$

다음은 $y=f(x)$를 X축으로 α만큼 그리고 Y축으로 β만큼 평행이동한 함수를 의미한다.

$$y-\beta=f(x-\alpha)$$

또한 $y=f(x)$를 Y축으로 c배 확대한 함수는 다음과 같다.

$$y=cf(x)$$

그리고 다음은 $y=f(x)$를 Y축으로 c배 축소한 함수이다.

$$y=\frac{1}{c}f(x)$$

또한 $y=f(x)$를 X축으로 d배 축소한 함수는 다음과 같다.

$$y=f(dx)$$

그리고 다음은 $y=f(x)$를 X축으로 d배 확대한 함수이다.

$$y=f(\frac{1}{d}x)$$

정의

함수 $f: X \to Y$ 그리고 $A \subseteq X$에 대해서 다음을 A에서 f의 축소함수라고 한다.

$$f_{|A}: A \to Y$$

예제 6 $\sin : R \to [-1,1]$에서 다음은 $[-\frac{\pi}{2}, \frac{\pi}{2}]$에서 sin의 축소함수이다.

$$\sin_{|[-\frac{\pi}{2}, \frac{\pi}{2}]} : [-\frac{\pi}{2}, \frac{\pi}{2}] \to [-1,1]$$

$\cos : R \to [-1,1]$에서 다음은 $[0,\pi]$에서 cos의 축소함수이다.

$$\cos_{|[0,\pi]} : [0,\pi] \to [-1,1]$$

2. 우함수와 기함수

우함수와 기함수는 정적분의 계산에 많이 적용된다. 우함수와 기함수의 특징에 대해서 알아보자.

정의

Y축에 대칭인 함수를 Y축 대칭 함수 또는 우함수(even function)라고 한다. 즉, $y = f(x)$에서 다음의 관계를 만족하는 함수이다.

$$f(x) = f(-x)$$

예제 1 $f(x) = 7x^2 - 3$은 우함수임을 설명하시오.

풀이 $f(x) = 7x^2 - 3$는 다음을 만족한다.

$$\begin{aligned} f(-x) &= 7(-x)^2 - 3 \\ &= 7x^2 - 3 \\ &= f(x) \end{aligned}$$

x의 짝수제곱들의 합인 함수가 우함수이므로 even이라는 말을 사용했다.

정의

원점 대칭인 함수를 원점 대칭 함수 또는 기함수(odd function)라고 한다. $y=f(x)$ 에서 다음의 관계를 만족하는 함수이다.

$$-f(x)=f(-x)$$

예제 2 $f(x)=x^5+4x$는 기함수임을 설명하시오

풀이 $f(x)=x^5+4x$에 대해서 다음이 성립한다.

$$\begin{aligned}-f(x)&=-(x^5+4x)\\&=-x^5-4x\end{aligned}$$

또한 다음과 같다.

$$\begin{aligned}f(-x)&=(-x)^5+4(-x)\\&=-x^5-4x\end{aligned}$$

그 결과 $f(x)=x^5+4x$는 다음을 만족한다.

$$-f(x)=f(-x)$$

x의 홀수제곱들의 합인 함수가 기함수이므로 odd라는 말을 사용했다.

예제 3 절댓값 함수 $f(x)=|x|$, 즉

$$|x|=\begin{cases}x, & x\geq 0\\-x, & x<0\end{cases}$$

는 우함수임을 설명하시오.

풀이 $f(x)=|x|$는 아래의 그림과 같이 Y축 대칭함수이므로 우함수이다.

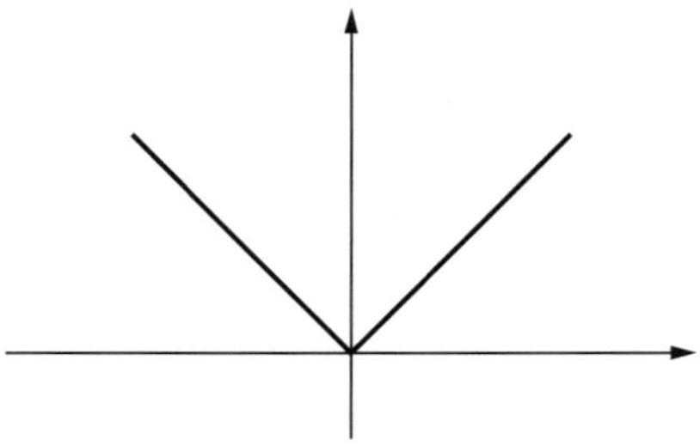

[그림 1-3] $f(x)=|x|$

예제 4 $f(x)=\dfrac{1}{x}$ 는 기함수임을 설명하시오.

풀이 $f(x)=\dfrac{1}{x}$ 는 아래의 그림과 같이 원점 대칭 함수이므로 기함수이다.

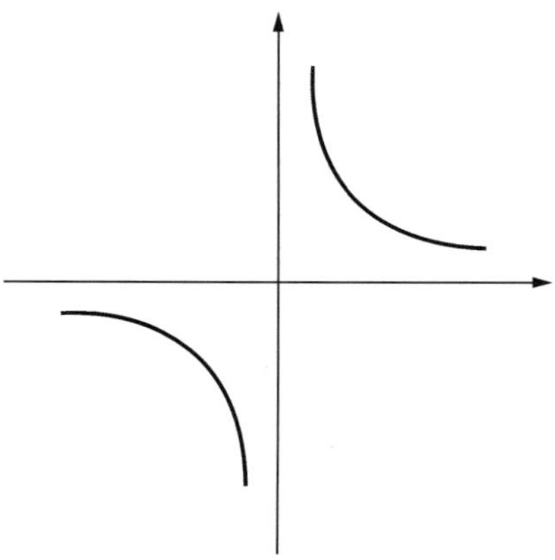

[그림 1-4] $f(x)=\dfrac{1}{x}$

정의

최대정수함수(또는 Gauss function)는 다음과 같이 정의한다.

$f(x)=[[x]]=x$와 같거나 x보다 작은 최대의 정수

예제 5 $f(x)=[[x]]$ 인 경우 다음이 성립한다.

$$f(0.4) = [[0.4]] = 0,\ f(-0.5) = [[-0.5]] = -1,\ f(1) = [[1]] = 1$$

그러나 이 함수는 우함수도 기함수도 아니다.

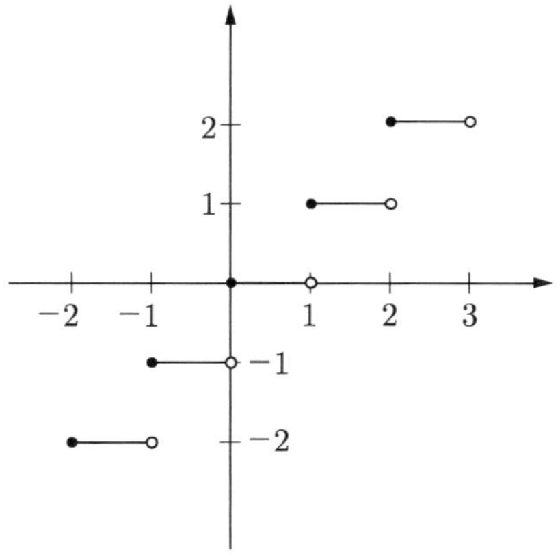

[그림 1-5] $f(x) = [[x]]$

예제 6 $h(x) = 4x^3 + 2x$는 기함수이고 $k(x) = 3x^4 - x^2 - 5$는 우함수이다. 이때 다음이 우함수인지 기함수인지 알아보자.

$$f(x) = \frac{k(x)}{h(x)} = \frac{3x^4 - x^2 - 5}{4x^3 + 2x}$$

풀이

$$\begin{aligned} f(-x) &= \frac{3(-x)^4 - (-x)^2 - 5}{4(-x)^3 + 2(-x)} \\ &= \frac{3x^4 - x^2 - 5}{-4x^3 - 2x} \\ &= -f(x) \end{aligned}$$

그러므로 $f(x)$는 기함수이다.

3. 함수의 그래프

주어진 함수 $y = f(x)$에서 모든 순서쌍의 집합 $(x, f(x))$를 평면 위에 그린 그림을 함수 $y = f(x)$의 그래프라 한다.

예제 1 다음을 상수함수(constant function)라 한다.

$$f(x) = c \text{ (단, } c \text{ 는 상수)}$$

다음을 항등함수(identity function)라 한다.

$$f(x) = x$$

또한 항등함수를 i 로도 나타낸다.

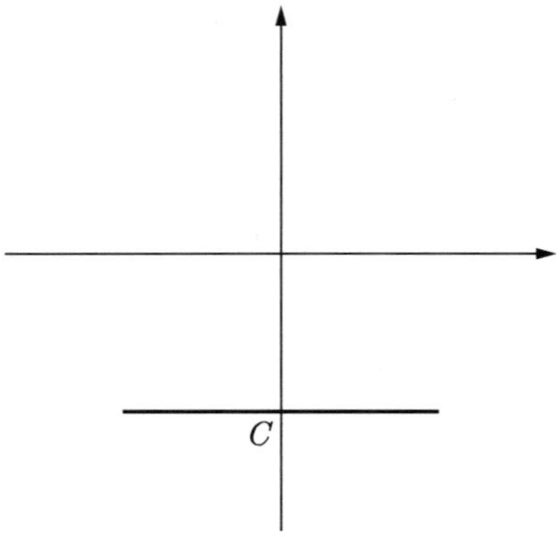

[그림 1-6] $f(x)=c$

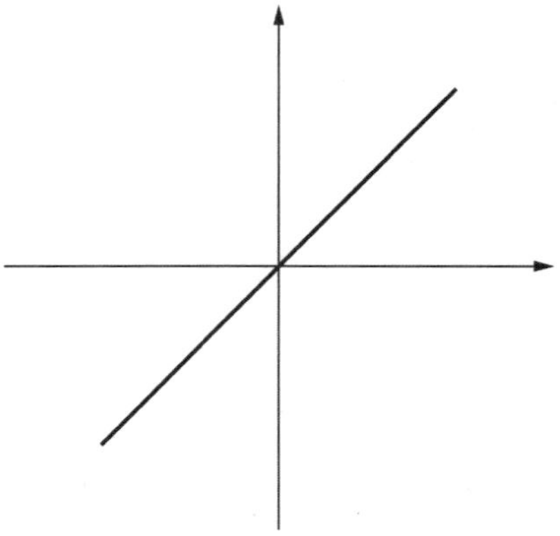

[그림 1-7] $f(x)=x$

예제 2 다음의 그래프를 구하시오.

(a) $f(x) = |x-2|$ (b) $g(x) = \sqrt{x+3}$

(c) $h(x) = \dfrac{-1}{x+1}$ (d) $k(x) = \sqrt{7-x^2}$

풀이 (a)

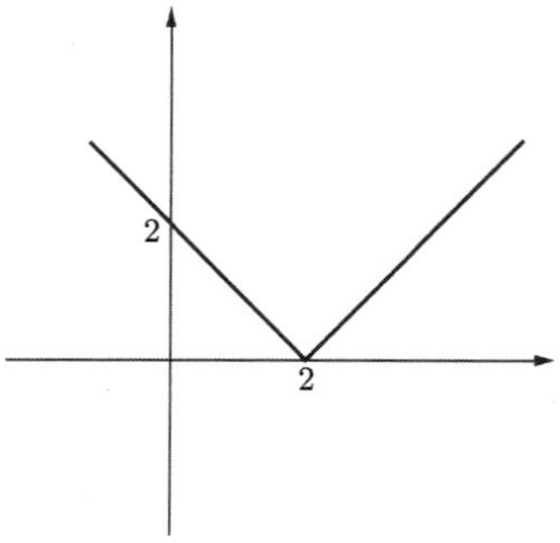

[그림 1-8] $f(x)=|x-2|$

(b)

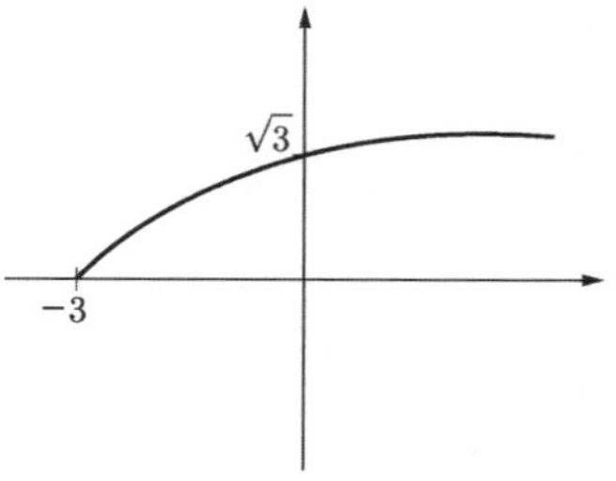

[그림 1-9] $g(x)=\sqrt{x+3}$

(c)

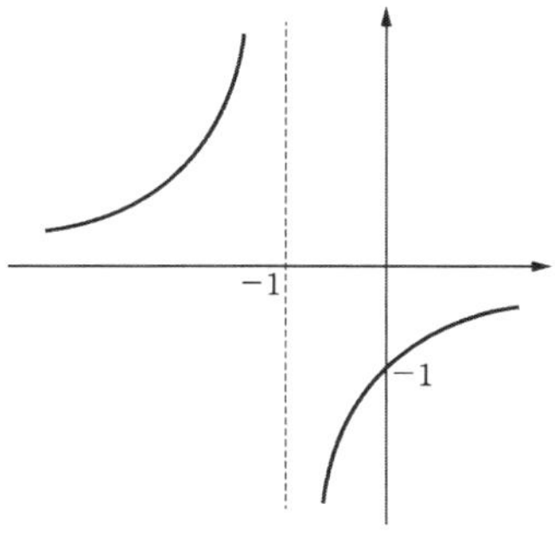

[그림 1-10] $h(x)=\dfrac{-1}{x+1}$

(d)

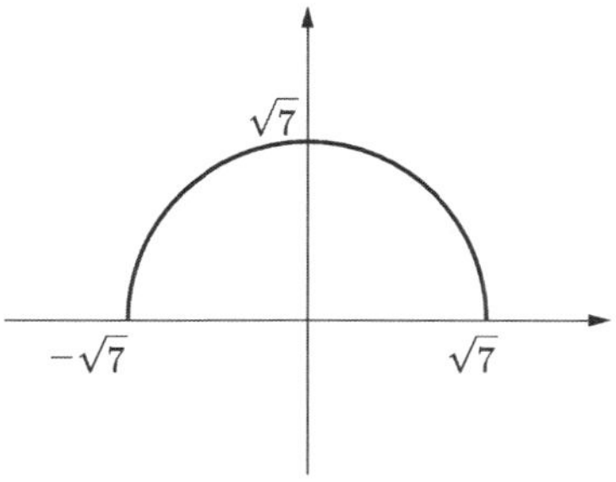

[그림 1-11] $k(x)=\sqrt{7-x^2}$

4. 함수의 연산

두 함수 f, g에 대해서 새로운 함수 $f+g$에 대해서 알아보자. 먼저 $f+g$가 함수이기 때문에 $f+g$의 정의역과 $f+g$의 사상이 필요하다.

정의

$f+g$의 정의역과 사상은 다음과 같다.

(a) $Dom(f+g)=Dom(f)\ \cap\ Dom(g)$

(b) $(f+g)(x)=f(x)+g(x)$

예제 1 $f(x)=\dfrac{x}{3}$, $g(x)=\sqrt{x}$ 인 경우 $Dom(f+g), (f+g)(x)$를 구하시오.

풀이 다음과 같다.

$$Dom(f)=R \text{ 그리고 } Dom(g)=\{x|x\geq 0\}$$

그러므로 다음을 알 수 있다.

$$\begin{aligned}Dom(f+g)&=Dom(f)\cap Dom(g)\\&=\{x|x\geq 0\}\end{aligned}$$

또한 다음이 성립한다.

$$(f+g)(x)=f(x)+g(x)$$
$$=\frac{x}{3}+\sqrt{x}$$

$f-g$, $f\cdot g$, $\frac{f}{g}$도 역시 같은 방법으로 정의한다.

예제 2 $f(x)=\frac{x}{3}$, $g(x)=\sqrt{x}$인 경우 다음을 구하시오.

$$Dom(f-g),\quad Dom(f\cdot g),\quad Dom\left(\frac{f}{g}\right)$$

풀이 $Dom(f-g)=[0,\ \infty)$

$Dom(f\cdot g)=[0,\ \infty)$

$Dom\left(\frac{f}{g}\right)=(0,\ \infty)$

예제 3 $f(x)=\frac{x}{3}$, $g(x)=\sqrt{x}$인 경우 다음을 구하시오.

$$(f-g)(x),\quad (f\cdot g)(x),\quad \left(\frac{f}{g}\right)(x)$$

풀이 $(f-g)(x)=f(x)-g(x)=\frac{x}{3}-\sqrt{x}$

$(f\cdot g)(x)=f(x)\cdot g(x)=\frac{x}{3}\cdot\sqrt{x}$

$\left(\frac{f}{g}\right)(x)=\frac{x}{3\sqrt{x}}$

예제 4 $f(x) = \sqrt{x-3}$, $g(x) = \sqrt{25-x^2}$ 일 때, $f+g$, $f-g$, $f \cdot g$, $\frac{f}{g}$, $\frac{g}{f}$를 구하고 정의역을 구하시오.

풀이 다음과 같다.

$$Dom(f) = [3, \infty) \text{ 그리고 } Dom(g) = [-5, 5]$$

그러므로 다음을 알 수 있다.

$$Dom(f+g) = [3, 5]$$

$$\begin{aligned}(f+g)(x) &= f(x) + g(x) \\ &= \sqrt{x-3} + \sqrt{25-x^2}\end{aligned}$$

$$Dom(f-g) = [3, 5]$$

$$\begin{aligned}(f-g)(x) &= f(x) - g(x) \\ &= \sqrt{x-3} - \sqrt{25-x^2}\end{aligned}$$

$$Dom(f \cdot g) = [3, 5]$$

$$\begin{aligned}(f \cdot g)(x) &= f(x) \cdot g(x) \\ &= \sqrt{x-3} \cdot \sqrt{25-x^2}\end{aligned}$$

$$Dom\left(\frac{f}{g}\right) = [3, 5)$$

$$\left(\frac{f}{g}\right)(x) = \frac{f(x)}{g(x)} = \frac{\sqrt{x-3}}{\sqrt{25-x^2}}$$

$$Dom\left(\frac{g}{f}\right) = (3, 5]$$

$$\left(\frac{g}{f}\right)(x) = \frac{g(x)}{f(x)} = \frac{\sqrt{25-x^2}}{\sqrt{x-3}}$$

5. 합성함수

두 함수 $f: A \to B$와 $g: B \to C$의 합성함수를 구해보자. f와 g의 합성함수를 $g \circ f$로 나타내고, $g \circ f$도 역시 함수이므로 $g \circ f$의 정의역과 사상을 구해보자.

정의

$g \circ f$ 의 정의역은 다음과 같이 정의한다.

$$Dom(g \circ f) = \{a \in Dom(f) \mid f(a) \in Dom(g)\}$$

$g \circ f$ 의 사상은 다음과 같이 정의한다.

$$(g \circ f)(x) = g(f(x))$$

예제 1 $f(x) = x+1$, $g(x) = \sqrt{x}$ 일 때 $g \circ f$ 와 $f \circ g$ 를 구해보자.

풀이 다음과 같다.

$$Dom(f) = R,\ Dom(g) = \{x | x \geq 0\}$$

그러므로 다음이 성립한다.

$$\begin{aligned} Dom(g \circ f) &= \{x \in (-\infty, \infty) \mid f(x) = x+1 \in [0, \infty)\} \\ &= \{x \in [-1, \infty)\} \end{aligned}$$

다음과 같다.

$$(g \circ f)(x) = g(f(x)) = g(x+1) = \sqrt{(x+1)}$$

또한 다음이 성립한다.

$$\begin{aligned} Dom(f \circ g) &= \{x \in [0, \infty) \mid g(x) = \sqrt{x} \in (-\infty, \infty)\} \\ &= \{x \in [0, \infty)\} \end{aligned}$$

그리고 사상은 다음과 같다.

$$(f \circ g)(x) = f(g(x)) = f(\sqrt{x}) = \sqrt{x}+1$$

예제 2 $f(x)=\dfrac{x}{x^2-1}$, $g(x)=\sqrt{x+5}$일 때 $(f\circ g)$의 정의역을 구하시오.

풀이 다음과 같다.

$$Dom(f)=(-\infty,\infty)-\{-1,1\}$$

또한 다음과 같다.

$$Dom(g)=[-5,\infty)$$

그 결과 다음을 알 수 있다.

$$\begin{aligned}Dom(f\circ g)&=\{x\in[-5,\infty)\mid \sqrt{x}\in(-\infty,\infty)-\{-1,1\}\}\\&=\{x\in[-5,-1)\cup(-1,1)\cup(1,\infty)\}\end{aligned}$$

예제 3 $f(x)=\dfrac{1}{x}$, $g(x)=x^2+1$일 때 $Dom(f\circ g)$와 $Dom(g\circ f)$를 구하시오.

풀이 다음과 같다.

$$Dom(f)=(-\infty,\infty)-\{0\}$$

또한 다음과 같다.

$$Dom(g)=(-\infty,\infty)$$

그 결과 다음을 알 수 있다.

$$Dom(g\circ f)=(-\infty,\infty)-\{0\}$$

그리고 $g\circ f$의 사상은 다음과 같다.

$$(g\circ f)(x)=g\left(\frac{1}{x}\right)=\left(\frac{1}{x}\right)^2+1$$

또한 다음을 알 수 있다.

$$Dom(f\circ g)=(-\infty,\infty)$$

그리고 $f\circ g$의 사상은 다음과 같다.

$$(f\circ g)(x)=f(x^2+1)=\frac{1}{x^2+1}$$

6. 전단사함수

정의

함수 $f: X \to Y$에서 $f[X] = Y$인 경우 함수 f를 전사함수(onto function, surjective) 또는 위로의 함수라 한다. 또는 모든 $y \in Y$에 대해서 $x \in X$ 가 존재하여 $y = f(x)$를 만족하는 함수 f를 전사함수(onto function, surjective) 또는 위로의 함수라 한다.

예제 1 $f: R \to [0, \infty]$ 이고 $f(x) = x^2$일 때 f는 전사함수이다.

풀이 임의의 $b \in [0, \infty]$ 에 대해서 $\pm\sqrt{b} \in R$ 가 항상 존재하므로 전사함수이다.

예제 2 $f: \{a,b,c\} \to \{1,2\}$에서 다음과 같이 정의된 f는 전사함수이다.

$$f(a) = f(b) = 1, \ f(c) = 2$$

$g: \{1,2\} \to \{a,b,c\}$를 다음과 같이 정의한다.

$$g(1) = a, \ g(2) = c$$

그 결과 다음이 성립한다.

$$f \circ g = i, \quad g \circ f \neq i$$

이때 g를 f의 오른쪽 역함수라고 한다.

예제 3 함수 $f: X \to Y$에서 f가 전사함수이면 다음을 만족한다.

$$|X| \geq |Y|$$

정의

함수 $f: X \to Y$에서 $f(a) = f(b)$이면 $a = b$일 때 함수 f를 단사함수(one-to-one function, injective) 또는 일대일 함수라 한다. 또는 $a \neq b$이면 $f(a) \neq f(b)$일 때 함수 f를 단사함수(one-to-one function, injective) 또는 일대일 함수라 한다.

예제 4 $f: R \to [0, \infty]$이고 $f(x) = x^2$일 때 f는 단사함수가 아니다.

풀이 $2 \neq -2 \in R$을 만족하지만 다음이 성립한다.

$$f(2) = f(-2) = 4 \in [0, \infty)$$

그러므로 f는 단사함수가 아니다.

예제 5 $h: \{a,b\} \to \{1,2,3\}$에서 다음과 같이 정의된 h는 단사함수이다.

$$h(a) = 2, \ h(b) = 3$$

$k: \{1,2,3\} \to \{a,b\}$를 다음과 같이 정의한다.

$$k(1) = k(2) = a, \ k(3) = b$$

그 결과 다음이 성립한다.

$$h \circ k \neq i, \ k \circ h = i$$

이때 k를 h의 왼쪽 역함수라고 한다.

예제 6 함수 $f: X \to Y$에서 f가 단사함수이면 다음을 만족한다.

$$|X| \leq |Y|$$

정의

f가 단사함수이고 동시에 전사함수일 경우 f 를 **전단사함수**(one-to-one correspondence, bijective)또는 **일대일 대응**이라 한다.

예제 7 $f: R \to R$이고 $f(x) = 2x$는 전단사함수임을 증명하시오.

풀이 $f(a) = f(b)$를 가정하면 다음이 성립한다.

$$2a = 2b \Rightarrow a = b$$

그러므로 $f(x)$는 단사함수이다.

또한 임의의 $t \in R$에 대해서 $\frac{t}{2} \in R$이 존재하여 다음을 만족한다.

$$t = 2 \cdot \left(\frac{t}{2}\right)$$

그 결과 $f(x)$는 전사함수이다.

예제 8 $s : \{a,b,c\} \rightarrow \{1,2,3\}$에서 다음과 같이 정의된 s는 전단사함수이다.

$$s(a) = 1,\ s(b) = 2,\ s(c) = 3$$

$t : \{1,2,3\} \rightarrow \{a,b,c\}$를 다음과 같이 정의한다.

$$t(1) = a,\ t(2) = b,\ t(3) = c$$

그 결과 다음이 성립한다.

$$s \circ t = i,\ t \circ s = i$$

예제 9 함수 $f : X \rightarrow Y$에서 f가 전단사함수이면 다음을 만족한다.

$$|X| = |Y|$$

예제 10 함수 $f : X \rightarrow Y$에서 "f가 전단사함수일 필요충분조건은 f의 역함수가 존재한다"를 설명하시오.

풀이 f가 단사함수이면 다음을 만족하는 g가 존재한다.

$$g \circ f = i$$

또한 f가 전사함수이면 다음을 만족하는 h가 존재한다.

$$f \circ h = i$$

그러므로 다음이 성립한다.

$$\begin{aligned} g &= g \circ i \\ &= g \circ (f \circ h) \\ &= (g \circ f) \circ h \\ &= i \circ h \\ &= h \end{aligned}$$

그 결과 $g=h=f^{-1}$가 존재한다.

역으로, $f(a)=f(b)$에서 f^{-1}가 존재하므로 다음을 알 수 있다.

$$f^{-1}f(a)=f^{-1}f(b) \quad \Rightarrow \quad a=b$$

그 결과 f는 단사함수임을 알 수 있다.

또한 임의의 $y\in Y$에 대해서 f^{-1}가 존재하므로 다음이 성립한다.

$$f^{-1}(y)\in X$$

그리고 다음을 만족한다.

$$f(f^{-1}(y))=y$$

그 결과 f는 전사함수임을 알 수 있다.

정의

함수 $f: X\rightarrow Y$와 $A\subseteq X$에 대해서 $g: A\rightarrow Y$가 $g(a)=f(a)$, $\forall a\in A$를 만족하면 g를 f의 축소함수라 하고 $g=f|_A$로 나타낸다.

예제 11 $f: R\rightarrow[0, \infty]$이고 $f(x)=x^2$일 때 f는 전단사함수가 아니다. 그러나 $g: [0,\infty)\rightarrow[0, \infty)$이고 $g(x)=x^2$일 때 g는 전단사함수이다. 그리고 다음과 같다.

$$g=f|_{[0,\infty]}$$

연습문제 1.1 집합

※ 다음을 증명하시오.

01. $A \cup A = A \cap A = A$

02. $A \cap (B \cup C) = (A \cap B) \cup (A \cap C)$

03. $(A^c)^c = A$

04. $A \cup (B \cap C) = (A \cup B) \cap (A \cup C)$

05. $(A \cap B) \cup (A \cap B^c) = A$

06. $A \cap (B - C) = (A \cap B) - C$

07. $A \cap (B - C) = (A - C) \cup (B - C)$

08. $A - (B \cup C) = (A - B) \cap (A - C)$

09. $A - (B \cap C) = (A - B) \cup (A - C)$

※ $U = \{1, 2, 3, 4, 5\}$, $A = \{1, 2, 3, 4\}$, $B = \{1, 3, 5\}$일 때 다음을 구하시오.

10. $A \cup B$

11. $A \cap B$

12. B^c

13. A^c

14. $B - A$

15. $A - B$

16. $A^c \cap B$

17. $A^c \cap B^c$

18. $B^c - A^c$

19. $(A \cap B)^c$

20. $(A \cup B)^c$

※ $A = \{(a, 0.7), (b, 0.4), (c, 1), (d, 0.9), (e, 0)\}$,

$B = \{(a, 0.1), (b, 0), (c, 0.3), (d, 1), (e, 0.7)\}$일 때 다음을 구하시오.

21. $A \cup B$

22. $A \cap B$

23. B^c

24. A^c

25. $B - A$

26. $A - B$

27. $A^c \cap B$

28. $A^c \cap B^c$

29. $B^c - A^c$

30. $(A \cap B)^c$

※ $A=\{(a,0.5),(b,0.7),\ (c,1)\},\ B=\{(a,0),(b,0.5),\ (c,1)\},$

$C=\{(a,0.9),(b,0.8),\ (c,0.5)\}$일 때 다음을 증명하시오.

31. $A\cup A=A$

32. $A\cap(B\cup C)=(A\cap B)\cup(A\cap C)$

33. $(A^c)^c=A$

34. $A\cup(B\cap C)=(A\cup B)\cap(A\cup C)$

35. $(A\cap B)\cup(A\cap B^c)=A$

36. $A\cap(B-C)=(A\cap B)-C$

37. $A\cap(B-C)=(A-C)\cup(B-C)$

38. $A-(B\cup C)=(A-B)\cap(A-C)$

39. $A-(B\cap C)=(A-B)\cup(A-C)$

40. $A\cap A=A$

※ 다음 수의 값을 구하시오.

41. $0\cdot 0$

42. $\frac{0}{0}$

43. $\frac{0}{7}$

44. $\frac{5}{0}$

45. 4^0

※ 다음 ISBN에서 x_{10}의 값을 구하시오.

46. 89-7045-123-( )

47. 89-5537-073-( )

48. 1-86503-602-( )

49. 0-404-53374-( )

50. 0-19-456812-( )

※ 다음 바코드에서 x_{13}의 값을 구하시오.

51. 978-89-6135-018-( )

52. 978-18-6890-698-( )

53. 978-89-8580-278-( )

54. 880-30-3312-698-( )

55. 978-89-2220-911-( )

※ 다음 원문에 대한 암호문을 구하시오. (단, 암호화 함수는 $f(x)=x+11$)

56. REAL

57. CATEGORY

58. TIGER

59. STUDENT

60. CHILD

※ 다음 암호화 함수에 대해서 원문(SKY)에 대한 암호문을 구하시오.

61. $f(x)=x+13$

62. $f(x)=x+7$

63. $f(x)=3x+4$

64. $f(x)=5x+11$

65. $f(x)=7x+7$

※ 다음을 증명하시오.

66. $\sqrt{5}$ 이 무리수이다.

67. $a<b$ 이면 $a<\dfrac{a+b}{2}<b$

※ 다음 부등식의 해를 구하시오.

68. $7x-7<12x+2$

69. $3-16x<5x+7<-22$

70. $x^2+4x-12<0$

71. $\dfrac{5}{x}<-3$

72. $(5-x)(3x-3)(x+1)\geqq 0$

73. $-2<|5+2x|<13$

74. $\left|8+\dfrac{1}{x}\right|>2$

75. $|x-1|<|2x+2|$

76. $2|x-5|\geq -|2x+4|$

※ 절댓값의 정의를 이용하여 다음을 증명하시오.

77. $|ab|=|a||b|$

78. $-|a|\leq a\leq |a|$

79. $|a-b|=|b-a|$

80. $|a+b|\leq |a|+|b|$

연습문제 1.2 함수

※ $f(x)=(x+7)(5-3x)$ (단, $-3 \le x \le 4$)

01. f의 치역을 구하시오.

02. $f(1-t)$의 값을 구하고, t의 범위를 구하시오.

03. $f(f(2))$의 값을 구하시오.

※ 다음 함수의 정의역을 구하시오.

04. $\sqrt{(2-x)(3x-7)}$

05. $\dfrac{4x+1}{2x^2+x-7}$

06. $\dfrac{\sqrt{3x+3}}{2x-1}$

07. $12-\dfrac{|x|}{x}$

08. $\dfrac{3}{(x-1)} \cdot \dfrac{2}{(x+2)} \cdot \dfrac{3}{(x+3)}$

09. $\sqrt{(2x+5)(x-1)}$

※ 다음 함수의 치역을 구하시오.

10. $f(x)=\pi$

11. $f(x)=|2x|+7$

12. $f(x)=\dfrac{2}{3x-5}$

13. $f(x)=\sqrt{4-4x^2}$

14. $f(x)=\begin{cases} -1, & x<0 \\ 1, & x \ge 0 \end{cases}$

15. $f(x)=\dfrac{x+3}{3x-4}$

※ 다음 함수의 그래프를 구하시오.

16. $f(x)=|x-4|$

17. $f(x)=-[[x]]$

18. $f(x)=x+|x|$

19. $f(x)=x-|x|$

20. $f(x)=x \cdot |x|$

21. $f(x)=\begin{cases} 0, & x<5 \\ -x^2, & x \ge 5 \end{cases}$

22. $f(x)=\begin{cases} -x, & -2 \le x \le 0 \\ 2x, & 0 \le x \le 5 \end{cases}$

23. $f(x)=\begin{cases} -3, & x<0 \\ 0, & x=0 \\ 3, & x>0 \end{cases}$

※ 다음을 구하시오.

24. $f(x)=x^2-2x+2$ 일 때 $\frac{1}{h}\{f(a+h)-f(a)\}$

25. $f(x)=\frac{1}{2x-3}$ 일 때 $f(c+h)-f(c)$

※ 다음 함수가 우함수인지 기함수인지 구하시오.

26. $f(x)=\frac{2}{7}$

27. $f(x)=6x^3-15x$

28. $f(x)=x^2-5$

29. $f(x)=\sqrt{x-9}$

30. $f(x)=|2x|+1$

31. $f(x)=[[3x]]$

※ $f(x)=\frac{x}{x-1}$, $g(x)=\sqrt{2+x^2}$ 일 때 다음을 구하시오.

32. $(f+g)(-1)$

33. $(f\cdot g)(2)$

34. $\frac{g}{f}(6)$

35. $(g\cdot f)(8)$

36. $\frac{f}{g}(10)$

37. $(g+f)(9)$

38. $(g-f)(-2)$

39. $(f-g)(-2)$

40. $f\circ f(7)$

41. $f\circ g(5)$

※ $f(x)=\frac{1}{x+7}$, $g(x)=x^2+5$ 일 때 다음 식의 정의역을 구하시오.

42. $(f+g)(x)$

43. $\left(\frac{f}{g}\right)(x)$

44. $(f\circ g)(x)$

45. $(g\circ f)(x)$

46. $(g\circ g)(x)$

47. $\left(\frac{g}{f}\right)(x)$

48. $(f\circ f)(x)$

49. $(g-f)(x)$

※ $f(x)=\dfrac{x-2}{x^2+1}$, $g(x)=\sqrt{5x}$ 일 때 다음을 구하시오.

50. $(f+g)(2)$

51. $(f \cdot g)(3)$

52. $f(g(0))$

53. $g(f(4))$

54. $\dfrac{f}{g}(5)$

55. $f(f(1))$

56. $g(g(25))$

57. $f(f(g(1)))$

58. $(f-g)(0)$

59. $\dfrac{g}{f}(2)$

※ 다음의 함수가 우함수인지 기함수인지를 판정하시오.

60. 우함수·우함수

61. 기함수·기함수

62. 우함수+우함수

63. 기함수+기함수

64. 우함수·기함수

65. 우함수+기함수

제 2 장

도함수

극한 개념에 의해서 도함수의 개념을 이해할 수 있으므로. 극한의 기본 개념을 소개하고 다양한 극한의 특성과 여러 가지 기본정리에 대해서 알아보자. 또한 한 점에서의 연속 개념에 대해서 공부하고 연속의 정리에 대해서 공부한다. 극한을 이용하여 도함수를 정의하고 그의 특성에 대해서 공부한다. 삼각함수의 도함수, 도함수의 도함수인 이계도함수 그리고 고계도함수에 대해서 알아본다. 또한 음함수의 도함수를 구하는 방법에 대해서 알아보고 도함수를 이용하여 근삿값을 구하는 방법에 대해서 공부한다.

2.1 함수의 극한

1. 함수의 극한

함수 $f(x)$에 대해서 x가 c의 근방에서 $f(x)$가 L에 수렴하면 L을 $f(x)$의 극한값이라 한다.

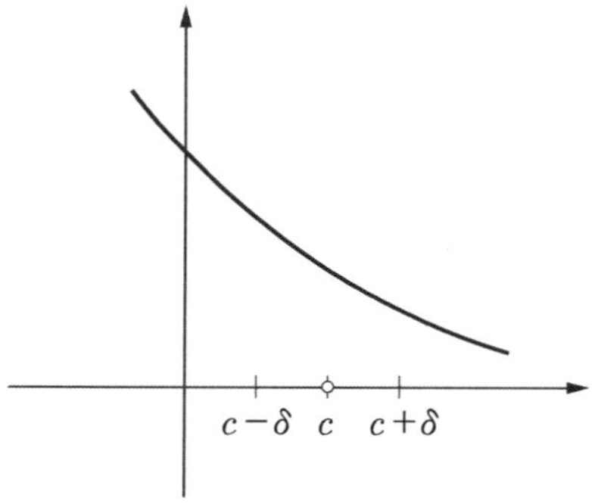

[그림 2-1] $0<|x-c|<\delta$

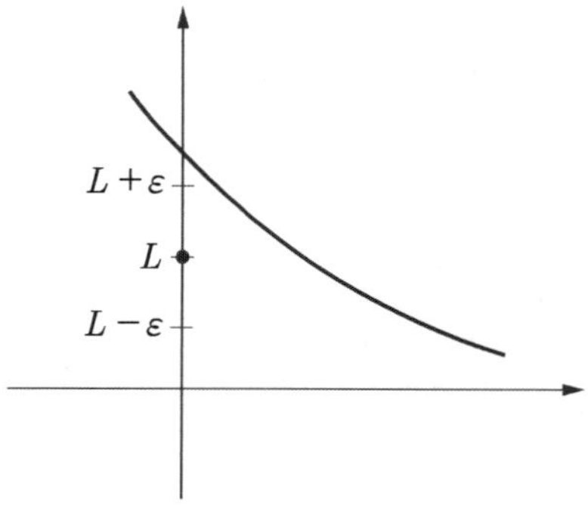

[그림 2-2] $|f(x)-L|<\epsilon$

그리스 문자 ϵ(엡실론)과 δ(델타)를 이용하여 극한을 정의하자. 먼저 몇 가지 사실에 대해서 알아보자.

$|f(x)-L|<\epsilon$는 다음을 의미한다.

$$L-\epsilon<f(x)<L+\epsilon$$

그리고 $0<|x-c|<\delta$는 다음을 의미한다.

$$c-\delta<x<c+\delta, \quad x\neq c$$

정의

모든 $\epsilon>0$에 대해서 $\delta>0$이 존재하여

$$0<|x-c|<\delta \Rightarrow |f(x)-L|<\epsilon$$

을 만족할 때 다음과 같이 정의한다.

$$\lim_{x\to c} f(x)=L$$

또는 다음과 같이 나타낸다.

$$\forall\epsilon>0, \exists\delta>0, \quad 0<|x-c|<\delta \Rightarrow |f(x)-L|<\epsilon$$

예제 1 $f: R\to[0, \infty]$이고 $f(x)=x^2$일 때 f는 전단사함수가 아니다. 그러나 $\lim_{x\to 1}(2x+3)=5$임을 증명하시오.

풀이 모든 $\epsilon>0$에 대해서 다음을 만족하는 $\delta>0$을 구해보자.

$$0<|x-1|<\delta \Rightarrow |2x+3-5|<\epsilon$$

다음의 부등식을 생각해보자.

$$\begin{aligned}|2x+3-5|<\epsilon &\Leftrightarrow |2x-2|<\epsilon\\ &\Leftrightarrow 2|x-1|<\epsilon\\ &\Leftrightarrow |x-1|<\frac{\epsilon}{2}\end{aligned}$$

$0<|x-1|<\delta=\frac{\epsilon}{2}$이면 다음을 알 수 있다.

$$|2x+3-5|<\epsilon$$

왜냐하면 다음이 성립한다.

$$\begin{aligned}|2x+3-5| &= |2x-2| \\ &= 2|x-1|\end{aligned}$$

그리고 가정에 의해서 $|x-1| < \delta = \frac{\epsilon}{2}$ 이므로 다음을 알 수 있다.

$$2|x-1| < 2\delta = \epsilon$$

그러므로 $0 < |x-1| < \delta = \frac{\epsilon}{2}$ 이면 다음을 알 수 있다.

$$|2x+3-5| < \epsilon$$

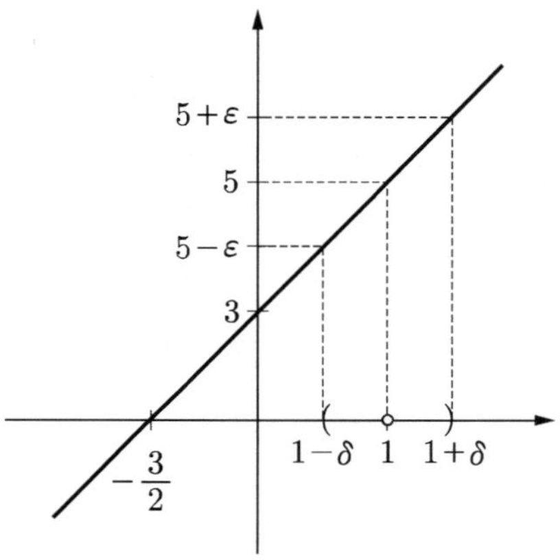

[그림 2-3] $\lim_{x\to1}(2x+3)=5$

예제 2 $\lim_{x\to c}(ax+b) = ac+b$ 임을 증명하시오.

풀이 모든 $\epsilon > 0$ 에 대해서 다음을 만족하는 $\delta > 0$ 을 구해보자.

$$0 < |x-c| < \delta \Rightarrow |ax+b-ac-b| < \epsilon$$

다음의 부등식을 생각해보자.

$$\begin{aligned}|ax+b-ac-b| < \epsilon &\Leftrightarrow |ax-ac| < \epsilon \\ &\Leftrightarrow |a||x-c| < \epsilon \\ &\Leftrightarrow |x-c| < \frac{\epsilon}{|a|}\end{aligned}$$

이 결과 $0 < |x-c| < \delta = \dfrac{\epsilon}{|a|}$ 이면 다음을 알 수 있다.

$$|ax+b-ac-b| < \epsilon$$

왜냐하면 다음이 성립한다.

$$\begin{aligned} |ax+b-ac-b| &= |ax-ac| \\ &= |a||x-c| \end{aligned}$$

그리고 가정에 의해서 $|x-c| < \delta = \dfrac{\epsilon}{|a|}$ 이므로 다음을 알 수 있다.

$$|a||x-c| < |a| \cdot \delta = |a| \cdot \frac{\epsilon}{|a|} = \epsilon$$

즉 모든 $\epsilon > 0$ 에 대해서 $\delta = \dfrac{\epsilon}{|a|} > 0$ 이 존재해서 $0 < |x-c| < \delta$ 이면 다음을 알 수 있다.

$$|ax+b-ac-b| < \epsilon$$

예제 3 $a > 0$ 일 때 $\lim\limits_{x \to a} \sqrt{x} = \sqrt{a}$ 임을 증명하시오.

풀이 모든 $\epsilon > 0$ 에 대해서 다음을 만족하는 $\delta > 0$ 을 구해보자.

$$0 < |x-a| < \delta \Rightarrow |\sqrt{x} - \sqrt{a}| < \epsilon$$

다음의 부등식을 생각해 보자.

$$\begin{aligned} |\sqrt{x} - \sqrt{a}| < \epsilon &\Leftrightarrow \left| \frac{(\sqrt{x} - \sqrt{a})(\sqrt{x} + \sqrt{a})}{(\sqrt{x} + \sqrt{a})} \right| < \epsilon \\ &\Leftrightarrow \left| \frac{x-a}{\sqrt{x} + \sqrt{a}} \right| < \epsilon \end{aligned}$$

$\sqrt{a} \le \sqrt{x} + \sqrt{a}$ 이 항상 성립하므로 다음을 알 수 있다.

$$|x-a| < \sqrt{a} \cdot \epsilon$$

이 결과 $0 < |x-a| < \delta = \sqrt{a} \cdot \epsilon$ 이면 다음이 성립함을 알 수 있다.

$$|\sqrt{x} - \sqrt{a}| < \epsilon$$

예제 4 $\lim_{x\to 3}(x^2+x-6)=6$임을 증명하시오.

풀이 모든 $\epsilon>0$에 대해서 다음을 만족하는 $\delta>0$을 구해보자.

$$0<|x-3|<\delta \Rightarrow |x^2+x-6-6|<\epsilon$$

다음의 부등식을 생각해 보자.

$$\begin{aligned}|x^2+x-6-6|<\epsilon &\Leftrightarrow |x^2+x-12|<\epsilon \\ &\Leftrightarrow |x-3||x+4|<\epsilon\end{aligned}$$

예제 1의 경우와 같이 다음과 같이 나타낼 수 있다.

$$|x-3||x+4|<\epsilon \Leftrightarrow |x-3|<\frac{\epsilon}{|x+4|}$$

$\delta=\frac{\epsilon}{|x+4|}$로 놓으면 $|x-3|<\delta$이 성립하지만 δ는 함수이므로 우리가 원하는 값을 구할 수 없다. 우리의 목적은 $\delta>0$을 찾는 것이므로 $\delta=2$로 놓자. 그러므로 다음을 알 수 있다.

$$|x+4|=|x-3+7|\le |x-3|+7< \delta+7=2+7=9$$

즉 $\delta=2$인 경우 $|x+4|<9$이므로 다음을 알 수 있다.

$$|x-3||x+4|<|x-3|\cdot 9<\epsilon$$

그러므로 다음과 같다.

$$|x-3|<\frac{\epsilon}{9}$$

이 결과 $0<|x-3|<\delta=\min\left\{2,\ \frac{\epsilon}{9}\right\}$이면 다음이 성립한다.

$$|(x^2+x-6)-6|=|x+4||x-3|<9\cdot\frac{\epsilon}{9}=\epsilon$$

예제 5 $a\neq 0$일 때 $\lim_{x\to a}\frac{1}{x}=\frac{1}{a}$임을 증명하시오.

풀이 모든 $\epsilon>0$에 대해서 다음을 만족하는 $\delta>0$을 구해보자.

$$0 < |x-a| < \delta \Rightarrow \left|\frac{1}{x} - \frac{1}{a}\right| < \epsilon$$

다음 식을 생각해 보자.

$$\left|\frac{1}{x} - \frac{1}{a}\right| = \left|\frac{x-a}{xa}\right|$$
$$= \frac{|x-a|}{|x||a|}$$

$\dfrac{|x-a|}{|x||a|} < \epsilon$에서 $|x-a| < \epsilon|x||a| = \delta$로 놓으면 δ가 함수이므로 우리가 원하는 값을 구할 수 없다. 우리의 목적은 $\delta > 0$을 찾는 것이므로 $\delta = \dfrac{|a|}{2}$로 놓자. 그러므로 다음을 알 수 있다.

$$|a| = |a-x+x| \leqq |x-a| + |x| < \delta + |x| = \frac{|a|}{2} + |x|$$

위의 식에서 $|x| > \dfrac{1}{2}|a|$를 구할 수 있다.

또는 다음과 같다.

$$\frac{1}{|x|} < \frac{2}{|a|}$$

그 결과 다음을 알 수 있다.

$$\left|\frac{1}{x} - \frac{1}{a}\right| = \frac{|x-a|}{|x||a|} < \frac{2|x-a|}{a^2} < \epsilon$$

그리고 $|x-a| < \dfrac{\epsilon a^2}{2}$에서 $\delta = \dfrac{\epsilon a^2}{2}$을 구할 수 있다.

그러므로 다음과 같다.

$$0 < |x-a| < \delta = \min\left\{\frac{|a|}{2}, \frac{\epsilon a^2}{2}\right\}$$

그 결과 다음이 성립함을 알 수 있다.

$$\left|\frac{1}{x} - \frac{1}{a}\right| < \epsilon$$

정의

(a) 모든 $\epsilon > 0$에 대해서 $\delta > 0$이 존재하여

$$0 < x - c < \delta \ \Rightarrow \ |f(x) - L| < \epsilon$$

을 만족할 때 다음과 같이 정의한다.

$$\lim_{x \to c^+} f(x) = L \text{(우극한)}$$

(b) 모든 $\epsilon > 0$에 대해서 $\delta > 0$이 존재하여

$$-\delta < x - c < 0 \ \Rightarrow \ |f(x) - M| < \epsilon$$

을 만족할 때 다음과 같이 정의한다.

$$\lim_{x \to c^-} f(x) = M \text{(좌극한)}$$

정리 1

$\lim_{x \to c} f(x) = L$이 존재할 필요충분조건은 다음과 같다.

$$\lim_{x \to c^+} f(x) = \lim_{x \to c^-} f(x)$$

2. 극한 정리

다음은 극한의 여러 성질에 대해서 공부해 본다.

정리 1

$\lim_{x \to c} f(x) = A$, $\lim_{x \to c} g(x) = B$인 경우 다음이 성립한다. 단, t는 상수이다.

(a) $\lim_{x \to c} k = k$

(b) $\lim_{x \to c} x = c$

(c) $\lim_{x \to c} kf(x) = kA$

(d) $\lim_{x \to c} (f(x) + g(x)) = A + B$

(e) $\lim_{x \to c} (f(x) - g(x)) = A - B$

(f) $\lim_{x \to c} (f(x)g(x)) = AB$

(g) $\lim_{x \to c} \frac{f(x)}{g(x)} = \frac{A}{B}$, 단 $B \neq 0$

증명 (a) 모든 $\epsilon > 0$에 대해서 다음을 만족하는 $\delta > 0$을 구해보자.

$$0 < |x - c| < \delta \quad \Rightarrow \quad |k - k| < \epsilon$$

그런데 다음은 가정에 의해서 항상 성립한다.

$$|k - k| = 0 < \epsilon$$

그 결과 $\delta > 0$이 어떤 값이라도 증명된다.

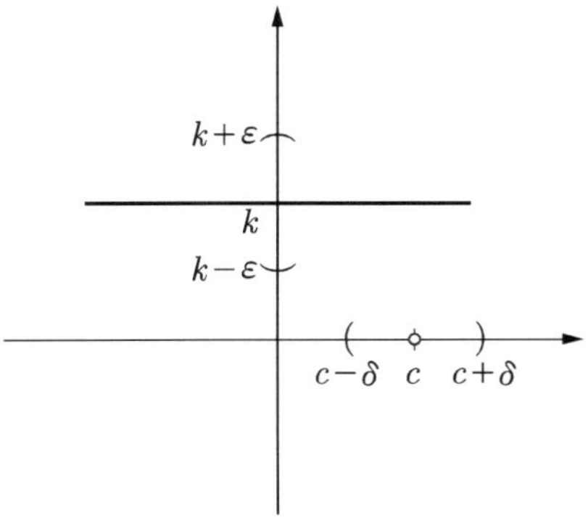

[그림 2-4] $\lim_{x \to c} k = k$

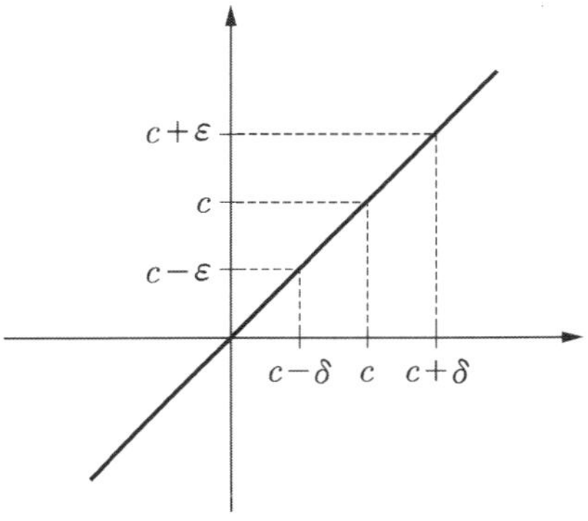

[그림 2-5] $\lim_{x \to c} x = c$

(b) 모든 $\epsilon > 0$에 대해서 다음을 만족하는 $\delta > 0$을 구해보자.

$$0 < |x - c| < \delta \quad \Rightarrow \quad |x - c| < \epsilon$$

$f(x) = x$는 항등함수이므로 $\delta = \epsilon$로 놓으면 다음이 성립한다.

$$0 < |x - c| < \delta = \epsilon \quad \Rightarrow \quad |x - c| < \epsilon$$

왜냐하면 다음과 같다.

$$(c - \epsilon,\ c) \cup (c,\ c + \epsilon) \ \subseteq \ (c - \epsilon, c + \epsilon)$$

(c) 모든 $\epsilon > 0$에 대해서 다음을 만족하는 $\delta > 0$을 구해보자.

$$0 < |x-c| < \delta \;\Rightarrow\; |kf(x) - kA| < \epsilon$$

다음이 성립한다.

$$|kf(x) - kA| = |k||f(x) - A|$$

가정에 의해서 $\lim_{x \to c} f(x) = A$이므로, 특히 $\frac{\epsilon}{|k|} > 0$에 대해서 $\delta_1 > 0$이 존재하여 다음과 같다.

$$0 < |x-c| < \delta_1 \quad \Rightarrow \quad |f(x) - A| < \frac{\epsilon}{|k|}$$

그 결과 $\delta = \delta_1 > 0$ 으로 놓으면 $0 < |x-c| < \delta = \delta_1$이면 다음이 성립한다.

$$|kf(x) - kA| = |k||f(x) - A| < |k| \cdot \frac{\epsilon}{|k|} = \epsilon$$

(d) 모든 $\epsilon > 0$에 대해서 다음을 만족하는 $\delta > 0$을 구해보자.

$$0 < |x-c| < \delta \quad \Rightarrow |f(x) + g(x) - A - B| < \epsilon$$

삼각부등식에 의해서 다음이 성립한다.

$$\begin{aligned} |f(x) + g(x) - A - B| &= |f(x) - A + g(x) - B| \\ &\le |f(x) - A| + |g(x) - B| \end{aligned}$$

가정에 의해서 $\lim_{x \to c} f(x) = A$, $\lim_{x \to c} g(x) = B$이므로 다음과 같다.

특히 $\frac{\epsilon}{2} > 0$에 대해서 $\delta_1 > 0$이 존재하여 다음이 성립한다.

$$0 < |x-c| < \delta_1 \quad \Rightarrow \quad |f(x) - A| < \frac{\epsilon}{2}$$

특히 $\frac{\epsilon}{2} > 0$에 대해서 $\delta_2 > 0$가 존재하여 다음과 같다.

$$0 < |x-c| < \delta_2 \quad \Rightarrow \quad |g(x) - B| < \frac{\epsilon}{2}$$

그 결과 $\delta = \min\{\delta_1, \delta_2\} > 0$으로 놓으면 다음과 같다.

$$0 < |x - c| < \delta = \min\{\delta_1, \delta_2\}$$

그러므로 다음이 성립한다.

$$\begin{aligned}|f(x) + g(x) - A - B| &\le |f(x) - A| + |g(x) - B| \\ &< \frac{\epsilon}{2} + \frac{\epsilon}{2} = \epsilon\end{aligned}$$

(e) $\displaystyle\lim_{x\to c}(f(x) - g(x)) = \lim_{x\to c}(f(x) + (-g(x)))$

$$\begin{aligned}&= \lim_{x\to c} f(x) + \lim_{x\to c}(-g(x)) \quad \text{((4)에 의해서)} \\ &= \lim_{x\to c} f(x) - \lim_{x\to c} g(x) \quad \text{((3)에 의해서)} \\ &= A - B\end{aligned}$$

(f) 모든 $\epsilon > 0$에 대해서 다음을 만족하는 $\delta > 0$을 구해보자.

$$0 < |x - c| < \delta \quad \Rightarrow \quad |f(x)g(x) - AB| < \epsilon$$

삼각부등식에 의해서 다음이 성립한다.

$$\begin{aligned}|f(x)g(x) - AB| &= |f(x)g(x) - Ag(x) + Ag(x) - AB| \\ &\le |f(x)g(x) - Ag(x)| + |Ag(x) - AB| \\ &= |g(x)||f(x) - A| + |A||g(x) - B|\end{aligned}$$

가정에 의해서 $\displaystyle\lim_{x\to c} g(x) = B$이므로, 특히 $1 > 0$에 대해서 $\delta_1 > 0$이 존재하여 다음이 성립한다.

$$0 < |x - c| < \delta_1 \quad \Rightarrow \quad |g(x) - B| < 1$$

부등식의 성질에 의해서 다음과 같다.

$$|g(x)| - |B| \le |g(x) - B| < 1$$

그러므로 다음이 성립한다.

$$|g(x)| < |B| + 1$$

또한 가정에 의해서 $\displaystyle\lim_{x\to c} f(x) = A$ 이므로, 특히 $\dfrac{\epsilon}{2(|B| + 1)} > 0$에 대해

$\delta_2 > 0$이 존재하여 다음이 성립한다.

$$0 < |x-c| < \delta_2 \quad \Rightarrow \quad |f(x) - A| < \frac{\epsilon}{2(|B|+1)}$$

또한 $\lim_{n \to 0} g(x) = B$에 의해서, 특히 $\frac{\epsilon}{2|A|} > 0$에 대해서 $\delta_3 > 0$이 존재하여 다음이 성립한다.

$$0 < |x-c| < \delta_3 \quad \Rightarrow \quad |g(x) - B| < \frac{\epsilon}{2|A|}$$

그러므로 $\delta = \min\{\delta_1, \delta_2, \delta_3\}$로 놓으면 다음이 성립한다.

$$0 < |x-c| < \delta \quad \Rightarrow \quad |f(x)g(x) - AB| < \epsilon$$

(g) 다음과 같다.

$$\begin{aligned}\lim_{x \to c} \frac{f(x)}{g(x)} &= \lim_{x \to c} \left\{ f(x) \cdot \frac{1}{g(x)} \right\} \\ &= \lim_{x \to c} f(x) \cdot \lim_{x \to c} \frac{1}{g(x)}\end{aligned}$$

그러므로 다음을 보이자.

$$\lim_{x \to c} \frac{1}{g(x)} = \frac{1}{B}$$

모든 $\epsilon > 0$에 대해서 다음을 만족하는 $\delta > 0$을 찾자.

$$0 < |x-c| < \delta \quad \Rightarrow \quad \left| \frac{1}{g(x)} - \frac{1}{B} \right| < \epsilon$$

다음 등식을 생각해 보자.

$$\begin{aligned}\left| \frac{1}{g(x)} - \frac{1}{B} \right| &= \left| \frac{g(x) - B}{g(x)B} \right| \\ &= \frac{|g(x) - B|}{|g(x)||B|}\end{aligned}$$

가정에 의해서 $\lim_{x \to c} g(x) = B$이므로 특히 $\frac{|B|}{2} > 0$에 대해서 $\delta_1 > 0$이 존재하여 다음이 성립한다.

$$0 < |x-c| < \delta_1 \quad \Rightarrow \quad |g(x) - B| < \frac{|B|}{2}$$

그러므로 다음과 같다.

$$\begin{aligned}|B| &= |B-g(x)+g(x)| \\ &\le |g(x)-B|+|g(x)| < \frac{|B|}{2}+|g(x)|\end{aligned}$$

그 결과 다음을 알 수 있다.

$$|g(x)| > \frac{|B|}{2}, \text{ 즉 } \frac{1}{|g(x)|} < \frac{2}{|B|}$$

또한 $\lim_{x \to c} g(x) = B$이므로, 특히 $\frac{B^2}{2}\epsilon > 0$에 대해서 $\delta_2 > 0$이 존재하여 음과 같다.

$$0 < |x-c| < \delta_2 \quad \Rightarrow \quad |g(x)-B| < \frac{B^2\epsilon}{2}$$

그러므로 $\delta = \min\{\delta_1, \delta_2\}$라 놓으면 다음이 성립한다.

$$0 < |x-c| < \delta \quad \Rightarrow \quad \left|\frac{1}{g(x)} - \frac{1}{B}\right| < \epsilon$$

예제 1 $\lim_{x \to 4} \pi^2$를 구하시오.

풀이 정리 1 의 (a)에 의해서 다음을 알 수 있다.

$$\lim_{x \to 4} \pi^2 = \pi^2$$

예제 2 $\lim_{x \to 8} x$를 구하시오.

풀이 정리 1 의 (b)에 의해서 다음을 알 수 있다.

$$\lim_{x \to 8} x = 8$$

예제 3 $\lim_{x \to 2} 4x$를 구하시오.

풀이 정리 1 의 (b)와 (c)에 의해서 다음과 같다.

$$\lim_{x\to 2} 4x = 4\lim_{x\to 2} x = 8$$

예제 4 $\lim_{x\to 2} 3x^3$를 구하시오.

풀이 정리 1 의 (b), (c) 그리고 (f)에 의해서 다음과 같다.

$$\begin{aligned}\lim_{x\to 2} 3x^3 &= 3\lim_{x\to 2} x^3 \\ &= 3\lim_{x\to 2} x \lim_{x\to 2} x \lim_{x\to 2} x \\ &= 24\end{aligned}$$

예제 5 $\lim_{x\to 3}(x^2+9)$을 구하시오.

풀이 정리 1 의 (a), (b), (c), (d) 그리고 (f)에 의해서 다음과 같다.

$$\begin{aligned}\lim_{x\to 3}(x^2+9) &= \lim_{x\to 3} x^2 + \lim_{x\to 3} 9 \\ &= \lim_{x\to 3} x^2 + \lim_{x\to 3} 9 \\ &= 3^2+9 = 18\end{aligned}$$

예제 6 $\lim_{x\to -1}(x^4+2x)$를 구하시오.

풀이 정리 1 의 (a), (b), (c), (e) 그리고 (f)에 의해서 다음과 같다.

$$\begin{aligned}\lim_{x\to -1}(x^4+2x) &= \lim_{x\to -1} x^4 + \lim_{x\to -1}(2x) \\ &= \lim_{x\to -1} x^4 + 2\cdot\lim_{x\to -1} x \\ &= 1-2 = -1\end{aligned}$$

예제 7 $\lim_{x\to 3}\dfrac{4x+5}{x^2-8}$를 구하시오.

풀이 정리 1의 (a), (b), (c), (d), (e) 그리고 (f)에 의해서 다음과 같다.

$$\lim_{x \to 3} \frac{4x+5}{x^2-8} = \frac{\lim_{x \to 3} 4x+5}{\lim_{x \to 3} x^2-8}$$
$$= 17$$

정리 2

(a) $x = c$의 근방에서 다음과 같다.

$$f(x) \le g(x) \le h(x)$$

(b) $\lim_{x \to c} f(x) = \lim_{x \to c} h(x) = A$

위의 두식을 만족하면 다음이 성립한다.

$$\lim_{x \to c} g(x) = A$$

증명 가정에 의해 $\delta_1 > 0$이 존재하여 다음을 만족한다.

$$c - \delta_1 < x < c + \delta_1, \text{ 단 } x \ne c \quad \Rightarrow \quad f(x) \le g(x) \le h(x)$$

또한 $\lim_{x \to c} f(x) = A$이므로 모든 $\epsilon > 0$에 대해서 $\delta_2 > 0$이 존재하여 다음을 만족한다.

$$c - \delta_2 < x < c + \delta_2, \text{ 단 } x \ne c \quad \Rightarrow \quad A - \epsilon < f(x) < A + \epsilon$$

또한 $\lim_{x \to c} h(x) = A$이므로 모든 $\epsilon > 0$에 대해서 $\delta_3 > 0$이 존재하여 다음을 만족한다.

$$c - \delta_3 < x < c + \delta_3, \text{ 단 } x \ne c \quad \Rightarrow \quad A - \epsilon < h(x) < A + \epsilon$$

이 결과 $\delta = \min\{\delta_1, \delta_2, \delta_3\} > 0$으로 놓으면 다음을 만족한다.

$$c - \delta < x < c + \delta, \text{ 단 } x \ne c \quad \Rightarrow A - \epsilon < f(x) \le g(x) \le h(x) < A + \epsilon$$

즉, 다음이 성립함을 알 수 있다.

$$0 < |x - c| < \delta \quad \Rightarrow \quad |g(x) - A| < \epsilon$$

예제 8 $x=0$의 근방에서 $1-\dfrac{x^2}{6} \le \dfrac{\sin x}{x} \le 1$이 성립할 때 다음의 값을 구하시오.

$$\lim_{x\to 0}\frac{\sin x}{x}$$

풀이 정리 1에 의해서 다음을 알 수 있다.

$$\lim_{x\to 0}\left(1-\frac{x^2}{6}\right)=1 \quad \text{그리고} \quad \lim_{x\to 0}1=1$$

위의 결과를 정리 2에 적용하면 다음을 알 수 있다.

$$\lim_{x\to 0}\frac{\sin x}{x}=1$$

정리 3

$\lim_{x\to c} f(x)=A$, $\lim_{x\to c} f(x)=B$ 이면 다음이 성립한다.

$$A=B$$

증명 $B>A$라 가정하자.

그리고 다음과 같이 놓자.

$$\epsilon=\frac{B-A}{2}>0$$

$\lim_{x\to c} f(x)=A$이므로 모든 $\epsilon>0$에 대해서 $\delta_1>0$이 존재하여 다음을 만족한다.

$$0<|x-c|<\delta_1 \quad \Rightarrow \quad |f(x)-A|<\frac{B-A}{2}$$

또한 $\lim_{x\to c} f(x)=B$이므로 모든 $\epsilon>0$에 대해서 $\delta_2>0$이 존재하여 다음을 만족한다.

$$0<|x-c|<\delta_2 \quad \Rightarrow \quad |f(x)-B|<\frac{B-A}{2}$$

$\delta = \min\{\delta_1, \delta_2\}$라 놓으면 다음이 성립한다.

$$0 < |x - c| < \delta \quad \Rightarrow \quad \frac{A+B}{2} < f(x) < \frac{A+B}{2}$$

위의 부등식은 모순이다.

$A > B$라 가정해도 같은 방법으로 모순이므로 다음을 알 수 있다.

$$A = B$$

3. 연속

극한과 연계하여 함수의 연속에 대해서 알아보자.

정의

$f(x)$가 $x = c$에서 연속(continuous)이면 점 $x = c$를 포함하는 c의 근방이 함수 $f(x)$의 정의역에 포함되고 $\lim_{x \to c} f(x) = f(c)$를 만족한다.

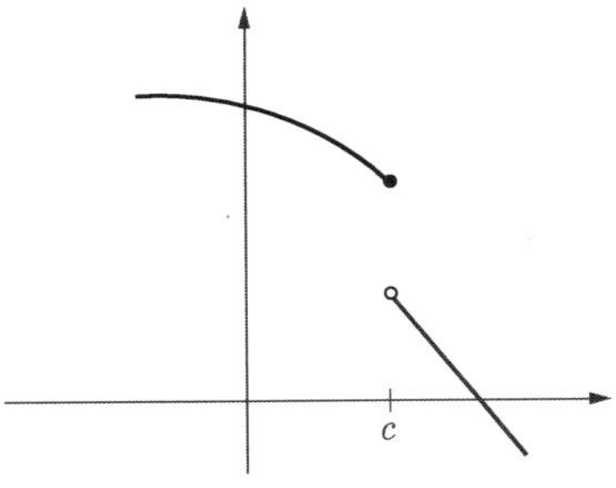

[그림 2-6] $x = c$에서 극한이 존재하지 않고 연속도 아니다.

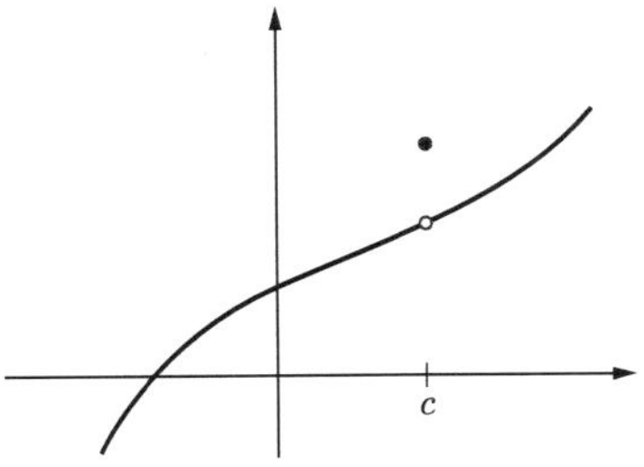

[그림 2-7] $x = c$에서 극한은 존재하지만 연속은 아니다.

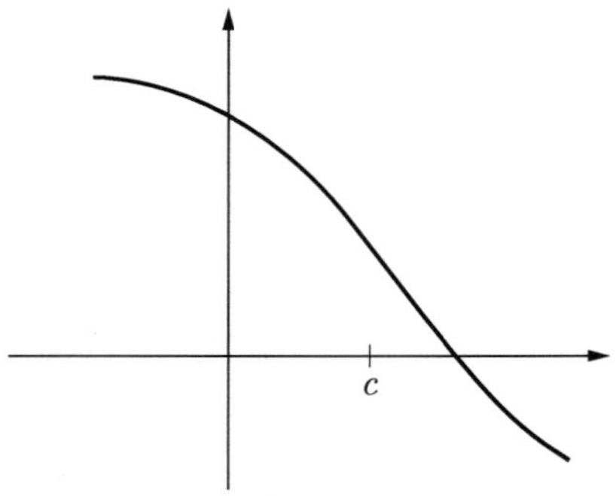

[그림 2-8] $x=c$에서 극한이 존재하고 연속이다.

이 정의는 다음을 필요로 한다.

(a) $\lim_{x \to c} f(x)$가 존재한다.

(b) $f(c)$가 존재한다.

(c) $\lim_{x \to c} f(x) = f(c)$

이들 중 어느 하나도 만족하지 않으면 $f(x)$는 $x=c$에서 불연속(discontinuous)이라 한다.

예제 1 최대정수함수는 다음과 같이 정의한다.

$$f(x) = [[x]] = x\text{와 같거나 } x\text{보다 작은 최대의 정수}$$

그 결과 다음이 성립한다.

$$x = c \in Z \text{ 에서 } f(x) = [[x]]\text{는 불연속이고}$$
$$x = c \in R - Z \text{ 에서 } f(x) = [[x]]\text{는 연속이다.}$$

예제 2 $f(x) = x$ 는 $x = c$에서 연속이다.

풀이 임의의 양수 ϵ에 대해서 $\epsilon = \delta$로 놓으면 다음이 성립한다.

$$|x-c| < \delta \;\Rightarrow\; |x-c| < \epsilon$$

즉, 다음이 성립한다.

$$\lim_{x \to c} x = c$$

정리 1

$f(x)$, $g(x)$가 $x=c$에서 연속이면 다음 함수도 역시 $x=c$에서 연속이다.

(단 a는 상수이고 $g(c) \neq 0$)

(a) $af(x)$ (b) $f(x)+g(x)$

(c) $f(x)-g(x)$ (d) $f(x) \cdot g(x)$

(e) $\dfrac{f(x)}{g(x)}$

증명 (a) 모든 $\epsilon > 0$에 대해서 다음을 만족하는 $\delta > 0$을 구해보자.

$$|x-c| < \delta \quad \Rightarrow \quad |af(x) - af(c)| < \epsilon$$

다음 등식을 생각해보자.

$$|af(x) - af(c)| = |a||f(x) - f(c)|$$

가정에 의해 $\lim_{x \to c} f(x) = f(c)$이므로 특히 $\dfrac{\epsilon}{|a|} > 0$에 대해서 $\delta_1 > 0$이 존재하여 다음이 성립한다.

$$|x-c| < \delta = \delta_1 \quad \Rightarrow \quad |f(x) - f(c)| < \frac{\epsilon}{|a|}$$

$\delta = \delta_1 > 0$으로 놓으면 다음이 성립한다.

$$|x-c| < \delta_1 = \delta \quad \Rightarrow \quad |af(x) - af(c)| = |a||f(x) - f(c)| < |a|\frac{\epsilon}{|a|} = \epsilon$$

(b) 모든 $\epsilon > 0$에 대해서 다음을 만족하는 $\delta > 0$을 구해보자.

$$|x-c| < \delta \quad \Rightarrow \quad |f(x) + g(x) - f(c) - g(c)| < \epsilon$$

삼각부등식에 의해서 다음이 성립한다.

$$|f(x) + g(x) - f(c) - g(c)| \leq |f(x) - f(c)| + |g(x) - g(c)|$$

가정에 의해서 $\lim_{x \to c} f(x) = f(c)$이므로, 특히 $\dfrac{\epsilon}{2} > 0$에 대해서 $\delta_1 > 0$이 존재하여 다음이 성립한다.

$$|x-c|<\delta_1 \quad \Rightarrow \quad |f(x)-f(c)|<\frac{\epsilon}{2}$$

가정에 의해서 $\lim_{x \to c} g(x) = g(c)$이므로, 특히 $\frac{\epsilon}{2}$에 대해서 $\delta_2 > 0$이 존재하여 다음이 성립한다.

$$|x-c|<\delta_2 \quad \Rightarrow \quad |g(x)-g(c)|<\frac{\epsilon}{2}$$

$\delta = \min\{\delta_1, \delta_2\} > 0$으로 놓으면 다음을 알 수 있다.

$$\begin{aligned} |f(x)+g(x)-f(c)-g(c)| &\le |f(x)-f(c)|+|g(x)-g(c)| \\ &< \frac{\epsilon}{2}+\frac{\epsilon}{2}=\epsilon \end{aligned}$$

나머지도 같은 방법으로 증명할 수 있다.

예제 3 $g(x) = 3x^3 - 7x$ 는 $x = c$에서 연속이다.

풀이 $f(x) = x$는 $x = c$에서 연속이고 정리 4에 의해서 다음을 알 수 있다.

$$g(x) = 3x^3 - 7x \text{는 } x = c\text{에서 연속이다.}$$

예제 4 다음과 같이 정의된 함수를 생각해보자.

$$f(x) = \frac{x^3-8}{x^2-4}, \quad x \ne 2$$

$$f(x) = 3, \quad x = 2$$

$x = 2$에서 연속임을 증명하시오.

풀이 다음이 성립한다.

$$\begin{aligned} \lim_{x \to 2} \frac{x^3-8}{x^2-4} &= \lim_{x \to 2} \frac{x^2+2x+4}{x+2} \\ &= 3 \end{aligned}$$

그리고 $f(2) = 3$에 의해서 다음을 알 수 있다.

$$\lim_{x \to 2} f(x) = f(2)$$

정리 2

$\lim_{x \to c} g(x) = w$이고 f가 w에서 연속이면 다음이 성립한다.

$$\lim_{x \to c} f(g(x)) = f(w)$$

증명 모든 $\epsilon > 0$에 대해서 다음을 만족하는 $\delta > 0$을 구해보자.

$$0 < |x - c| < \delta \quad \Rightarrow \quad |f(g(x)) - f(w)| < \epsilon$$

가정에 의해서 f가 w에서 연속이므로, 모든 $\epsilon > 0$에 대해서 $\delta_1 > 0$이 존재하여 다음이 성립한다.

$$|t - w| < \delta_1 \quad \Rightarrow \quad |f(t) - f(w)| < \epsilon$$

즉, 다음과 같다.

$$|g(x) - w| < \delta_1 \quad \Rightarrow \quad |f(g(x)) - f(w)| < \epsilon$$

또한, $\lim_{x \to c} g(x) = w$이므로 모든 $\epsilon > 0$에 대해서 $\delta_2 > 0$이 존재하여 다음이 성립한다.

$$|x - c| < \delta_2 \quad \Rightarrow \quad |g(x) - w| < \epsilon$$

특히 앞의 $\epsilon = \delta_1$으로 놓으면 모든 $\epsilon = \delta_1 > 0$에 대해서 $\delta_2 > 0$이 존재하여 다음이 성립한다.

$$|x - c| < \delta_2 \quad \Rightarrow \quad |g(x) - w| < \epsilon = \delta_1$$

또한 다음이 성립한다.

$$|g(x) - w| < \delta_1 \quad \Rightarrow \quad |f(g(x)) - f(w)| < \epsilon$$

그 결과 다음을 알 수 있다.

$$|x - c| < \delta_2 \quad \Rightarrow \quad |f(g(x)) - f(w)| < \epsilon$$

정리 3

함수 $f(x)$가 $[a,b]$에서 연속인 경우 $t\in[f(a),f(b)]$에 대해서 $f(c)=t$를 만족하는 $c\in[a,b]$가 존재한다.

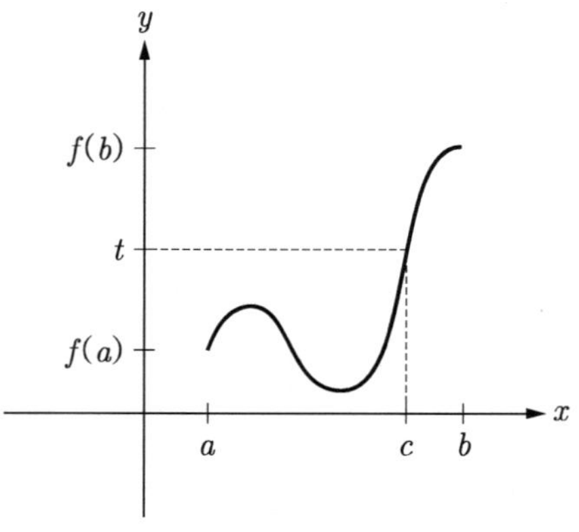

[그림 2-9] $y=f(x)$

2.2 도함수

도함수는 함수로서 정의역의 각 원소에 접선의 기울기를 대응한다. 도함수의 특성과 삼각함수의 도함수, 이계도함수와 고계도함수 그리고 음함수의 도함수 등에 대해서 알아보고 미분의 특성인 근삿값을 구하는 방법에 대해서 알아본다.

1. 도함수

$y=f(x)$ 위의 두 점 $(c,f(c))$와 $(x,\ f(x))$를 지나는 직선을 할선(secant line)이라 하고 $(x,\ f(x))$가 $(c,f(c))$를 향하여 접근할 때 할선의 극한을 접선(tangent line)이라 한다.

정의

$y=f(x)$ 위의 두 점 $(c,f(c))$와 $(x,\ f(x))$를 지나는 할선의 기울기 $m_{\sec}$는 다음과 같이 정의한다.

$$m_{\sec}=\frac{f(x)-f(c)}{x-c}$$

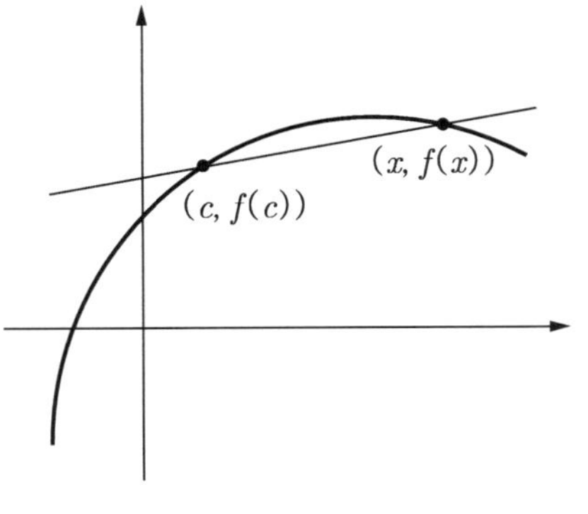

[그림 2-10] 할선의 기울기

정의

$y = f(x)$ 위의 점 $(c, f(c))$에서 접선의 기울기 $m_{\tan}$는 다음과 같이 정의한다.

$$\begin{aligned} m_{\tan} &= \lim_{x \to c} m_{\sec} \\ &= \lim_{x \to c} \frac{f(x) - f(c)}{x - c} \end{aligned}$$

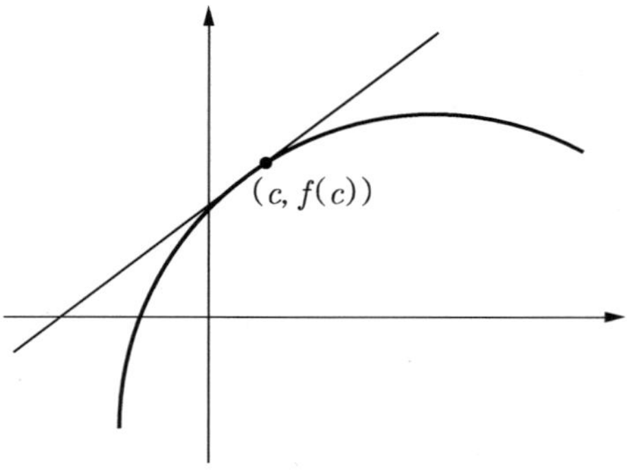

[그림 2-11] 접선의 기울기

예제 1 $f(x) = x^2 - 4x + 1$일 때 $x = 4$에서 접선의 기울기를 구하시오.

풀이

$$\begin{aligned} m_{\tan} &= \lim_{h \to 0} \frac{1}{h}(f(4+h) - f(4)) \\ &= \lim_{h \to 0} \frac{1}{h}[\{(4+h)^2 - 4(4+h) + 1\} - \{4^2 - 4 \cdot 4 + 1\}] \\ &= \lim_{h \to 0} \frac{1}{h}(h^2 + 4h) \\ &= \lim_{h \to 0}(h + 4) \\ &= 4 \end{aligned}$$

예제 2 $f(x) = \dfrac{3}{x}$일 때 $x = 2$에서 접선의 기울기를 구하시오.

풀이

$$m_{\tan} = \lim_{h \to 0}\frac{f(2+h)-f(2)}{h}$$

$$= \lim_{h \to 0}\frac{1}{h}\left\{\frac{3}{(2+h)} - \frac{3}{2}\right\}$$

$$= \lim_{h \to 0}\frac{3}{h}\left\{\frac{2-2-h}{(2+h)2}\right\}$$

$$= \lim_{h \to 0}\frac{3}{h}\left\{-\frac{h}{(2+h)2}\right\}$$

$$= \lim_{h \to 0}\frac{3}{h}\left\{-\frac{h}{(2+h)2}\right\} = -\frac{3}{4}$$

정의

함수 $f(x)$의 도함수인 $f'(x)$는 다음과 같이 정의된 함수이다.

$$f'(x) = \lim_{h \to 0}\frac{f(x+h)-f(x)}{h}$$

이 극한이 존재하면 함수 $f(x)$는 $x=c$에서 미분가능(differentiable)하다고 하고 도함수를 구하는 것을 미분한다(differentiation)라고 한다.

예제 3 $f(x) = 7x-2$ 의 도함수를 구하시오.

풀이

$$f'(x) = \lim_{h \to 0}\frac{f(x+h)-f(x)}{h}$$

$$= \lim_{h \to 0}\frac{1}{h}\{7(x+h)-2-(7x-2)\}$$

$$= \lim_{h \to 0}\frac{1}{h}(7h) = 7$$

예제 4 $f(x) = \sqrt{x}$ 의 도함수를 구하시오.

풀이

$$f'(x) = \lim_{h \to 0}\frac{f(x+h)-f(x)}{h}$$

$$
\begin{aligned}
&= \lim_{h \to 0} \frac{1}{h}(\sqrt{x+h} - \sqrt{x}) \\
&= \lim_{h \to 0} \frac{1}{h}(\sqrt{x+h} - \sqrt{x}) \cdot \frac{\sqrt{x+h} + \sqrt{x}}{\sqrt{x+h} + \sqrt{x}} \\
&= \lim_{h \to 0} \frac{h}{h(\sqrt{x+h} + \sqrt{x})} \\
&= \lim_{h \to 0} \frac{1}{\sqrt{x+h} + \sqrt{x}} \\
&= \frac{1}{2\sqrt{x}}
\end{aligned}
$$

도함수는 다음과 같은 형태로도 표현할 수 있다.

$$f'(x) = \lim_{t \to x} \frac{f(t) - f(x)}{t - x}$$

예제 5 $f(x) = \dfrac{1}{x+3}$ 일 때 두 가지 방법으로 도함수를 구하시오.

풀이 (a)

$$
\begin{aligned}
f'(x) &= \lim_{h \to 0} \frac{f(x+h) - f(x)}{h} \\
&= \lim_{h \to 0} \frac{1}{h}\left(\frac{1}{x+h+3} - \frac{1}{x+3}\right) \\
&= \lim_{h \to 0} \frac{1}{h}\left\{\frac{(x+3) - (x+h+3)}{(x+h+3)(x+3)}\right\} \\
&= \lim_{h \to 0} \frac{1}{h}\left\{-\frac{h}{(x+h+3)(x+3)}\right\} \\
&= \lim_{h \to 0} -\frac{1}{(x+h+3)(x+3)} = -\frac{1}{(x+3)^2}
\end{aligned}
$$

(b)

$$
\begin{aligned}
f'(x) &= \lim_{t \to x} \frac{f(t) - f(x)}{t - x} \\
&= \lim_{t \to x} \frac{1}{t-x}\left(\frac{1}{t+3} - \frac{1}{x+3}\right) \\
&= \lim_{t \to x} \frac{1}{t-x}\left\{\frac{(x+3) - (t+3)}{(t+3)(x+3)}\right\}
\end{aligned}
$$

$$= \lim_{t \to x} \frac{1}{t-x} \left\{ \frac{(x-t)}{(t+3)(x+3)} \right\}$$

$$= \lim_{t \to x} - \frac{1}{(t+3)(x+3)} = - \frac{1}{(x+3)^2}$$

2. 미분가능한 함수

미분가능성과 연속성의 관계를 알아보자.

정리 1

$f(x)$가 $x=c$에서 미분가능하면 $f(x)$는 $x=c$에서 연속이다.

증명 $f(x)$를 다음과 같이 나타낼 수 있다.

$$f(x) = f(c) + \frac{f(x)-f(c)}{x-c}(x-c), \text{ 단 } x \neq c$$

양변에 극한을 취하면 다음과 같다.

$$\begin{aligned} \lim_{x \to c} f(x) &= \lim_{x \to c} \left\{ f(c) + \frac{f(x)-f(c)}{x-c}(x-c) \right\} \\ &= \lim_{x \to c} f(c) + \lim_{x \to c} \frac{f(x)-f(c)}{x-c} \cdot \lim_{x \to c}(x-c) \end{aligned}$$

극한의 성질에 의해서 다음이 성립한다.

$$\lim_{x \to c} f(c) = f(c), \qquad \lim_{x \to c}(x-c) = 0$$

그러므로 다음을 알 수 있다.

$$\begin{aligned} \lim_{x \to c} f(x) &= f(c) + f'(c) \cdot 0 \\ &= f(c) \end{aligned}$$

예제 1 정리 1의 역은 성립하지 않음을 설명하시오.

풀이 $f(x)=|x|$에서 $x=0$을 생각해 보자.

다음이 성립한다.

$$\lim_{x\to 0} f(x)=f(0)=0$$

그러므로 $f(x)=|x|$는 $x=0$에서 연속이다.

그러나 다음을 알 수 있다.

$$f'(0)=\lim_{x\to 0}\frac{f(x)-f(0)}{x-0}$$
$$=\lim_{x\to 0}\frac{|x|}{x}$$

그 결과 다음이 성립한다.

$$\lim_{x\to 0^+}\frac{|x|}{x}=1,\ \lim_{x\to 0^-}\frac{|x|}{x}=-1$$

$x=0$에서 우극한과 좌극한이 다르기 때문에 $f'(0)$는 존재하지 않는다.

함수 $f(x)$의 도함수 $f'(x)$를 구하는 규칙에 대해서 알아보고 미분연산자(operator) D의 성질에 대해서 공부하자. 우리는 다음과 같이 표시한다.

$$f'=D(f) \text{ 또는 } f'(x)=D(f(x))$$

정리 2

$f(x)=c$이면 다음이 성립한다. (단, c는 상수)

$$f'(x)=0$$

증명 정의에 의하여 다음을 알 수 있다.

$$f'(x)=\lim_{h\to 0}\frac{f(x+h)-f(x)}{h}$$
$$=\lim_{h\to 0}\frac{1}{h}(c-c)=0$$

예제 2 $f(x)=\pi$일 때 $f'(x)$를 구하시오.

풀이 $f(x)$는 상수함수이므로 다음을 알 수 있다.

$$f'(x)=0$$

정리 3

$f(x)=x$이면 다음이 성립한다.

$$f'(x)=1$$

증명 정의에 의하여 다음을 알 수 있다.

$$\begin{aligned} f'(x) &= \lim_{h \to 0} \frac{f(x+h)-f(x)}{h} \\ &= \lim_{h \to 0} \frac{1}{h}(x+h-x)=1 \end{aligned}$$

정리 4

$f(x)=x^n$이면 다음이 성립한다. (단, n은 자연수)

$$f'(x)=nx^{n-1}$$

증명 정의에 의하여 다음을 알 수 있다.

$$\begin{aligned} f'(x) &= \lim_{h \to 0} \frac{f(x+h)-f(x)}{h} \\ &= \lim_{h \to 0} \frac{1}{h}\{(x+h)^n-x^n\} \\ &= \lim_{h \to 0} \frac{1}{h}(x^n+nx^{n-1}h+\cdots+h^n-x^n) \\ &= \lim_{h \to 0} \frac{1}{h}(nx^{n-1}h+\cdots+h^n)=nx^{n-1} \end{aligned}$$

예제 3 $f(x)=x^6$일 때 $f'(x)$를 구하시오.

풀이 정리 4에 의하여 다음을 알 수 있다.

$$f'(x) = 6x^5$$

정리 5

> $f(x)$는 미분가능한 함수이고 c가 상수이면 다음이 성립한다.
>
> $$(cf)'(x) = cf'(x)$$

증명 다음과 같이 놓자.

$$cf(x) = F(x)$$

그 결과 다음을 알 수 있다.

$$\begin{aligned} F'(x) &= \lim_{h \to 0} \frac{F(x+h) - F(x)}{h} \\ &= \lim_{h \to 0} \frac{cf(x+h) - cf(x)}{h} \\ &= \lim_{h \to 0} c \cdot \frac{f(x+h) - f(x)}{h} \\ &= c \cdot \lim_{h \to 0} \frac{f(x+h) - f(x)}{h} \\ &= c \cdot f'(x) \end{aligned}$$

즉, 다음이 성립한다.

$$(cf)'(x) = c \cdot f'(x)$$

예제 4 $f(x) = 5x^5$일 때 $f'(x)$를 구하시오.

풀이 정리 5에 의하여 다음을 알 수 있다.

$$(5x^5)' = 5(x^5)'$$

또한 정리 4에 의하여 다음을 알 수 있다.

$$5(x^5)' = 5 \cdot 5x^4 = 25x^4$$

정리 6

> $f(x)$, $g(x)$가 미분가능한 함수이면 다음이 성립한다.
>
> $$(f+g)'(x)=f'(x)+g'(x)$$

증명 다음과 같이 놓자.

$$(f+g)(x)=F(x)$$

그러면 정의에 의하여 다음을 알 수 있다.

$$\begin{aligned} F'(x) &= \lim_{h\to 0}\frac{F(x+h)-F(x)}{h} \\ &= \lim_{h\to 0}\frac{(f+g)(x+h)-(f+g)(x)}{h} \\ &= \lim_{h\to 0}\frac{1}{h}\{f(x+h)+g(x+h)-f(x)-g(x)\} \\ &= \lim_{h\to 0}\frac{1}{h}\{f(x+h)-f(x)\}+\lim_{h\to 0}\frac{1}{h}\{g(x+h)-g(x)\} \\ &= f'(x)+g'(x) \end{aligned}$$

즉, 다음이 성립한다.

$$(f+g)'(x)=f'(x)+g'(x)$$

예제 5 $f(x)=3x^4+2x^6$일 때 $f'(x)$를 구하시오.

풀이 정리 6에 의하여 다음을 알 수 있다.

$$(3x^4+2x^6)' = (3x^4)'+(2x^6)'$$

정리 4와 정리 5에 의해서 다음을 알 수 있다.

$$(3x^4)'+(2x^6)'=12x^3+12x^5$$

미분연산자 D는 다음의 두 가지 성질을 만족한다.

(a) $D(cf) = c \cdot D(f)$

(b) $D(f+g) = D(f) + D(g)$

위의 두 식을 만족하는 연산자를 선형연산자(linear operator)라 한다.

정리 7

$f(x)$, $g(x)$가 미분가능한 함수이면 다음이 성립한다.

$$(f-g)'(x) = f'(x) - g'(x)$$

증명 앞에서 배운 정리 5와 정리 6에 의하여 다음을 알 수 있다.

$$\begin{aligned}(f-g)'(x) &= D((f-g)(x)) \\ &= D((f+(-1)g)(x)) \\ &= D(f(x)) + D((-g)(x)) \\ &= D(f(x)) + (-1)D(g(x)) \\ &= f'(x) - g'(x)\end{aligned}$$

예제 6 $f(x) = x^2 + 4x - 7$일 때 $f'(x)$를 구하시오.

풀이 앞의 정리들에 의하여 다음을 알 수 있다.

$$\begin{aligned}(x^2+4x-7)' &= (x^2)' + (4x)' - (7)' \\ &= 2x + 4\end{aligned}$$

정리 8

$f(x)$, $g(x)$가 미분가능한 함수이면 다음이 성립한다.

$$(f \cdot g)'(x) = f'(x) \cdot g(x) + f(x) \cdot g'(x)$$

증명 함수 $(f \cdot g)(x) = F(x)$로 놓자. 그러면 다음을 알 수 있다.

$$
\begin{aligned}
F'(x) &= \lim_{h\to 0}\frac{F(x+h)-F(x)}{h} \\
&= \lim_{h\to 0}\frac{1}{h}\{f(x+h)\cdot g(x+h)-f(x)\cdot g(x)\} \\
&= \lim_{h\to 0}\frac{1}{h}\{f(x+h)\cdot g(x+h)-f(x)\cdot g(x+h) \\
&\qquad\qquad +f(x)\cdot g(x+h)-f(x)\cdot g(x)\} \\
&= \lim_{h\to 0}\frac{1}{h}\{(f(x+h)-f(x))\cdot g(x+h) \\
&\qquad\qquad +f(x)(g(x+h)-g(x))\} \\
&= \lim_{h\to 0}\frac{1}{h}\Big\{(f(x+h)-f(x))\cdot \lim_{h\to 0}g(x+h) \\
&\qquad\qquad +\lim_{h\to 0}f(x)\cdot \lim_{h\to 0}\frac{1}{h}(g(x+h)-g(x)) \\
&= f'(x)\cdot g(x)+f(x)\cdot g'(x)
\end{aligned}
$$

즉, 다음이 성립한다.

$$(f \cdot g)'(x) = f'(x)\cdot g(x)+f(x)\cdot g'(x)$$

예제 7 $f(x) = (3x^3+5)(x^2-x)$일 때 $f'(x)$를 구하시오.

풀이 앞의 정리들에 의하여 다음을 알 수 있다.

$$
\begin{aligned}
f'(x) &= D((3x^3+5)(x^2-x)) \\
&= D(3x^3+5)\cdot(x^2-x)+(3x^3+5)\cdot D(x^2-x) \\
&= (9x^2)(x^2-x)+(3x^3+5)(2x-1) \\
&= 9x^4-9x^3+4x^4-x^2+10x-5 \\
&= 13x^4-10x^3+10x-5
\end{aligned}
$$

예제 8 $D(x^{10})$을 구하시오.

풀이 (방법 1) $D(x^{10}) = 10x^9$

(방법 2) $D(x^{10}) = D(x^3 x^7)$

$$= D(x^3)x^7 + x^3 D(x^7)$$
$$= 3x^2 x^7 + x^3 7x^6$$
$$= 3x^9 + 7x^9 = 10x^9$$

정리 9

$f(x)$, $g(x)$가 미분가능한 함수이면 다음이 성립한다. (단, $f(x) \neq 0$)

$$\left(\frac{g}{f}\right)'(x) = \frac{g'(x)f(x) - g(x)f'(x)}{f^2(x)}$$

증명 정의에 의하여 다음을 알 수 있다.

$$\left(\frac{g}{f}\right)'(x) = \lim_{h \to 0} \frac{\left(\frac{g}{f}\right)(x+h) - \left(\frac{g}{f}\right)(x)}{h}$$
$$= \lim_{h \to 0} \frac{1}{h}\left\{\frac{g(x+h)}{f(x+h)} - \frac{g(x)}{f(x)}\right\}$$
$$= \lim_{h \to 0} \frac{1}{h}\left\{\frac{f(x) \cdot g(x+h) - f(x+h) \cdot g(x)}{f(x+h) \cdot f(x)}\right\}$$
$$= \lim_{h \to 0} \frac{1}{h}\left\{\frac{f(x)g(x+h) - f(x) \cdot g(x) + f(x) \cdot g(x) - f(x+h) \cdot g(x)}{f(x+h) \cdot f(x)}\right\}$$

$$= \lim_{h \to 0} \frac{1}{h}\left\{(g(x+h) - g(x)) \cdot \frac{f(x)}{f(x+h) \cdot f(x)}\right\}$$

$$- \lim_{h \to 0} \frac{1}{h}\{f(x+h) - f(x)\} \frac{g(x)}{f(x+h) \cdot f(x)}$$

$$= \frac{g'(x)f(x)}{f^2(x)} - \frac{g(x)f'(x)}{f^2(x)}$$
$$= \frac{g'(x)f(x) - g(x)f'(x)}{f^2(x)}$$

즉, 다음이 성립한다.

$$\left(\frac{g}{f}\right)'(x) = \frac{g'(x)f(x) - g(x)f'(x)}{f^2(x)}$$

예제 9 정리 9를 이용하여 자연수 n에 대해서 다음이 성립함을 증명하시오.

$$D(x^{-n}) = -nx^{-n-1}$$

풀이

$$\begin{aligned} D(x^{-n}) &= D\left(\frac{1}{x^n}\right) \\ &= \frac{D(1) \cdot x^n - 1 \cdot D(x^n)}{(x^n)^2} \\ &= \frac{0 \cdot x^n - nx^{n-1}}{x^{2n}} \\ &= -n\,x^{-n-1} \end{aligned}$$

예제 10 $D(\frac{1}{x})$를 구하시오.

풀이

$$\begin{aligned} D(\frac{1}{x}) &= D(x^{-1}) \\ &= -1 \cdot x^{-2} \\ &= -\frac{1}{x^2} \end{aligned}$$

2.3 삼각함수의 도함수

삼각함수의 특성과 그의 도함수에 대해서 알아보자.

sin은 다음과 같은 함수이다.

$\sin : R \to [-1,1]$에서 $x \in R$을 $\sin x$에 대응하는 함수이다. 또한 다음이 성립하므로 주기가 2π임을 알 수 있다.

$$\sin x = \sin(x + 2m\pi),\ \ m \in Z$$

그리고 다음이 성립하므로 원점대칭인 기함수임을 알 수 있다.

$$\sin x = -\sin(-x)$$

cos은 다음과 같은 함수이다.

$\cos : R \to [-1,1]$에서 $x \in R$을 $\cos x$에 대응하는 함수이다. 또한 다음이 성립하므로 주기가 2π임을 알 수 있다.

$$\cos x = \cos(x + 2m\pi),\ \ m \in Z$$

그리고 다음이 성립하므로 Y축 대칭인 우함수임을 알 수 있다.

$$\cos x = \cos(-x)$$

tan는 다음과 같은 함수이다.

$\tan : R - \left\{m\pi + \frac{\pi}{2}\right\} \to R$에서 $x \in R - \left\{m\pi + \frac{\pi}{2}\right\}$을 $\tan x$에 대응하는 함수이다. 또한 다음이 성립하므로 주기가 π임을 알 수 있다.

$$\tan x = \tan(x + m\pi),\ \ m \in Z$$

그리고 다음이 성립하므로 원점대칭인 기함수임을 알 수 있다.

$$\tan x = -\tan(-x)$$

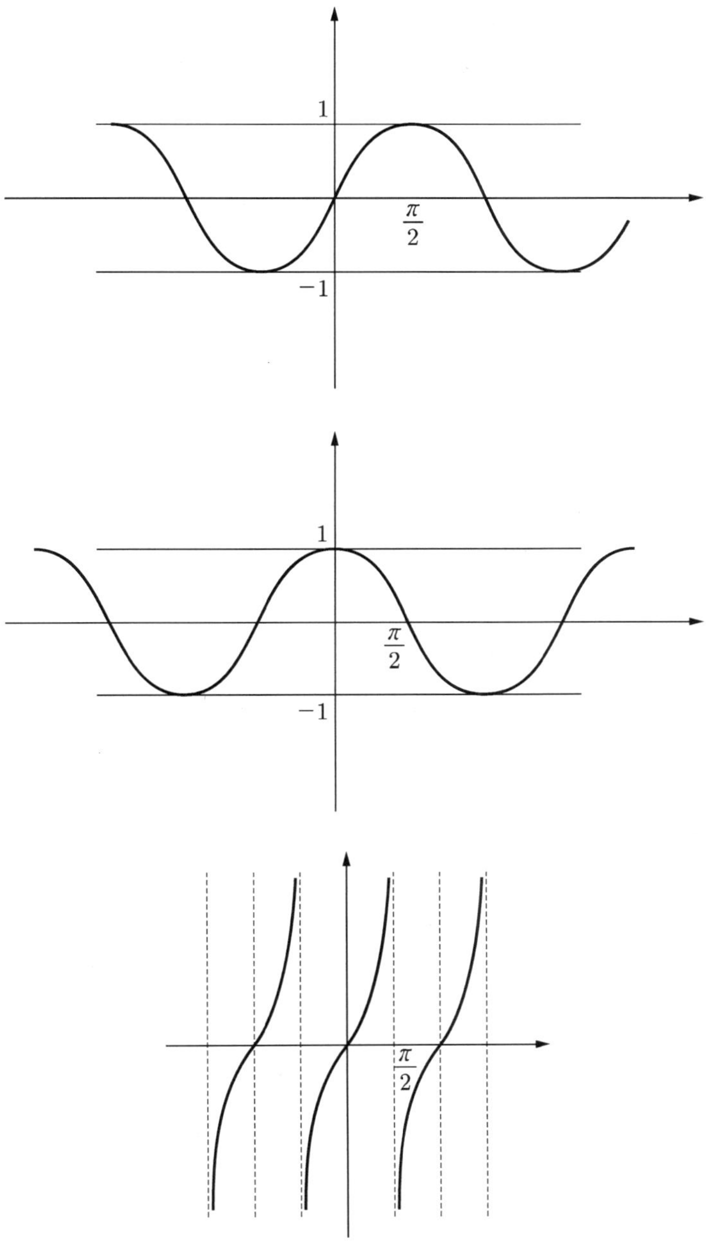

[그림 2-12] sin, cos, tan 함수의 그래프

또한 다음과 같이 정의한다.

$$\text{cosec}x = \frac{1}{\sin x}$$

그 결과 다음이 성립한다.

cosec는 다음과 같은 함수이다.

정의역 : $R-\{m\pi\},\ m\in Z$

치역 : $(-\infty,-1] \cup [1,\infty)$

주기 : 2π

대칭 : 원점대칭 (기함수)

또한 다음과 같이 정의한다.

$$\sec x = \frac{1}{\cos x}$$

그 결과 다음이 성립한다.

sec는 다음과 같은 함수이다.

정의역 : $R-\left\{m\pi+\frac{\pi}{2}\right\},\ m\in Z$

치역 : $(-\infty,-1] \cup [1,\infty)$

주기 : 2π

대칭 : Y축 대칭 (우함수)

또한 다음과 같이 정의한다.

$$\cot x = \frac{1}{\tan x}$$

그 결과 다음이 성립한다.

cot는 다음과 같은 함수이다.

정의역 : $R-\{m\pi\},\ m\in Z$

치역 : R

주기 : π

대칭 : 원점대칭 (기함수)

아래 그림에서 직교좌표와 극좌표와의 관계를 알 수 있다.

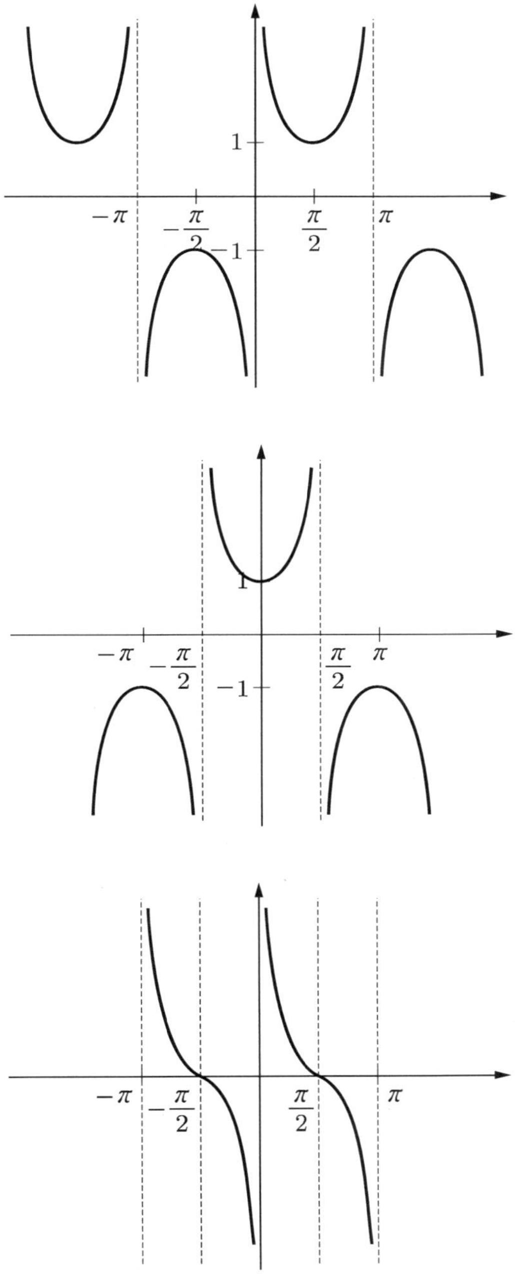

[그림 2-13] cosec, sec, cot 함수의 그래프

1. 삼각함수의 도함수

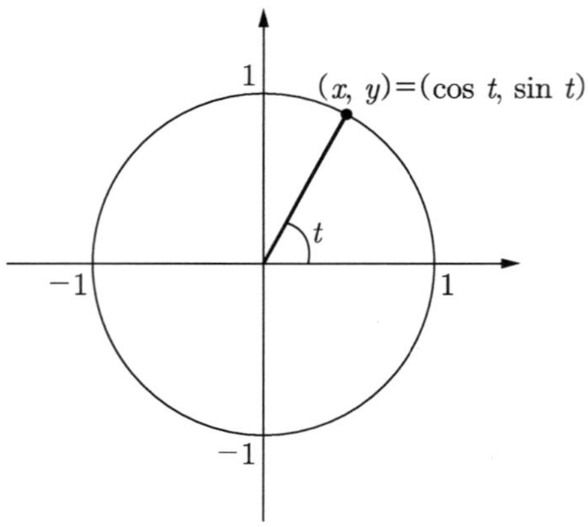

[그림 2-14] 직교좌표와 극좌표의 관계

먼저 삼각함수의 극한에 대해서 공부하자. 그림에서 다음을 알 수 있다.

$$\lim_{t \to 0} \sin t = 0, \quad \lim_{t \to 0} \cos t = 1$$

예제 1 $\lim_{t \to 0} \frac{\sin t}{t} = 1$임을 증명하시오.

풀이 먼저 다음을 가정하자.

$$0 < t < \frac{\pi}{2}$$

그리고 다음과 같이 놓자.

$$A(1, 0), \; P(\cos t, \; \sin t), \; T(1, \tan t)$$

그러므로 다음이 성립한다.

$$\begin{aligned} \text{삼각형 } OAP\text{의 넓이} &\le \text{부채꼴 } OAP\text{의 넓이} \\ &\le \text{삼각형 } OAT\text{의 넓이} \end{aligned}$$

그리고 다음과 같다.

$$\text{삼각형 } OAP\text{의 넓이} = \frac{1}{2} \cdot 1 \cdot \sin t$$

$$= \frac{\sin t}{2}$$

$$\text{부채꼴 } OAP\text{의 넓이} = \frac{t}{2\pi} \cdot \text{원의 넓이}$$

$$= \frac{t}{2\pi} \cdot \pi = \frac{t}{2}$$

$$\text{삼각형 } OAT\text{의 넓이} = \frac{1}{2} \cdot 1 \cdot \tan t$$

$$= \frac{\tan t}{2}$$

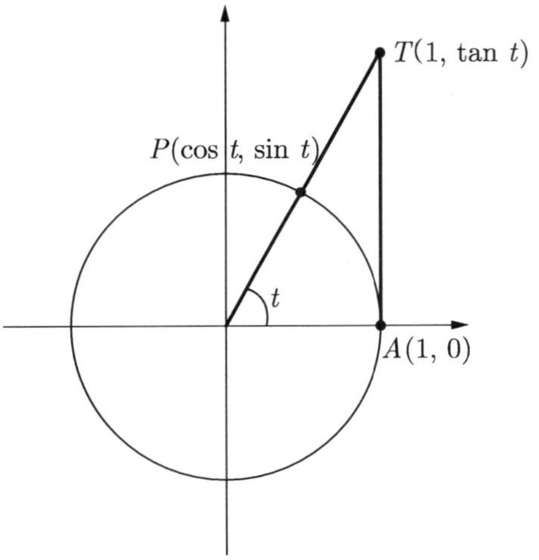

[그림 2-15] $\lim_{t \to 0} \frac{\sin t}{t} = 1$

그 결과 다음을 알 수 있다.

$$\frac{\sin t}{2} \leq \frac{t}{2} \leq \frac{\tan t}{2} = \frac{\sin t}{2\cos t}$$

양변에 $\frac{2}{\sin t} > 0$을 곱하면 다음과 같다.

$$1 \leq \frac{t}{\sin t} \leq \frac{1}{\cos t}$$

역수를 택하면 다음을 알 수 있다.

$$\cos t \le \frac{\sin t}{t} \le 1$$

만약 $-\frac{\pi}{2} < t < 0$인 경우 $0 < -t < \frac{\pi}{2}$이므로 다음과 같다.

$$\cos(-t) \le \frac{\sin(-t)}{-t} \le 1$$

그리고 다음이 성립한다.

$$\cos(-t) = \cos(t) \text{ 그리고 } \sin(-t) = -\sin t$$

그 결과 다음을 알 수 있다.

$$\cos(t) \le \frac{\sin(t)}{t} \le 1$$

그러므로 $-\frac{\pi}{2} < t < \frac{\pi}{2}$ 단, $t \ne 0$인 경우 다음과 같다.

$$\cos(t) \le \frac{\sin(t)}{t} \le 1$$

또한 다음이 성립한다.

$$\lim_{t \to 0} \cos t = 1$$

극한에 관한 정리에 의해서 다음을 알 수 있다.

$$\lim_{t \to 0} \frac{\sin(t)}{t} = 1$$

예제 2 $\lim_{t \to 0} \frac{\sin t}{t} = 1$임을 증명하시오.

풀이
$$\lim_{t \to 0} \frac{1-\cos t}{t} = \lim_{t \to 0} \left(\frac{1-\cos t}{t} \cdot \frac{1+\cos t}{1+\cos t} \right)$$
$$= \lim_{t \to 0} \left(\frac{1-\cos^2 t}{t} \cdot \frac{1}{1+\cos t} \right)$$

$$= \lim_{t \to 0}\left(\frac{\sin t}{t} \cdot \frac{\sin t}{1+\cos t}\right)$$

$$= \lim_{t \to 0}\frac{\sin t}{t} \cdot \lim_{t \to 0}\frac{\sin t}{1+\cos t}$$

$$= 1 \cdot \frac{0}{2} = 0$$

예제 3 다음 극한을 구하시오.

(a) $\lim_{t \to 0}\frac{4-4\cos t}{\sin t}$ (b) $\lim_{t \to 0}\frac{\sin 2t}{-5t}$

풀이 (a) $\lim_{t \to 0}\frac{4-4\cos t}{\sin t} = \lim_{t \to 0} 4 \cdot \frac{\frac{1-\cos t}{t}}{\frac{\sin t}{t}}$

$$= 4 \cdot \frac{0}{1} = 0$$

(b) $\lim_{t \to 0}\frac{\sin 2t}{-5t} = \lim_{t \to 0}\left(\frac{\sin 2t}{-5t} \cdot \frac{2t}{2t}\right)$

$$= -\frac{2}{5} \cdot 1 = -\frac{2}{5}$$

예제 4 다음 극한을 구하시오.

(a) $\lim_{t \to o}\frac{\tan t}{t}$ (b) $\lim_{t \to o}\frac{t}{\tan t}$

풀이 (a) $\lim_{t \to o}\frac{\tan t}{t} = \lim_{t \to o}\frac{\sin t}{\cos t} \cdot \frac{1}{t}$

$$= \lim_{t \to o}\frac{\sin t}{t} \cdot \frac{1}{\cos t} = 1$$

(b) $\lim_{t \to o}\frac{t}{\tan t} = \lim_{t \to o}\frac{\cos t}{\sin t} \cdot t$

$$= \lim_{t \to o}\frac{t}{\sin t} \cdot \cos t = 1$$

보조정리 1

삼각함수에서 다음 성질이 성립한다.

(a) $\sin^2 x + \cos^2 x = 1$

(b) $1 + \tan^2 x = \sec^2 x$

(c) $1 + \cot^2 x = \operatorname{cosec}^2 x$

(d) $\sin(x \pm y) = \sin x \cdot \cos y \pm \cos x \cdot \sin y$

(e) $\cos(x \pm y) = \cos x \cdot \cos y \pm \sin x \cdot \sin y$

(f) $\tan(x \pm y) = \dfrac{\tan x \pm \tan y}{1 \mp \tan x \tan y}$

정리 2

$f(x) = \sin x$는 미분가능하고 다음과 같다.

$$f'(x) = \cos x$$

증명

$$f'(x) = \lim_{h \to 0} \frac{f(x+h) - f(x)}{h}$$

$$= \lim_{h \to 0} \frac{1}{h}\{\sin(x+h) - \sin x\}$$

보조 정리에 의하여 다음과 같다.

$$f'(x) = \lim_{h \to 0} \frac{1}{h}(\sin x \cdot \cosh + \cos x \cdot \sinh - \sin x)$$

$$= \lim_{h \to 0} \frac{1}{h}(1 - \cosh)(-\sin x) + \lim_{h \to 0} \frac{1}{h} \sin h \cdot \cos x$$

$$= 0 \cdot (-\sin x) + 1 \cdot \cos x$$

$$= \cos x$$

정리 3

$g(x) = \cos x$ 는 미분가능하고 다음과 같다.

$$g'(x) = -\sin x$$

증명

$$g'(x) = \lim_{h \to 0} \frac{g(x+h) - g(x)}{h}$$

$$= \lim_{h \to 0} \frac{1}{h} \{\cos(x+h) - \cos x\}$$

보조 정리에 의하여 다음과 같다.

$$g'(x) = \lim_{h \to 0} \frac{1}{h} (\cos x \cdot \cos h - \sin x \cdot \sin h - \cos x)$$

$$= \lim_{h \to 0} \frac{1}{h} (1 - \cos h)(-\cos x) + \lim_{h \to 0} \frac{1}{h} \sin h \cdot (-\sin x)$$

$$= 0 \cdot (-\cos x) + 1 \cdot (-\sin x)$$

$$= -\sin x$$

예제 5 $f(x) = \tan x$일 때 $f'(x)$를 구하시오.

풀이

$$f'(x) = (\tan x)'$$

$$= \left(\frac{\cos x}{\sin x}\right)'$$

$$= \frac{(\sin x)' \cdot \cos x - \sin x \cdot (\cos x)'}{\cos^2 x}$$

$$= \frac{(\cos x) \cdot \cos x - \sin x \cdot (-\sin x)}{\cos^2 x}$$

$$= \frac{1}{\cos^2 x} = \sec^2 x$$

예제 6 $f(x) = \sec x$일 때 $f'(x)$를 구하시오.

풀이

$$f(x)' = (\sec x)'$$

$$= \left(\frac{1}{\cos x}\right)'$$

$$= \frac{1' \cos x - 1(\cos x)'}{\cos^2 x}$$

$$= \frac{\sin x}{\cos^2 x} = \frac{\sin x}{\cos x} \bullet \frac{1}{\cos x}$$

$$= \tan x \bullet \sec x$$

예제 7 $f(x) = \sin 2x + 5$ 위의 점 $(0, 5)$에서 접선의 방정식을 구하시오.

풀이 다음과 같다.

$$f(x) = \sin 2x + 5$$
$$= 2\sin x \cdot \cos x + 5$$

그러므로 다음을 알 수 있다.

$$f'(x) = 2\{(\sin x)'\cos x + \sin x \cdot (\cos x)'\}$$
$$= 2(\cos^2 x - \sin^2 x)$$
$$= 2\cos 2x$$

그 결과 기울기는 다음과 같다.

$$f'(0) = 2\cos(2 \cdot 0) = 2$$

구하는 접선의 방정식은 다음과 같다.

$$y - 5 = 2(x - 0)$$

$f(x) = (x^2 + 3x - 1)^{15}$을 미분하기 위하여 $f(x)$를 전개하는 방법 외에 다른 방법에 대해서 알아보자. 연쇄법칙을 이용하여 편리하게 미분을 구해보자.

2. 연쇄법칙

정의

$y = f(t)$, $t = g(x)$이고 두 함수가 미분가능할 때 다음과 같다.

$$(f \circ g)'(x) = f'(g(x)) \cdot g'(x)$$

또는 다음과 같이 나타낼 수 있다.

$$D_x y = D_t y \cdot D_x t$$

예제 1 $y=f(x)=(x^2+3x-1)^{15}$일 때 $y'=f'(x)$를 구하시오.

풀이 다음과 같이 놓자.

$$y=t^{15},\ t=x^2+3x-1$$

그러므로 다음과 같다.

$$\begin{aligned} y'=f'(x)&=D_x f(x) \\ &=D_x t \cdot D_t f(x) \\ &=(2x+3)\cdot 15(t^{14}) \\ &=15(2x+3)(x^2+3x-1)^{14} \end{aligned}$$

예제 2 $y=f(x)=\dfrac{1}{(x^3+5x+7)^4}$일 때 y'을 구하시오.

풀이 다음과 같이 놓자.

$$y=\frac{1}{t^4}=t^{-4},\ \ t=x^3+5x+7$$

그러므로 다음과 같다.

$$\begin{aligned} y'=f'(x)&=D_x y \\ &=D_x t\, D_t y \\ &=(3x^2+5)\cdot(-4t^{-5}) \\ &=-\frac{4(3x^2+5)}{(x^3+5x+7)^5} \end{aligned}$$

예제 3 $y=f(x)=\cos(x^3-5x^2+8)$일 때 y'을 구하시오.

풀이 다음과 같이 놓자.

$$y=\cos t,\ t=x^3-5x^2+8$$

그러므로 다음과 같다.

$$\begin{aligned} y'=f'(x)&=D_x y \\ &=D_x t\cdot D_t y \end{aligned}$$

$$= -(3x^2 - 10x)\sin t$$
$$= -(3x^2 - 10x)\sin(x^3 - 5x^2 + 8)$$

정의

$y = g(t)$, $t = h(v)$, $v = k(x)$ 이고 세 함수가 미분가능할 때 다음과 같다.

$$D_x y = D_t y \cdot D_v t \cdot D_x v$$

예제 4 $y = f(x) = \cos^3(4x)$일 때 $y' = f'(x)$를 구하시오.

풀이 다음과 같이 놓자.

$$y = t^3,\ t = \cos v,\ v = 4x$$

그러므로 다음과 같다.

$$\begin{aligned} D_x y &= D_t y \cdot D_v t \cdot D_x v \\ &= 3t^2 \cdot (-\sin v) \cdot 4 \\ &= 12\cos^2(4x) \cdot \{-\sin(4x)\} \\ &= -12\cos^2(4x) \cdot \sin(4x) \end{aligned}$$

3. 라이프니츠 표기법

다음은 라이프니츠(Leibniz)가 사용한 도함수의 표기법에 대해서 알아보자.

정의

$y = f(x)$에서 x 의 값이 x_1 에서 x_2 로 변할 때 $x_2 - x_1$을 x 의 증분이라 하고 Δx (델타 x)로 나타낸다. 이때 y의 증분은 Δy로 나타내고 다음과 같다.

$$\Delta y = f(x_2) - f(x_1)$$

예제 1 $f(x) = x^2$ 에서 $x_1 = 1$이고 $x_2 = 3$인 경우 Δx 와 Δy 를 구하시오.

풀이 $\Delta x = x_2 - x_1 = 3 - 1 = 2$ 그리고 다음을 알 수 있다.

$$\Delta y = 3^2 - 1^2 = 8$$

예제 2 $y = f(x) = 2x^2 + 7$이고 x가 0.1에서 1.1로 변할 때 Δy를 구하시오.

풀이

$$\begin{aligned}\Delta y &= f(1.1) - f(0.1) \\ &= (2(1.1)^2 + 7) - (2(0.1)^2 + 7) \\ &= 2(1.1 + 0.1)(1.1 - 0.1) \\ &= 2(1.2) \cdot (1) = 2.4\end{aligned}$$

함수 $y = f(x)$에서 독립변수가 x에서 $x + \Delta x$로 변할 때 종속변수는 $f(x)$에서 $f(x + \Delta x)$로 변한다. 이때 다음을 알 수 있다.

$$\Delta x = \Delta x, \ \ \Delta y = f(x + \Delta x) - f(x)$$

정의

함수 $y = f(x)$에서 할선의 기울기는 다음과 같다.

$$\begin{aligned}m_{\sec} &= \frac{\Delta y}{\Delta x} \\ &= \frac{f(x + \Delta x) - f(x)}{\Delta x}\end{aligned}$$

또한 함수 $y = f(x)$에서 접선의 기울기는 다음과 같다.

$$\begin{aligned}m_{\tan} &= \lim_{\Delta x \to 0} m_{\sec} \\ &= \lim_{\Delta x \to 0} \frac{\Delta y}{\Delta x} \\ &= \lim_{\Delta x \to 0} \frac{f(x + \Delta x) - f(x)}{\Delta x}\end{aligned}$$

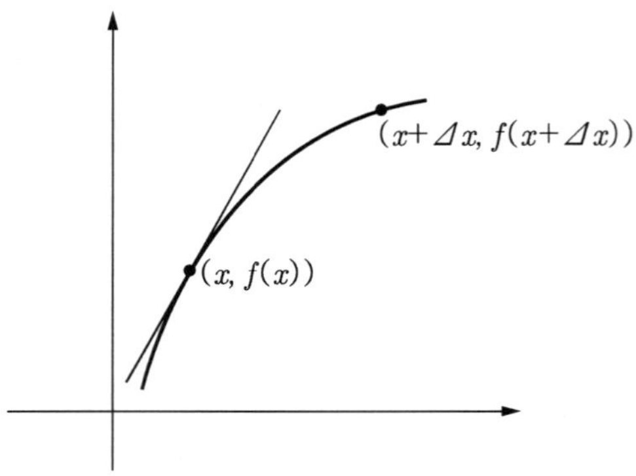

[그림 2-16] 접선의 기울기

라이프니츠는 다음과 같이 나타냈다. 이를 라이프니츠 표기법이라 한다.

$$\begin{aligned}\frac{dy}{dx} &= \lim_{\Delta x \to 0} \frac{\Delta y}{\Delta x} \\ &= \lim_{\Delta x \to 0} \frac{f(x+\Delta x)-f(x)}{\Delta x} \\ &= f'(x)\end{aligned}$$

예제 3 $y=f(x)=4x^3-2x^2+x-3$일 때 $\frac{dy}{dx}=f'(x)$를 구하시오.

풀이
$$\begin{aligned}\frac{dy}{dx} = \frac{d}{dx}(y) &= \frac{d}{dx}(4x^3-2x^2+x-3) \\ &= 4\frac{d}{dx}(x^3)-2\frac{d}{dx}(x^2)+\frac{d}{dx}(x)+\frac{d}{dx}(-3) \\ &= 4\cdot 3\cdot x^2-2\cdot 2x+1 \\ &= 12x^2-4x+1\end{aligned}$$

정의

$y=f(t)$, $t=g(x)$인 경우 라이프니츠 표기법을 이용하여 연쇄법칙을 나타내면 다음과 같다.

$$\frac{dy}{dx}=\frac{dy}{dt}\cdot\frac{dt}{dx}$$

예제 4 $y=f(x)=(x^5+5x^3-2x)^5$일 때 $\dfrac{dy}{dx}$를 구하시오.

풀이 다음과 같이 놓자.

$$y=t^5,\ t=x^5+5x^3-2x$$

연쇄법칙에 의해서 다음을 알 수 있다.

$$\begin{aligned}\frac{dy}{dx}&=\frac{dy}{dt}\cdot\frac{dt}{dx}\\&=5t^4\cdot(5x^4+15x^2-2)\\&=5(x^5+5x^3-2x)^4\cdot(5x^4+15x^2-2)\end{aligned}$$

정의

$y=f(t),\ t=g(v),\ v=h(x)$인 경우 연쇄법칙을 라이프니츠 표기법을 이용하여 연쇄법칙을 나타내면 다음과 같다.

$$\frac{dy}{dx}=\frac{dy}{dt}\cdot\frac{dt}{dv}\cdot\frac{dv}{dx}$$

예제 5 $y=f(x)=\sin^4(x^2+6)$일 때 $\dfrac{dy}{dx}$를 구하시오.

풀이 다음과 같이 놓자.

$$y=t^4,\ t=\sin v,\ v=x^2+6$$

그러므로 다음과 같다.

$$\begin{aligned}\frac{dy}{dx}&=\frac{dy}{dt}\cdot\frac{dt}{dv}\cdot\frac{dv}{dx}\\&=4t^3\cdot\cos v\cdot(2x)\\&=4\sin^3(x^2+6)\cdot\cos(x^2+6)\cdot(2x)\\&=8x\sin^3(x^2+6)\cdot\cos(x^2+6)\end{aligned}$$

예제 6 $y=f(x)=\cos^5(x^3)$일 때 $\frac{dy}{dx}$를 구하시오.

풀이 다음과 같이 놓자.

$$y=t^5,\ t=\cos v,\ v=x^3$$

그러므로 다음과 같다.

$$\begin{aligned}\frac{dy}{dx}&=\frac{dy}{dt}\cdot\frac{dt}{dv}\cdot\frac{dv}{dx}\\&=5t^4\cdot -\sin v\cdot(3x^2)\\&=5\cos^4(x^3)\cdot -\sin(x^3)\cdot(3x^2)\\&=-15x^2\cos^4(x^3)\cdot\sin(x^3)\end{aligned}$$

정의

$x=f(t),\ y=g(t)$ 형태의 방정식을 매개변수 방정식이라 한다. 이때 변수 t를 매개변수(parameter)라 한다.

예제 7 $x=2t,\ y=t^2-3$인 매개변수 방정식을 $y=f(x)$ 형태로 나타내시오.

풀이 다음과 같다.

$$t=\frac{x}{2}$$

그러므로 다음을 알 수 있다.

$$\begin{aligned}y&=(\frac{x}{2})^2-3\\&=\frac{1}{4}x^2-3\end{aligned}$$

정리 1

매개변수 방정식 $x=f(t)$, $y=g(t)$가 각각 미분가능하고 $f'(t)\neq 0$인 경우 다음이 성립한다.

$$
\begin{aligned}
y' &= \frac{dy}{dx} \\
&= \frac{dy}{dt}\cdot\frac{dt}{dx} \\
&= \frac{dy}{dt}\cdot\frac{1}{\frac{dx}{dt}} \\
&= \frac{g'(t)}{f'(t)}
\end{aligned}
$$

예제 8 $x=t-\frac{1}{t}$, $y=t+\frac{1}{t}$인 경우 $\frac{dy}{dx}$를 구하시오.

풀이

$$
\begin{aligned}
\frac{dx}{dt} &= \frac{d}{dt}\left(t-\frac{1}{t}\right) \\
&= \frac{t^2+1}{t^2}
\end{aligned}
$$

그리고 다음과 같다.

$$
\begin{aligned}
\frac{dy}{dt} &= \frac{d}{dt}\left(t+\frac{1}{t}\right) \\
&= \frac{t^2-1}{t^2}
\end{aligned}
$$

그 결과 다음을 알 수 있다.

$$\frac{dy}{dx}=\frac{t^2-1}{t^2+1}$$

2.4 고계 도함수

함수 $y=f(x)$의 도함수 $f'(x)$는 다음과 같이 정의했다.

$$f'(x)=\lim_{h\to 0}\frac{f(x+h)-f(x)}{h}$$

1. 이계 도함수

정의

$y'=f'(x)$의 도함수 $y''=f''(x)$는 다음과 같이 정의한다.

$$f''(x)=\lim_{h\to 0}\frac{f'(x+h)-f'(x)}{h}$$

$y''=f''(x)$를 함수 $y=f(x)$의 이계 도함수라고 한다.

같은 방법으로 다음과 같이 정의한다.

$$f'''(x)=(f'')'(x),\ \cdots,\ f^{(n)}(x)=(f^{(n-1)})'(x)$$

예제 1 $f(x)=x^3-5x^2-3x+2$일 때 $f',\ f'',\ f''',\ f^{(4)}$를 구하시오.

풀이 $f'(x)=3x^2-10x-3$

$f''(x)=6x-10$

$f'''(x)=6$

$f^{(4)}(x)=0$

예제 2 $f(x)=\sin x$일 때 $f',\ f'',\ f'''$를 구하시오.

풀이 $f'(x)=(\sin x)'=\cos x$

$$f''(x) = (\cos x)' = -\sin x$$
$$f'''(x) = (-\sin x)' = -\cos x$$

예제 3 $f(x) = x\cos x$일 때 f', f''을 구하시오.

풀이

$$f'(x) = (x\cos x)'$$
$$= (x)' \cdot \cos x + x \cdot (\cos x)'$$
$$= \cos x + x \cdot -\sin x$$
$$f''(x) = (\cos x - x\sin x)'$$
$$= (\cos x)' - (x\sin x)'$$
$$= -\sin x - 1 \cdot \sin x - x(\cos x)$$
$$= -(2\sin x + x\cos x)$$

다음은 여러 가지 형태의 이계 이상의 도함수를 나타내는 방법이다.

도함수	f' 표기법	y' 표기법	라이프니츠 표기법	D 표기법
1계	$f'(x)$	y'	$\frac{dy}{dx} = \frac{d}{dx}(y)$	D_x
2계	$f''(x)$	y''	$\frac{d^2y}{dx^2} = \frac{d}{dx}\left(\frac{dy}{dx}\right)$	$D_x(D_x) = D_x^2$
3계	$f'''(x)$	y'''	$\frac{d^3y}{dx^3} = \frac{d}{dx}\left(\frac{d^2y}{dx^2}\right)$	$D_x(D_x^2) = D_x^3$
⋮	⋮	⋮	⋮	⋮
n 계	$f^{(n)}(x)$	$y^{(n)}$	$\frac{d^ny}{dx^n} = \frac{d}{dx}\left(\frac{d^{n-1}y}{dx^{n-1}}\right)$	$D_x(D_x^{n-1}) = D_x^n$

예제 4 $y = \frac{1}{x-5}$ 일 때 $\frac{d^2y}{dx^2}$를 구하시오.

풀이

$$\frac{dy}{dx} = \frac{d}{dx}\left(\frac{1}{x-5}\right)$$
$$= \frac{0 \cdot (x-5) - 1 \cdot 1}{(x-5)^2}$$
$$= -\frac{1}{(x-5)^2}$$

$\dfrac{dy}{dx}$를 한 번 더 미분하면 다음과 같다.

$$\begin{aligned}\frac{d^2y}{dx^2} &= \frac{d}{dx}\left(\frac{dy}{dx}\right)\\ &= \frac{d}{dx}\left(-\frac{1}{(x-5)^2}\right)\\ &= \frac{0\cdot(x-5)^2-(-1)2\cdot(x-5)}{(x-5)^4}\\ &= \frac{2}{(x-5)^3}\end{aligned}$$

정리 1

자연수 n에 대해서 다음이 성립한다.

$$D_x^n(x^n)=n! \quad (\text{단, } n!=n(n-1)\cdots 2\cdot 1)$$

증명 수학적 귀납법에 의해서 증명하자. 즉

$n=1$ 일 때 위의 사실이 참임을 보이고
$n=k$ 일 때 위의 사실이 참임을 가정하고
$n=k+1$ 일 때 위의 사실이 참임을 보이자.

먼저 $n=1$ 인 경우 다음을 보이자.

$$D_x^1(x^1)=1!$$

그런데 다음과 같다.

$$D_x^1(x^1)=D_x(x)$$

그러므로 등식이 성립한다.
$n=k$ 인 경우 다음을 가정하자.

$$D_x^k(x^k)=k!$$

다음은 $n=k+1$ 인 경우 다음을 보이자.

$$D_x^{k+1}(x^{k+1}) = (k+1)!$$

도함수의 정의에 의하여 다음을 알 수 있다.

$$\begin{aligned} D_x^{k+1}(x^{k+1}) &= D_x^k(D_x(x^{k+1})) \\ &= D_x^k((k+1)x^k) \\ &= (k+1)D_x^k(x^k) \\ &= (k+1) \cdot k! \\ &= (k+1)! \end{aligned}$$

예제 5 $f(x) = \dfrac{1}{x}$일 때 $f^{(n)}(x)$를 구하시오.

풀이 다음과 같이 놓자.

$$f(x) = \frac{1}{x} = x^{-1}$$

그러므로 다음을 알 수 있다.

$$f'(x) = -x^{-2}$$

$$\begin{aligned} f''(x) &= -(-2)x^{-3} \\ &= 2x^{-3} \end{aligned}$$

$$\begin{aligned} f^{(3)}(x) &= 2 \cdot (-3)x^{-4} \\ &= -3!x^{-4} \end{aligned}$$

$$\begin{aligned} f^{(4)}(x) &= (-3)! \cdot (-4)x^{-5} \\ &= 4!x^{-5} \end{aligned}$$

위의 결과에서 다음을 알 수 있다.

$$f^{(n)}(x) = (-1)^n n! x^{-(n+1)}$$

2. 음함수 미분법

음함수를 함수의 형태로 바꿀 수 있다면 앞에서 배운 범위 내에서 미분가능하다. 그러나 모든 음함수가 함수의 형태로 바꾸는 것이 가끔은 불가능하다. 이 경우를 대비해서 음함수 미분법을 배우도록 하자.

정의

$f(x, y) = c$의 형태의 함수를 음함수라 한다.

예제 1 $x^3 + y^3 = 3xy$일 때 y'를 구하시오.

풀이 양변을 x로 미분하면 다음과 같다.

$$3x^2 + 3y^2y' = 3(y + xy')$$

y'을 구하면 다음을 알 수 있다.

$$y' = \frac{y - x^2}{y^2 - x}$$

예제 2 $x^2 + y^2 = 8$일 때 y'를 구하시오.

풀이 양변을 x로 미분하면 다음과 같다.

$$2x + 2y \cdot y' = 0$$

y'을 구하면 다음을 알 수 있다.

$$y' = -\frac{x}{y}$$

$y = \sqrt{8 - x^2}$ 이면 다음을 알 수 있다.

$$\begin{aligned} y' &= -\frac{x}{\sqrt{8 - x^2}} \\ &= -\frac{x}{y} \end{aligned}$$

또한 $y=-\sqrt{8-x^2}$ 이면 다음을 알 수 있다.

$$y'=\frac{x}{\sqrt{8-x^2}}$$
$$=-\frac{x}{y}$$

예제 3 $x^2+y^2=8$일 때 y''를 구하시오.

풀이 위의 예제에서 $y'=-\dfrac{x}{y}$ 이므로 다음과 같다.

$$y''=\frac{-1\cdot(y)-(-x)\cdot y'}{y^2}$$
$$=\frac{-y+x\left(\dfrac{-x}{y}\right)}{y^2}$$
$$=-\frac{y^2+x^2}{y^3}$$
$$=-\frac{1}{y^3}(x^2+y^2)$$
$$=-\frac{4}{y^3}$$

예제 4 $y^3+y^2-y+3=x^2$ 위의 점 $(2,1)$에서의 접선의 방정식을 구하시오.

풀이 양변을 x 로 미분하면 다음과 같다.

$$3y^2\frac{dy}{dx}+2y\frac{dy}{dx}-\frac{dy}{dx}=2x$$

점 $(2,1)$을 대입하면 다음을 알 수 있다.

$$(3+2-1)\frac{dy}{dx}=4$$

그러므로 $\dfrac{dy}{dx}=1$이고 접선의 방정식은 다음과 같다.

$$y-1=(x-2)$$

예제 5 곡선 $y^3 - xy^2 + \cos(xy) = 2$ 위의 점 $(0, 1)$에서의 접선의 방정식을 구하시오.

풀이 점 $(0, 1)$에서의 접선의 기울기를 구하기 위해 y'를 알아보자.

$$3y^2 \cdot y' - (1 \cdot y^2 + x \cdot 2y \cdot y') + \sin(xy)(1 \cdot y + x \cdot y') = 0$$

$x = 0,\ y = 1$를 대입하면 다음을 알 수 있다.

$$3 \cdot y' - (1 + 0) + \sin(0) = 0$$

그러므로 $y' = \dfrac{1}{3}$이고 접선의 방정식은 다음과 같다.

$$y - 1 = \frac{1}{3}(x - 0) \quad \text{또는} \quad y = \frac{1}{3}x + 1$$

n이 정수일 때 $f(x) = x^n$에서 $f'(x) = nx^{n-1}$임을 이미 공부했다. n이 유리수일 때도 이 식이 성립함을 보이자.

정리 1

> r를 임의의 유리수라 하자. 그러면 다음과 같다.
>
> $$D_x(x^r) = r x^{r-1}$$

증명 r가 유리수이므로 다음과 같이 놓자.

$$r = \frac{n}{m} \quad (\text{단, } m, n \text{은 정수이고 } m \neq 0)$$

그러므로 다음이 성립한다.

$$y = x^r = x^{\frac{n}{m}}$$

그리고 다음과 같다.

$$y^m = x^n$$

음함수 미분에 의해서 다음을 알 수 있다.

$$my^{m-1} \cdot y' = nx^{n-1}$$

그 결과 다음을 알 수 있다.

$$\begin{aligned} y' &= \frac{n}{m}\frac{x^{n-1}}{y^{m-1}} \\ &= \frac{n}{m}\frac{x^{n-1}}{x^{\frac{n}{m}(m-1)}} \\ &= \frac{n}{m}x^{n-1-n+\frac{n}{m}} \\ &= \frac{n}{m}x^{\frac{n}{m}-1} \\ &= rx^{r-1} \end{aligned}$$

예제 6 $y=\sqrt{x}$ 일 때 y'을 구하시오.

풀이 $y=x^{\frac{1}{2}}$ 이고 정리 1에 의해서 다음을 알 수 있다.

$$\begin{aligned} y' &= \frac{1}{2}x^{-\frac{1}{2}} \\ &= \frac{1}{2\sqrt{x}} \end{aligned}$$

예제 7 $y=\sqrt[3]{x}$ 일 때 y'을 구하시오.

풀이 $y=x^{\frac{1}{3}}$ 이고 정리 1에 의해서 다음을 알 수 있다.

$$\begin{aligned} y' &= \frac{1}{3}x^{-\frac{2}{3}} \\ &= \frac{1}{3\sqrt[3]{x^2}} \end{aligned}$$

예제 8 $y=f(x)=x^{\frac{3}{2}}-3x^{\frac{2}{3}}-2x^{\frac{5}{4}}$ 일 때 y'을 구하시오.

풀이 정리 1에 의해서 다음을 알 수 있다.

$$y' = \frac{3}{2}x^{\frac{1}{2}} - 3\cdot\frac{2}{3}x^{-\frac{1}{3}} - 2\cdot\frac{5}{4}x^{\frac{1}{4}}$$

$$= \frac{3}{2}x^{\frac{1}{2}} - 2x^{-\frac{1}{3}} - \frac{5}{2}x^{\frac{1}{4}}$$

예제 9 $y = \sqrt{x^3 + 2x^2 - 5}$ 일 때 y'을 구하시오.

풀이 연쇄법칙과 정리 1에 의해서 다음을 알 수 있다.

$$y' = \frac{1}{2}(x^3 + 2x^2 - 5)^{-\frac{1}{2}} \cdot (3x^2 + 4x)$$

$$= \frac{3x^2 + 4x}{2\sqrt{x^3 + 2x^2 - 5}}$$

2.5 근삿값

미분의 성질을 적용하여 근삿값을 구하는 방법에 대해서 알아보자.

함수 $y=f(x)$ 위의 한 점 $P(a, b)$에서 x축과 y축에 수평한 새로운 좌표축을 각각 dx, dy 라 하자.

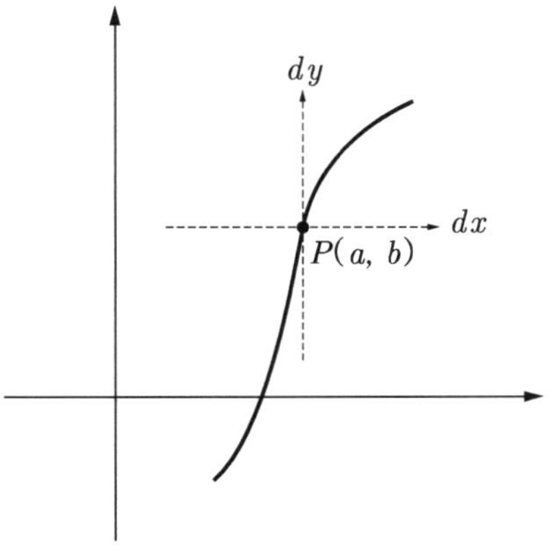

[그림 2-17] $dy=f'(a)dx$

이때 점 $P(a, b)$에서 $y=f(x)$의 접선의 기울기는 $f'(a)$이다. x축과 dx축, y축과 dy축은 각각 수평이므로 다음을 알 수 있다.

$$dy=f'(a)dx$$

정의

$y=f(x)$가 미분가능한 함수이고 x의 미분 dx는 다음과 같다.

$$dx=\Delta x$$

이때 y의 미분 dy는 다음과 같이 정의한다.

$$dy=f'(x)dx$$

예제 1 다음 함수에서 dy를 구하시오.

(a) $y = x^3 + x^2 + 2x - 1$ (b) $y = \sqrt{x^3 + 2x^2 + 5}$

(c) $y = \cos(3x^2 + x + 5)$ (d) $y = \sin^2 x$

풀이

(a) $dy = (3x^2 + 2x + 2)dx$

(b) $dy = \frac{1}{2}(x^3 + 2x^2 + 5)^{-\frac{1}{2}}(3x^2 + 4x)dx$

(c) $dy = -(6x+1)\sin(3x^2 + x + 5)dx$

(d) $dy = 2\sin x \cdot \cos x\, dx = \sin 2x \;\, dx$

정리 1

도함수에 대해서 다음이 성립한다. (단, c 는 상수)

(a) $\frac{d}{dx}(c) = 0$

(b) $\frac{d}{dx}(c \cdot f(x)) = c \cdot \frac{d}{dx}f(x)$

(c) $\frac{d}{dx}(f(x) + g(x)) = \frac{d}{dx}(f(x)) + \frac{d}{dx}(g(x))$

(d) $\frac{d}{dx}(f(x) \cdot g(x)) = \frac{d}{dx}(f(x)) \cdot g(x) + f(x)\frac{d}{dx}(g(x))$

(e) $\frac{d}{dx}\left(\frac{f(x)}{g(x)}\right) = \frac{\frac{d}{dx}(f(x)) \cdot g(x) - f(x)\frac{d}{dx}(g(x))}{g(x)^2}$

정리 2

미분에 대해서 다음이 성립한다. (단, c 는 상수)

(a) $D(c) = 0$

(b) $D(c \cdot f(x)) = c \cdot D(f(x))$

(c) $D(f(x) + g(x)) = D(f(x)) + D(g(x))$

(d) $D(f(x) \cdot g(x)) = D(f(x)) \cdot g(x) + f(x) \cdot D(g(x))$

(e) $D\left(\frac{f(x)}{g(x)}\right) = \frac{D(f(x)) \cdot g(x) - f(x) \cdot D(g(x))}{g(x)^2}$

다음은 근삿값에 대해서 알아보자.

$y=f(x)=x^5-x^3$일 때 x가 0.1에서 0.3으로 변할 때 Δx는 다음과 같다.

$$\Delta x = 0.3 - 0.1 = 0.2$$

그러나 다음과 같이 Δy는 계산이 복잡하다.

$$\Delta y = (0.3)^5 - (0.3)^3 - ((0.1)^5 - (0.1)^3)$$

그래서 Δy의 근삿값으로 dy를 놓으면 다음을 알 수 있다.

$$f(x+\Delta x) - f(x) = \Delta y \approx dy = f'(x)dx = f'(x) \cdot \Delta x$$

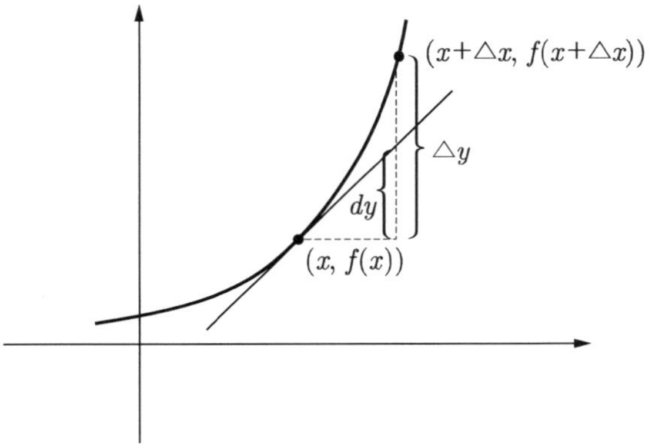

[그림 2-18] 근사식

그 결과 다음과 같은 근사식을 얻을 수 있다.

$$f(x+\Delta x) \approx f(x) + f'(x) \cdot \Delta x$$

예제 2 $\sqrt{25.8}$ 의 근삿값을 구하시오.

풀이 다음과 같다.

$$f(x+\Delta x) \approx f(x) + f'(x) \cdot \Delta x$$

다음과 같이 놓자.

$$f(x) = \sqrt{x}\,,\ x = 25,\ \Delta x = 0.8$$

그 결과 다음을 알 수 있다.

$$\begin{aligned} f(x+\Delta x) &= \sqrt{x+\Delta x} \\ &= \sqrt{25+0.8} \\ &= \sqrt{25.8} \\ &\approx f(x)+f'(x)\cdot\Delta x \\ &= \sqrt{x}+\frac{1}{2\sqrt{x}}\cdot\Delta x \\ &= \sqrt{25}+\frac{1}{2\sqrt{25}}\cdot 0.8 \\ &= 5.08 \end{aligned}$$

예제 3 $\sqrt{8.8}$ 의 근삿값을 구하시오.

풀이 다음과 같다.

$$f(x+\Delta x) \approx f(x)+f'(x)\cdot\Delta x$$

다음과 같이 놓자.

$$f(x)=\sqrt{x},\ x=9,\ \Delta x=-0.2$$

그 결과 다음을 알 수 있다.

$$\begin{aligned} f(x+\Delta x) &= \sqrt{x+\Delta x} \\ &= \sqrt{9-0.2} \\ &= \sqrt{8.8} \\ &\approx f(x)+f'(x)\cdot\Delta x \\ &= \sqrt{x}+\frac{1}{2\sqrt{x}}\cdot\Delta x \\ &= \sqrt{9}+\frac{1}{2\sqrt{9}}\cdot -0.2 \\ &= 3-\frac{1}{30} \end{aligned}$$

예제 4 $\sqrt[3]{24}$ 의 근삿값을 구하시오.

풀이 다음과 같다.

$$f(x+\Delta x) \approx f(x)+f'(x) \cdot \Delta x$$

다음과 같이 놓자.

$$f(x)=\sqrt[3]{x},\quad x=27,\quad \Delta x=-3$$

그 결과 다음을 알 수 있다.

$$\begin{aligned}
f(x+\Delta x) &= \sqrt[3]{x+\Delta x} \\
&= \sqrt[3]{27-3} \\
&= \sqrt[3]{24} \\
&\approx f(x)+f'(x) \cdot \Delta x \\
&= \sqrt[3]{x}+\frac{1}{3}x^{-2/3} \cdot \Delta x \\
&= \sqrt[3]{27}+\frac{1}{3}\frac{1}{\sqrt[3]{27^2}} \cdot (-3) \\
&= 3-\frac{1}{9}
\end{aligned}$$

예제 5 $\sqrt[3]{7.9}$ 의 근삿값을 구하시오.

풀이 다음과 같다.

$$f(x+\Delta x) \approx f(x)+f'(x) \cdot \Delta x$$

다음과 같이 놓자.

$$f(x)=\sqrt[3]{x},\quad x=8,\quad \Delta x=-0.1$$

그 결과 다음을 알 수 있다.

$$\begin{aligned}
f(x+\Delta x) &= \sqrt[3]{x+\Delta x} \\
&= \sqrt[3]{8-0.1} \\
&= \sqrt[3]{7.9} \\
&\approx f(x)+f'(x) \cdot \Delta x
\end{aligned}$$

$$= \sqrt[3]{x} + \frac{1}{3}x^{-2/3} \cdot \Delta x$$

$$= \sqrt[3]{8} + \frac{1}{3}\frac{1}{\sqrt[3]{8^2}} \cdot (-0.1)$$

$$= 2 + \frac{1}{12}(-0.1) = 2 - \frac{1}{120}$$

예제 6 $\sqrt[3]{26.91}$ 의 근삿값을 구하시오.

풀이 다음과 같다.

$$f(x+\Delta x) \approx f(x) + f'(x) \cdot \Delta x$$

다음과 같이 놓자.

$$f(x) = \sqrt[3]{x}, \quad x = 27, \quad \Delta x = -0.09$$

그 결과 다음을 알 수 있다.

$$f(x+\Delta x) = \sqrt[3]{x+\Delta x}$$

$$= \sqrt[3]{27-0.09}$$

$$= \sqrt[3]{26.91}$$

$$\approx f(x) + f'(x) \cdot \Delta x$$

$$= \sqrt[3]{x} + \frac{1}{3}x^{-2/3} \cdot \Delta x$$

$$= \sqrt[3]{27} + \frac{1}{3}\frac{1}{\sqrt[3]{27^2}} \cdot (-0.09)$$

$$= 3 - \frac{1}{300}$$

연습문제 | 2.1 함수의 극한

※ 다음의 극한을 구하시오.

01. $\lim_{x \to 2}(7)$

02. $\lim_{x \to \frac{1}{3}}(3x+3)$

03. $\lim_{x \to 1}(3x-1)$

04. $\lim_{x \to 9}\frac{\sqrt{x}+9}{4-3x}$

05. $\lim_{x \to 2}\frac{5}{2x+8}$

06. $\lim_{x \to 3}\frac{x^2-9}{x-3}$

07. $\lim_{h \to 0}\frac{(1+h)^5-1}{h}$

※ $\epsilon-\delta$를 이용하여 다음을 증명하시오.

08. $\lim_{x \to 1}(5x+8)=13$

09. $\lim_{x \to -2}\frac{x^2-4}{x+2}=-4$

10. $\lim_{x \to 1}\frac{x^2-3x+2}{x-1}=-1$

11. $\lim_{x \to 3}\sqrt{3x}=3$

13. $\lim_{x \to -3}x^3=-27$

※ 정리를 이용하여 극한을 구하시오.

14. $\lim_{x \to 5}(3x-7)$

15. $\lim_{x \to -2}\{(x^2+7)(3x-1)\}$

16. $\lim_{x \to 0}\frac{3x+16}{2x^2-8}$

17. $\lim_{x \to -2}(x^2+4x-1)$

18. $\lim_{x \to 2}\frac{x^3+x-1}{2x+7}$

19. $\lim_{x \to \frac{1}{2}}\left\{\frac{x^2-2x}{(2x+1)(x+1)}-\frac{2-5x}{2x^2+2x-1}\right\}$

20. $\lim_{x \to 1}\frac{2}{x-1}\left(\frac{1}{x+2}+\frac{1}{3x-4}\right)$

21. $\lim_{x \to 0^+} \frac{7x - |x|}{x - 2|x|}$

22. $\lim_{x \to 0^-} \frac{-2x + |x|}{5x + 2|x|}$

23. $\lim_{x \to 0} \frac{4}{5x}$ 이 존재하지 않음을 증명하시오.

※ 다음의 극한을 구하시오.

24. $\lim_{x \to 2} \frac{x^2 - 4}{x - 2}$

25. $\lim_{x \to 1} \frac{x^2 - 3x^2 + 3x - 1}{x - 1}$

26. $\lim_{x \to 9} \frac{x - 9}{\sqrt{x} - 3}$

27. $\lim_{x \to -4} \frac{x^2 - 2x - 24}{x + 4}$

28. $\lim_{x \to 1} \frac{(x-1)(x^2 + 2x - 3)}{x^2 - 2x + 1}$

29. $\lim_{x \to -1} \frac{x^3 - 3x}{x^2 + 2x}$

30. $\lim_{x \to 0} \frac{\sqrt{1+x} - 1}{-3x}$

31. $\lim_{x \to 1} \frac{x^3 - 1}{\sqrt{x+3} - \sqrt{2x+1}}$

32. $\lim_{x \to 0} \frac{\sqrt{x^2 + x + 1} - \sqrt{x^2 - x + 1}}{\sqrt{x+1} - \sqrt{1-x}}$

※ 다음의 극한을 구하시오.

33. $\lim_{x \to 1^+} \frac{\sqrt{2x+7}}{3x - 2}$

34. $\lim_{x \to 6^+} \frac{x - 6}{\sqrt{x^2 - 36}}$

35. $\lim_{x \to 0^+} \frac{-8x}{|x|}$

36. $\lim_{x \to 7^-} \frac{x + 7}{|x + 7|}$

37. $\lim_{x \to 3^+} \frac{[[-2x]]}{1 + x}$

※ 다음 함수의 연속, 불연속 여부를 구하시오.

38. $f(x) = 2x^2 - 2x + 5$

39. $f(x) = \sqrt{2x - 1}$

40. $f(x) = [[2x]]$

41. $f(x) = \frac{x^3 - 8}{x - 2}$

42. $f(x) = \begin{cases} \dfrac{x^3 - 1}{x^2 - 1}, & x \neq 1 \\ 5, & x = 1 \end{cases}$

※ 다음 함수가 불연속인 점들을 구하시오.

43. $f(x)=\dfrac{3x+1}{x^2-x-6}$

44. $f(x)=|x^2-2x-15|$

45. $f(x)=\dfrac{x-3}{\sqrt{x+3}}$

46. $f(x)=\dfrac{-4}{\sqrt{2x^2+7}}$

47. $f(x)=[[\dfrac{x}{5}]]$

48. $f(x)=\sqrt{(3x-2)(3+2x)}$

※ $f(x)$와 $g(x)$가 $x=c$에서 연속일 때 다음을 증명하시오.

49. $f\cdot g$도 $x=c$에서 연속이다.

50. $\dfrac{f}{g}$도 $x=c$에서 연속이다.

※ 주어진 점에서 그래프의 접선방정식을 구하시오.

51. $f(x)=\dfrac{-3}{2x},\ \left(3,-\dfrac{1}{2}\right)$

52. $f(x)=\dfrac{1}{x+4},\ (-3,1)$

53. $f(x)=-3\sqrt{x},\ (9,-9)$

※ 주어진 점에서 그래프의 연속, 불연속 여부를 구하시오.

54. $f(x)=5x^2-3x-4,\ x=3$

55. $f(x)=3\sqrt{x},\ x=\sqrt{3}$

연습문제 2.2 도함수

※ $f'(c)=\lim\limits_{x\to c}\dfrac{f(x)-f(c)}{x-c}$를 이용하여 다음 함수의 도함수를 구하시오.

01. $f(x)=5x-5$

02. $f(x)=2x^2+4x+3$

03. $f(x)=\sqrt{2x+7}$

04. $f(x)=\dfrac{1}{3x-1}$

05. $f(x)=\dfrac{1}{\sqrt{x+1}}$

06. $f(x)=\sin\pi x$

07. $f(x)=-\cos 5x$

08. $f(x)=\dfrac{-3}{2x+5}$

※ $f'(c)=\lim\limits_{h\to 0}\dfrac{f(c+h)-f(c)}{h}$ 를 이용하여 다음 함수의 도함수를 구하시오.

09. $f(x)=-1+\pi$

10. $f(x)=ax+b$

11. $f(x)=7x^2-5x$

12. $f(x)=-\dfrac{2}{3x}$

13. $f(x)=\sqrt{5x-1}$

14. $f(x)=\sin 9x$

15. $f(x)=-\cos 4x$

※ 다음은 도함수이다. 어떤 함수의 어떤 점에서의 도함수인지를 구하시오.

16. $\lim\limits_{h\to 0}\dfrac{(3+h)^2-9}{h}$

17. $\lim\limits_{x\to 1}\dfrac{\frac{7}{x}-7}{x-1}$

18. $\lim\limits_{h\to 0}\dfrac{\cos(3x+h)-\cos 3x}{h}$

19. $\lim\limits_{k\to x}\dfrac{k^4-x^4}{k-x}$

20. $\lim\limits_{h\to 0}\dfrac{4(2+h)^4-4\cdot 2^4}{h}$

※ 정리를 이용하여 도함수를 구하시오.

21. $f(x)=6x^{-3}$

22. $f(x)=x^3+4\pi x+\sqrt{2}$

23. $f(x)=\dfrac{-2}{3x^4}$

24. $f(x)=3x^5-x^4+2x-5$

25. $f(x)=\sqrt{2}\,x(x^2-5\sqrt{2})$

26. $f(x)=(4x^3+3x^2-1)^4$

27. $f(x)=(3x^2+3x-1)(x^4+2)$

28. $f(x)=\dfrac{4}{x^3-9x^2-1}$

29. $f(x)=\dfrac{3}{(x+4)^2}$

30. $f(x)=\dfrac{2\pi x}{x^3-1}$

연습문제 2.3 삼각함수의 도함수

※ 다음 삼각함수의 도함수를 구하시오.

01. $f(x) = 5\sin 4x - \sqrt{3}\cos\dfrac{x}{5}$

02. $f(x) = 8\cot x$

03. $f(x) = 3\pi\csc\pi x$

04. $f(x) = \dfrac{5\cos x}{\sin 2x - \cos x}$

05. $f(x) = 2\dfrac{\sin x}{x^2}$

06. $f(x) = 5x^2 \cdot \sec 5x$

※ 다음 극한을 구하시오.

07. $\lim\limits_{x \to 0}\dfrac{2x}{\sin\pi x}$

08. $\lim\limits_{x \to 0}\dfrac{\sin 5x}{\tan 2x}$

09. $\lim\limits_{x \to 0}\dfrac{\tan 2x + 3\sin 2x}{3x \cdot \sin 2x}$

10. $\lim\limits_{x \to 0}\dfrac{-2\sin x}{\cos x - 1}$

※ 다음 함수의 도함수를 구하시오.

11. $f(x) = (7 - 8x)^7$

12. $f(x) = (x^3 + x - 1)^{-3}$

13. $f(x) = \sin(2x^2 + 6x)$

14. $f(x) = \cos^{10} x$

15. $f(x) = \sin\left(\dfrac{5x+3}{3x-2}\right)$

16. $f(x) = \left(\dfrac{x^2+3}{2x-5}\right)^6$

17. $f(x) = (5-x)^3(px^2+q)$, p, q는 상수

18. $f(x) = (2x+3)^4(x-4)^3$

19. $f(x) = \dfrac{(x^2-3x-7)^2}{5x+3}$

20. $f(x) = 3\tan(x^3)$

※ 연쇄법칙을 사용하여 도함수를 구하시오.

21. $f(x) = \cos^4(5x^2 - 3x + 6)$

22. $f(x) = \sin^5(\cos 2x)$

23. $f(x) = \sin^5(\sin^5 x)$

24. $f(x) = \cos^4(4\cos x^3)$

25. $f(x) = \cos(\sin(\cos 4x))$

※ 다음 함수의 $\dfrac{dy}{dx}$ 를 구하시오.

26. $y=\left(\dfrac{x^3+x-8}{\sin x}\right)^3$

27. $y=\sin^5(x^2-6)$

28. $y=\sin^3\left(\dfrac{5x+2}{x^2+1}\right)$

29. $y=\left(\dfrac{x+2}{\cos x}\right)^5$

30. $y=\tan^3(x+4)$

연습문제 2.4 고계 도함수

※ 다음 함수의 $f''(x)$를 구하시오.

01. $f(x)=px+q$

02. $f(x)=5x^2-\pi x$

03. $f(x)=x^4+x^2-x-3$

04. $f(x)=\cos(ax)$

05. $f(x)=\dfrac{-3}{x+2}$

06. $f(x)=\sin^3(ax)$

07. $f(x)=\sin x$일 때 $f(x)=f^{(4)}(x)$임을 증명하시오.

※ 다음 함수의 $f'''(x)$를 구하시오.

08. $f(x)=\dfrac{-1}{x+1}$

09. $f(x)=\sin x-\cos x$

10. $f(x)=5x^{n+1}$

11. $f(x)=\sec 3x+\dfrac{\pi}{2}$

12. $f(x)=-\cos^2 x$

13. $f(x)=\sin\left(\dfrac{x^3}{3}\right)$

※ 다음 함수의 $f^{(4)}(x)$를 구하시오.

14. $f(x)=2x^5+2x^3-7x^2-3x-9$

15. $f(x)=\cos^3(\pi x)$

16. $f(x)=\dfrac{-1}{x(x-1)}$

※ 다음 함수의 $f^{(n)}(x)$를 구하시오.

17. $f(x)=\dfrac{a}{a^2-x^2}$ (단 $a\neq 0$)

18. $f(x)=\dfrac{5}{1+x}$

19. $f(x)=\sin(-x)$

20. $f(x)=-\cos(-x)$

※ 음함수 미분법에 의해서 y' 을 구하시오.

21. $2x^2-y^2=5$

22. $-5xy=1+y-2x$

23. $x^3+y^4=xy-1$

24. $7x-\sqrt{xy}+xy^2=y^3+2x^2$

25. $-xy^2+\sin(xy^3)=x^3+3$

26. $\sec y+\tan 5x=4xy$

27. $3x^2-4y^2=\dfrac{y^3}{x^2}$

28. $\dfrac{\sin x}{y^2+3x}=y-8$

29. $\dfrac{xy^2}{\sqrt{y}}=3x^2-2y^3+6x^2y-3$

30. $\dfrac{xy}{\cos^2 x}=\dfrac{-2}{y^4}$

※ 다음 함수의 y' 을 구하시오.

31. $y=x^{\frac{2}{3}}-\sqrt{3x}$

32. $y=\sqrt[4]{x}-\dfrac{1}{\sqrt[3]{x}}$

33. $y=\dfrac{1}{(x^3-3x^2+2x-1)^{\frac{2}{3}}}$

34. $y=\sqrt{x^2-3\cos 4x}$

35. $y=\sqrt[5]{5-\sin(x+2)}$

※ 주어진 점에서 접선의 방정식을 구하시오.

36. $x^2-y^2=y$, $(\sqrt{2}, 1)$

37. $xy=9$, $(3, 3)$

38. $2x^3-xy=1$, $(1, 1)$

39. $\sin 2x=\cos y$, $\left(\dfrac{\pi}{8}, \dfrac{\pi}{4}\right)$

40. $y=\tan 2x+5$, $(\dfrac{\pi}{8}, 6)$

연습문제 2.5 근삿값

※ 다음 함수의 dy를 구하시오.

01. $y = ax^2 + bx + c$

02. $y = (2x^2 - 3x + 1)^{\frac{1}{3}}$

03. $y = \sqrt{x^4 - 5x^2 + 8}$

04. $y = \sqrt[3]{x^2 + 1}$

05. $y = \sqrt[5]{(x-7)^3}$

06. $y = \sin\left(\sin\frac{x}{5}\right)$

07. $y = \frac{-x+5}{x-3}$

08. $y = \frac{-3}{(x^3 - 4x^2 + 9)}$

09. $y = \cos^7(-5x)$

10. $y = \tan^3(-x+5)$

※ 다음의 근삿값을 구하시오.

11. $\sqrt{28}$

12. $\sqrt{106}$

13. $\sqrt{409}$

14. $\sqrt{8.4}$

15. $\sqrt{33}$

16. $\sqrt{61.9}$

17. $\sqrt[3]{30}$

18. $\sqrt[3]{8.1}$

19. $\sqrt[3]{985}$

20. $\sqrt[3]{25.04}$

제 3 장

도함수의 응용

도함수를 응용하는 분야에 대해서 알아본다. 먼저 미분의 평균값 정리는 도함수의 유용한 결과이고 함숫값과 도함숫값의 관계를 알 수 있다. 우선 정리를 이해하고 정리의 결과에 대해서 알아본다. 다음은 변곡점에 대해서 알아보자. 위로 오목에서 아래로 오목으로 변화하거나 아래로 오목에서 위로 오목으로 변화하는 점을 변곡점이라 한다. $f''(c)=0$을 만족하는 $x=c$ 또는 $f''(d)$가 존재하지 않는 $x=d$가 변곡점의 후보이다. 극값은 최댓값과 최솟값을 의미한다. 그러면 개구간에서의 최댓값과 최솟값을 각각 극댓값과 극솟값이라 한다. 극댓값과 극솟값을 국소극값이라 하고 임계점에서 국소극값이 발생한다. 또한 2계도함수를 이용하여 국소극값을 구하는 방법에 대해서 공부하자.

3.1 미분의 평균값 정리

미분의 평균값 정리는 도함수의 유용한 결과이고 함숫값과 도함숫값의 관계를 알 수 있다. 우선 정리를 이해하고 정리의 결과에 대해서 알아본다. 먼저 적용되는 분야가 다양한 최댓값과 최솟값의 정의에 대해서 알아보고 이들의 성질에 대해서 알아보자.

1. 최댓값과 최솟값

정의

함수 $f(x)$의 정의역은 $Dom(f)$이고 $a,b,c \in Dom(f)$이다.

(a) 모든 $x \in Dom(f)$에 대해서 다음을 만족하면 $f(a)$를 함수 $f(x)$의 최댓값 (maximum value)이라고 한다.

$$f(a) \geq f(x)$$

(b) 모든 $x \in Dom(f)$ 에 대해서 다음을 만족하면 $f(b)$를 함수 $f(x)$의 최솟값 (minimum value)이라고 한다.

$$f(b) \leq f(x)$$

(c) $f(c)$가 함수 $f(x)$의 최댓값 또는 최솟값이면 $f(c)$는 함수 $f(x)$의 극값 (extreme value)이라고 한다.

주어진 함수 $f(x)$에 대해서 정의역 내의 어떤 점에서 $f(x)$가 최댓값 또는 최솟값을 갖는지 알아보자.

예제 1 다음과 같은 경우 $f(x)$의 최댓값과 최솟값을 각각 구하시오.

$$f(x) = -\frac{2}{x}\ ,\ Dom(f) = (0,\ \infty)\text{와 } Dom(f) = [1,\ 2]$$

풀이 $f(x)$는 $Dom(f) = (0,\ \infty)$ 인 경우 다음과 같다.

최댓값, 최솟값 : 없음

또한 $f(x)$는 $Dom(f) = [1,\ 2]$인 경우 다음과 같다.

$x = 2$: 최댓값 -1 그리고 $x = 1$: 최솟값 -2

정리 1

함수 $f(x)$가 $[a,\ b]$에서 연속이면 $f(x)$는 $[a, b]$에서 최댓값과 최솟값을 모두 갖는다.

다음은 임계점에 대해서 알아보자.

정의

$[a,\ b]$에서 $x = a,\ x = b$를 끝점이라 하고 $f'(c) = 0$가 되는 $x = c$를 정점이라고 한다. 그리고 $f'(c)$가 존재하지 않는 $x = c$를 특이점이라고 한다. 그리고 다음을 임계점이라고 한다.

끝점, 정점, 특이점

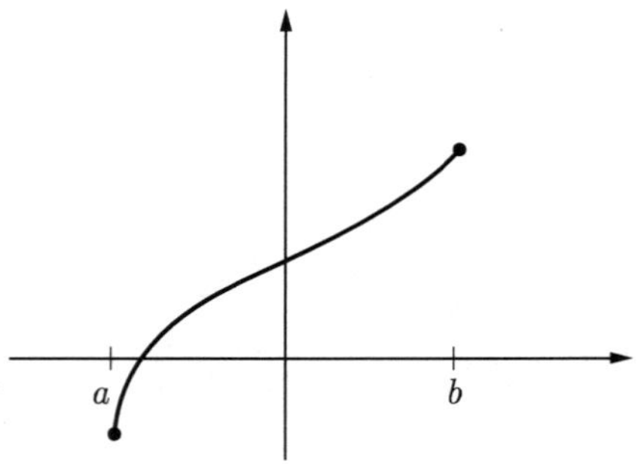

[그림 3–1] 끝점 $x=a,\ x=b$

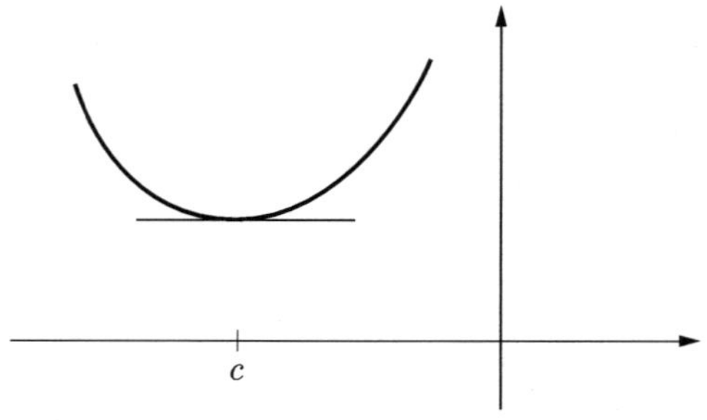

[그림 3–2] $x=c$: 정점

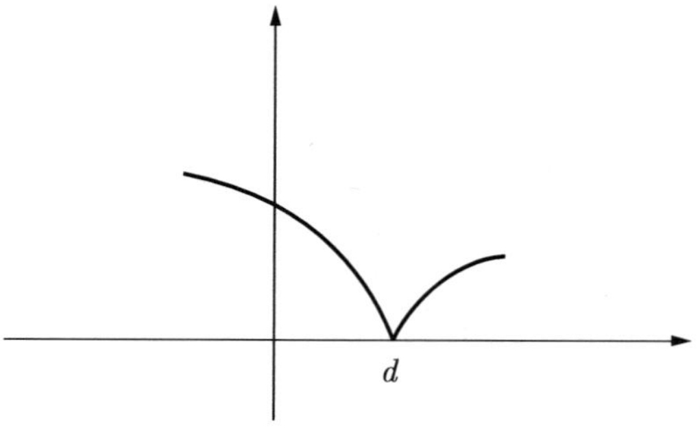

[그림 3–3] $x=d$: 특이점

예제 2 다음과 같은 경우 $f(x)$의 임계점을 모두 구하시오.

$$f(x)=2x^2-5x-2\,,\quad Dom(f)=\ (-1,\,3]$$

풀이 끝점은 다음과 같다.

$$x = 3$$

정점은 다음과 같다.

$$f'(x) = 4x - 5 = 0 \;\Rightarrow\; x = \frac{5}{4}$$

$f(x)$는 모든 점에서 미분가능하므로 특이점은 존재하지 않는다.
그러므로 임계점은 다음과 같다.

$$x = 3,\; x = \frac{5}{4}$$

정리 2

> $f(x)$는 임의의 함수이고 $c \in Dom(f)$라 하자.
> $f(c)$가 극값이면 $x = c$는 임계점이다.

증명 [경우 1] $f(c)$가 $f(x)$의 최댓값인 경우
$x = c$가 끝점도 아니고 특이점도 아니라고 가정하자.
따라서 우리는 $x = c$가 $f(x)$의 정점임을 보이면 된다.
$f(c)$가 $f(x)$의 최댓값이므로 모든 $x \in Dom(f)$에 대해서 다음을 만족한다.

$$f(x) \le f(c)$$

즉, 다음과 같다.

$$f(x) - f(c) \le 0$$

따라서 $x = c$가 끝점이 아니기 때문에 다음을 알 수 있다.
$x < c$이면 $x - c < 0$이므로 다음과 같다.

$$\frac{f(x) - f(c)}{x - c} \ge 0$$

$x > c$이면 $x - c > 0$이므로 다음과 같다.

$$\frac{f(x)-f(c)}{x-c} \le 0$$

또한 $x=c$가 함수 f의 특이점이 아니므로 $f'(c)$가 존재해야만 된다. 그런데 다음이 성립한다.

$$\lim_{x\to c^-}\frac{f(x)-f(c)}{x-c} \ge 0 \text{ 그리고 } \lim_{x\to c^+}\frac{f(x)-f(c)}{x-c} \le 0$$

그 결과 다음을 알 수 있다.

$$\lim_{x\to c}\frac{f(x)-f(c)}{x-c} = f'(c) = 0$$

[경우 2] $f(c)$가 $f(x)$의 최솟값인 경우

[경우 1]과 같은 방법으로 증명한다.

예제 3 다음과 같은 경우 함수 $f(x)$의 최댓값과 최솟값을 구하시오.

$$f(x) = 4x^3 - 3x + 1,\ Dom(f) = [-2, 2]$$

풀이 임계점은 다음과 같다.

$$x = -2,\ -\frac{1}{2},\ \frac{1}{2},\ 2$$

그러므로 다음이 성립한다.

$$f(-2) = -25,\ f\left(-\frac{1}{2}\right) = 2,\ f\left(\frac{1}{2}\right) = 0,\quad f(2) = 27$$

그 결과 다음을 알 수 있다.

$x=-2$일 때 최솟값은 -25, $x=2$일 때 최댓값은 27

예제 4 다음과 같은 경우 함수 $f(x)$의 최댓값과 최솟값을 구하시오.

$$f(x) = 4 + 3x - x^3,\ Dom(f) = [-\sqrt{3},\ \sqrt{3}]$$

풀이 임계점은 다음과 같다.

$$x=-\sqrt{3}, -1, 1, \sqrt{3}$$

그러므로 다음이 성립한다.

$$f(-\sqrt{3})=f(\sqrt{3})=4,\ f(-1)=2,\ f(1)=6$$

그 결과 다음을 알 수 있다.

$x=-1$ 에서 최솟값은 2, $x=1$ 에서 최댓값은 6

2. 미분의 평균값 정리

미분의 평균값 정리는 두 점 $(a, f(a))$, $(b, f(b))$를 지나는 직선의 기울기와 $f(x)$ 위의 한 점에서의 접선의 기울기가 같은 점이 $x=a$와 $x=b$ 사이에 적어도 하나 존재하는 것을 의미한다.

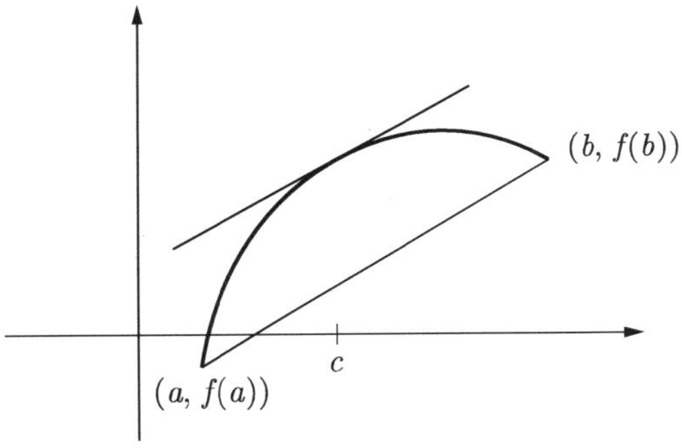

[그림 3-4] 미분의 평균값 정리

정리 1

$f(x)$가 $[a, b]$에서 연속이고 (a, b)에서 미분가능하면 다음을 만족하는 $c\in(a, b)$가 적어도 하나 존재한다.

$$\frac{f(b)-f(a)}{b-a}=f'(c)$$

또는 다음을 만족하는 $c\in(a, b)$가 적어도 하나 존재한다.

$$f(b)-f(a)=f'(c)(b-a)$$

증명 다음과 같이 함수 $f(x)$가 주어졌다고 하자.

두 점 $(a,\ f(a))$, $(b,\ f(b))$를 지나는 직선을 $h(x)$라 하면 다음과 같다.

$$h(x)-f(a)=\frac{f(b)-f(a)}{b-a}(x-a)$$

즉, $h(x)$는 다음과 같은 일차함수를 나타낸다.

$$h(x)=\frac{f(b)-f(a)}{b-a}\cdot x+f(a)-\left\{\frac{f(b)-f(a)}{b-a}\right\}\cdot a$$

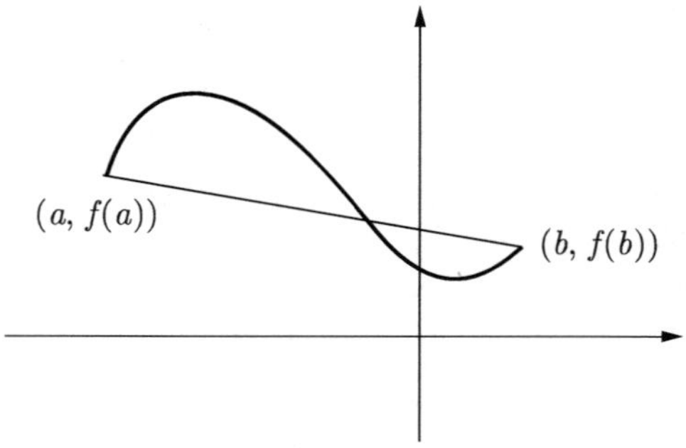

[그림 3–5] $f(x)-h(x)=k(x)$

주어진 $f(x)$와 직선의 방정식 $h(x)$에 대해서 다음과 같이 놓자.

$$f(x)-h(x)=k(x)$$

그러므로 다음이 성립한다.

$$k(x)=f(x)-\left\{\frac{f(b)-f(a)}{b-a}\cdot x+f(a)-\frac{f(b)-f(a)}{b-a}\cdot a\right\}$$

또한 다음을 알 수 있다.

$$k(a)=f(a)-\frac{f(b)-f(a)}{b-a}\cdot a-f(a)+\frac{f(b)-f(a)}{b-a}\cdot a=0$$

$$k(b)=f(b)-\left\{\frac{f(b)-f(a)}{b-a}\cdot b+f(a)-\frac{f(b)-f(a)}{b-a}\cdot a\right\}=0$$

그리고 $k(x)$는 미분가능한 함수이므로 모든 $x\in(a,\ b)$에 대해서 다음이 성립한다.

$$k'(x) = f'(x) - \frac{f(b) - f(a)}{b - a}$$

임의의 $c \in (a,\ b)$가 존재해서 $k'(c) = 0$을 만족한다면 다음과 같다.

$$k'(c) = f'(c) - \frac{f(b) - f(a)}{b - a} = 0$$

그 결과 다음을 만족하는 $x = c$가 존재한다.

$$\frac{f(b) - f(a)}{b - a} = f'(c)$$

함수 $k(x)$가 $[a,\ b]$에서 연속이므로 최댓값과 최솟값이 반드시 존재한다.

[경우 1] 최댓값 $= 0 =$ 최솟값인 경우:

모든 $x \in [a,\ b]$에 대해서 $k(x) = 0$이므로 $k'(c) = 0$인 $x = c$는 무한히 많이 존재한다.

[경우 2] 최댓값 $\neq 0$, 최솟값 $= 0$인 경우:

양 끝점 $x = a,\ x = b$에서 $k(a) = k(b) = 0$이므로 최댓값은 끝점에서도 아니고, $k(x)$는 $[a,\ b]$에서 미분가능하므로 특이점에서도 아니다. 이 결과 최댓값은 정점 $x = c$에서 생기므로 $f'(c) = 0$인 $x = c$가 반드시 존재한다.

[경우 3] 최댓값 $\neq 0$, 최솟값 $\neq 0$인 경우:

같은 방법으로 증명된다.

예제 1 $f(x) = \sqrt{x}$가 $[4,\ 9]$에서 정의되었을 때 미분의 평균값 정리의 $x = c$를 구하시오.

풀이 다음이 성립한다.

$$\frac{f(9) - f(4)}{9 - 4} = f'(c)$$

그러므로 다음을 알 수 있다.

$$\frac{3 - 2}{5} = \frac{1}{5} = \frac{1}{2\sqrt{c}}$$

그 결과 다음과 같다.

$$c = \frac{25}{4} \in (4,\ 9)$$

예제 2 $f(x) = x^3 + 2x$가 $[1, 3]$에서 정의되었을 때 미분의 평균값 정리의 $x = c$를 구하시오.

풀이 다음이 성립한다.

$$\frac{f(3) - f(1)}{3 - 1} = f'(c)$$

그러므로 다음을 알 수 있다.

$$15 = 3c^2 + 2$$

그 결과 다음과 같다.

$$c = \sqrt{\frac{13}{3}} \in (1, 3)$$

예제 3 $f(x) = x$가 $[1, 5]$에서 정의되었을 때 미분의 평균값 정리의 $x = c$를 구하시오.

풀이 다음이 성립한다.

$$\frac{f(5) - f(1)}{5 - 1} = 1 = f'(c)$$

그러므로 다음을 알 수 있다.

$$f'(x) = 1$$

그 결과 다음과 같다.

다음 정리는 미분의 평균값 정리에서 양 끝점에서 함숫값이 같은 경우로서 롤(Rolle)의 정리라고 말한다.

정리 2

$f(x)$가 $[a, b]$에서 연속이고 (a, b)에서 미분가능하고 $f(a) = f(b)$이면 다음을 만족하는 $c \in (a, b)$ 적어도 하나 존재한다.

$$f'(c) = 0$$

예제 4 $f(x)=x^{\frac{2}{3}}$이 $[-8, 27]$에서 정의되었을 때 $\frac{f(b)-f(a)}{b-a}=f'(c)$인 $x=c$를 구하시오.

풀이 다음이 성립한다.

$$\frac{f(27)-f(-8)}{27-(-8)}=f'(c)$$

그러므로 다음을 알 수 있다.

$$\frac{9-4}{35}=\frac{2}{3}\cdot\frac{1}{\sqrt[3]{c}}$$

그러나 다음과 같다.

$$c \fallingdotseq 102 \notin (-8, 27)$$

왜냐하면 $x=0$에서 $f(x)$는 미분 불가능하므로 미분의 평균값 정리의 다음을 만족할 수 없다.

$$c \in (a, b)$$

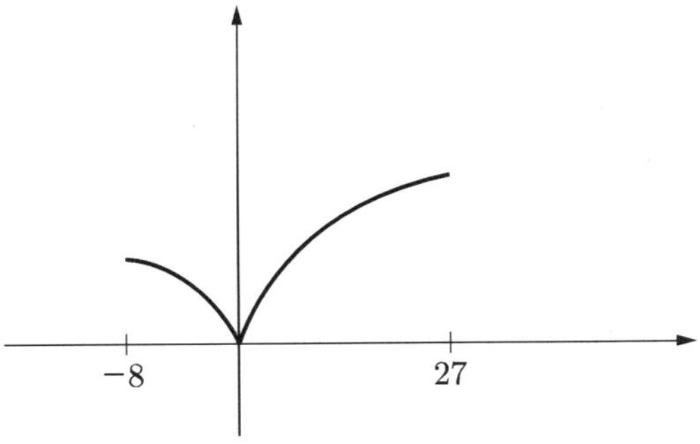

[그림 3-6] $x=0$에서 미분불가능

정리 3

모든 $x \in (a, b)$에 대해서 $f'(x)=g'(x)$가 성립하면 다음 식을 만족하는 상수 c가 존재한다.

$$f(x)=g(x)+c$$

증명 다음과 같이 놓자.

$$f(x)-g(x)=h(x)$$

모든 $x\in(a, b)$에 대해서 다음과 같다.

$$f'(x)-g'(x)=h'(x)=0$$

그리고 $s\in(a, b)$를 고정점이라 하고 $s<x$라고 가정하자. 그 결과 구간 $[s, x]$에서 미분의 평균값 정리를 $h(x)$에 적용하면 다음을 만족하는 $t\in(s, x)$가 적어도 하나 존재한다.

$$\frac{h(x)-h(s)}{x-s}=h'(t)$$

그런데 모든 $x\in(a, b)$에 $h'(x)=0$이므로 다음이 성립한다.

$$h(x)-h(s)=0$$

즉, 다음을 알 수 있다.

$$f(x)-g(x)=h(s)$$

그 결과 다음과 같다.

$$c=h(s)$$

예제 5 $f(x)=x^2+7x$, $g(x)=x^2+7x+3$인 경우 다음이 성립한다.

$$f'(x)=2x+7=g'(x)$$

정리 3 에 의하여 다음 식을 만족하는 상수 $c=-3$가 존재한다.

$$f(x)=g(x)+(-3)$$

3.2 변곡점

위로 오목에서 아래로 오목으로 변화하거나 아래로 오목에서 위로 오목으로 변화하는 점을 변곡점이라 한다. $f''(c)=0$ 을 만족하는 $x=c$ 또는 $f''(d)$가 존재하지 않는 $x=d$가 변곡점의 후보이다.

1. 오목성

정의

$f(x)$가 구간 I에서 정의된 함수이고 a, b는 I의 내점에 속한다.

(a) 다음과 같은 경우 $f(x)$는 구간 I에서 순증가(strictly increasing)한다고 한다.

$$a<b \quad \Rightarrow \quad f(a)<f(b)$$

(b) 다음과 같은 경우 $f(x)$는 구간 I에서 순감소(strictly decreasing)한다고 한다.

$$a<b \quad \Rightarrow \quad f(a)>f(b)$$

(c) 다음과 같은 경우 $f(x)$가 엄밀하게 단조(strictly monotone)한다고 한다.

$f(x)$: 순증가 또는 순감소

함수 $f(x)$의 도함수 $f'(x)$는 점 x에서 $f(x)$에 접하는 접선의 기울기를 의미하므로 다음을 알 수 있다.

$f'(x)>0$이면 $f(x)$의 접선 기울기가 양수이다.

$f'(x)<0$이면 $f(x)$의 접선 기울기가 음수이다.

정리 1

함수 $f(x)$는 구간 I에서 연속이고 I의 모든 내점에 대해서 미분가능하다고 하자.

(a) I의 모든 내점 x에 대해서 다음을 만족하면 $f(x)$는 I에서 순증가한다.

$$f'(x) > 0$$

(b) I의 모든 내점 x에 대해서 다음을 만족하면 $f(x)$는 I에서 순감소한다.

$$f'(x) < 0$$

증명 (a) $f(x)$는 I에서 연속이고 I의 내점인 x에 대해서 $f'(x) > 0$이라고 가정하자. $c, d \in I$이고 $c < d$일 때 미분의 평균값 정리를 구간 $[c, d]$에서 $f(x)$에 적용하면 다음을 만족하는 $e \in (c, d)$가 적어도 하나 존재한다.

$$\frac{f(d) - f(c)}{d - c} = f'(e)$$

그런데 $f'(e) > 0$ 그리고 $d - c > 0$에서 다음을 알 수 있다.

$$f(d) - f(c) > 0$$

즉 $d > c$일 때 $f(d) > f(c)$이므로 순증가함수이다.

(b) $f'(x) < 0$인 경우도 (a)와 같은 방법으로 증명한다.

예제 1 $f(x) = x^3 - 2x^2 - 4x + 9$일 때 순증가, 순감소 구간을 구하시오.

풀이 다음이 성립한다.

$$\begin{aligned} f'(x) &= 3x^2 - 4x - 4 \\ &= (3x + 2)(x - 2) \end{aligned}$$

$f'(x) > 0$인 x의 범위는 다음과 같다.

$$x < -\frac{2}{3}, \quad x > 2$$

그러므로 다음을 알 수 있다.

$$(-\infty,\ -\frac{2}{3}) \cup (2,\ \infty)\ :\ \text{순증가}$$

$f'(x) < 0$인 x의 범위는 다음과 같다.

$$-\frac{2}{3} < x < 2$$

그러므로 다음을 알 수 있다.

$$(-\frac{2}{3},\ 2)\ :\ \text{순감소}$$

$f(x) = x^2$ 형태의 그래프를 위로 오목이라 하고, $g(x) = -x^2$ 형태의 그래프를 아래로 오목이라 한다.

정의

$y = f(x)$가 미분가능한 함수이고 x의 미분 dx는 다음과 같다.

(a) $f'(x)$가 I에서 순증가하면 $f(x)$는 위로 오목이다.

(b) $f'(x)$가 I에서 순감소하면 $f(x)$는 아래로 오목이다.

정리 2

$f(x)$가 $(a,\ b)$에서 두 번 미분가능한 함수일 때, 모든 $x \in (a,\ b)$에 대해서 다음이 성립한다.

(a) $f''(x) > 0$이면 $f(x)$는 $(a,\ b)$에서 위로 오목이다.

(b) $f''(x) < 0$이면 $f(x)$는 $(a,\ b)$에서 아래로 오목이다.

증명 (a) $f''(x) > 0$이면 정리에 의해 $f'(x)$가 순증가하고 $f'(x)$가 순증가이면 정의에 의해 $f(x)$는 위로 오목이다.

(b) $f''(x) < 0$이면 정리에 의해 $f'(x)$가 순감소하고, $f'(x)$가 순감소하면 정의에 의해 $f(x)$는 아래로 오목이다.

예제 2 $f(x) = x^4 - 2x^3 - 7x - 13$의 오목성을 구하시오.

풀이 다음이 성립한다.

$$f'(x) = 4x^3 - 6x^2 - 7, \quad f''(x) = 12x^2 - 12x$$

그러므로 다음과 같다.

$$f''(x) = 12x^2 - 12x = 12x(x-1) > 0$$

그 결과 다음을 알 수 있다.

$x > 1$ 또는 $x < 0$: $f(x)$는 위로 오목

또한 다음과 같다.

$$f''(x) = 12x^2 - 12x = 12x(x-1) < 0$$

그 결과 다음을 알 수 있다.

$0 < x < 1$인 : $f(x)$는 아래로 오목

2. 변곡점

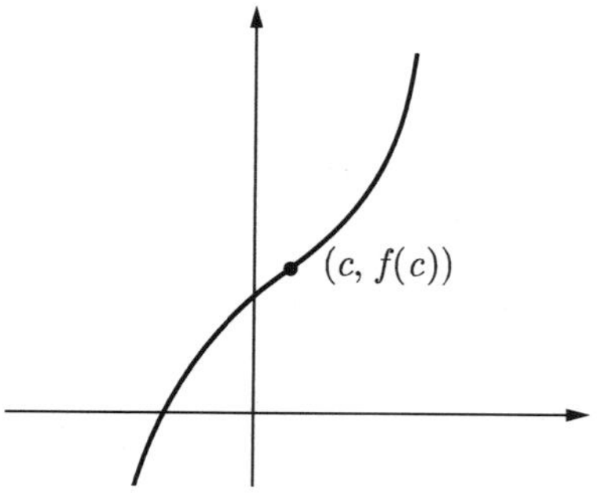

[그림 3-7] 변곡점

정의

함수 $f(x)$는 $x = c$에서 연속이고 $x = c$를 경계로 한쪽에서 위로 오목이고, 다른 쪽에서 아래로 오목일 때, $(c, f(c))$를 함수 $f(x)$의 변곡점이라고 한다.

예제 1 $f(x) = -3x^4$일 때 변곡점을 구하시오

풀이 다음이 성립한다.

$$f'(x) = -12x^3,\ f''(x) = -36x^2$$

그러므로 다음과 같다.

$$f''(x) = -36x^2 = 0$$

그 결과 다음을 알 수 있다.

$$x = 0$$

그러나 $x = 0$을 전후해서 $f''(x)$이 모두 양수이므로 다음을 알 수 있다.

$$(0, 0)\text{은 } f(x)\text{의 변곡점이 될 수 없다.}$$

그 결과 $f(x)$의 변곡점은 존재하지 않는다.

예제 2 $f(x) = \frac{1}{3}x^3 - 4x + 9$일 때 변곡점을 구하시오.

풀이 다음이 성립한다.

$$f'(x) = x^2 - 4,\ f''(x) = 2x$$

그러므로 다음과 같다.

$$f''(x) = 2x = 0$$

$x = 0$을 전후하여 $f''(x)$의 부호를 조사하면 다음과 같다.

$$x < 0\text{일 때 } f''(x) < 0 \text{ 그리고 } x > 0\text{일 때 } f''(x) > 0$$

그 결과 다음을 알 수 있다.

$$(0, 9) : f(x)\text{의 변곡점}$$

예제 3 $f(x) = x^{\frac{1}{3}} + \frac{1}{3}$일 때 변곡점을 구하시오.

풀이 다음이 성립한다.

$$f'(x)=\frac{1}{3}x^{-\frac{2}{3}},\ f''(x)=-\frac{4}{9}x^{-\frac{5}{3}}$$

그러므로 다음과 같다.

$$f''(x)=-\frac{4}{9}x^{-\frac{5}{3}}=0$$

그러나 $f''(x)$이 존재하지 않는 점이 $x=0$임을 알 수 있다.
$x=0$을 전후하여 $f''(x)$의 부호를 조사하면 다음과 같다.

$$x<0 \text{ 일 때 } f''(x)>0 \quad \text{그리고} \quad x>0 \text{ 일 때 } f''(x)<0$$

그 결과 다음을 알 수 있다.

$$(0,\ \frac{1}{3})\ :\ f(x)\text{의 변곡점}$$

예제 4 $f(x)=3\cos x,\ 0\le x\le 2\pi$일 때 변곡점을 구하시오.

풀이 다음이 성립한다.

$$f'(x)=-3\sin x,\ f''(x)=-3\cos x$$

그러므로 다음과 같다.

$$f''(x)=-3\cos x=0$$

그 결과 다음을 알 수 있다.

$$x=\frac{\pi}{2},\ \frac{3}{2}\pi$$

$x=\frac{\pi}{2}$을 전후하여 $f''(x)$의 부호를 조사하면 다음과 같다.

$$0\le x<\frac{\pi}{2} \text{ 일 때 } f''(x)<0 \ \text{그리고}\ \frac{\pi}{2}<x<\pi \text{ 일 때 } f''(x)>0$$

그 결과 다음을 알 수 있다.

$$\left(\frac{\pi}{2},\ 0\right)\ :\ f(x)\text{의 변곡점}$$

또한 $x = \dfrac{3\pi}{2}$ 을 전후하여 $f''(x)$의 부호를 조사하면 다음과 같다.

$$\pi < x < \frac{3}{2}\pi \text{ 일 때 } f''(x) > 0 \text{ 그리고 } \frac{3}{2}\pi < x \le 2\pi \text{ 일 때 } f''(x) < 0$$

그 결과 다음을 알 수 있다.

$$\left(\frac{3}{2}\pi,\ 0\right) : f(x)\text{의 변곡점}$$

예제 5 $f(x) = \tan x,\ -\dfrac{\pi}{2} < x < \dfrac{\pi}{2}$ 일 때 변곡점을 구하시오.

풀이 다음이 성립한다.

$$f'(x) = \sec^2 x,\ f''(x) = 2\sec^2 x \tan x$$

그러므로 다음과 같다.

$$f''(x) = 2\sec^2 \tan x = 0$$

그 결과 다음을 알 수 있다.

$$x = 0$$

$x = 0$ 을 전후하여 $f''(x)$의 부호를 조사하면 다음과 같다.

$$-\frac{\pi}{2} < x < 0 \text{ 일 때 } f''(x) < 0 \text{ 그리고 } 0 < x < \frac{\pi}{2} \text{ 일 때 } f''(x) > 0$$

그 결과 다음을 알 수 있다.

$$(0,\ 0) : f(x)\text{의 변곡점}$$

3.3 극댓값과 극솟값

극값은 최댓값과 최솟값을 의미한다. 그러면 개구간에서의 최댓값과 최솟값을 각각 극댓값과 극솟값이라 한다. 극댓값과 극솟값을 국소극값이라 하고 임계점에서 국소극값이 발생한다. 또한 2계도함수를 이용하여 국소극값을 구하는 방법에 대해서 공부하자.

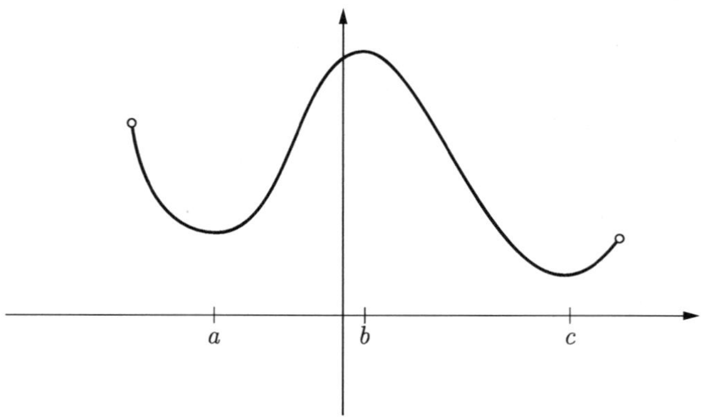

[그림 3-8] 극댓값 : $f(b)$, 극솟값 : $f(c)$

정의

$f(x)$는 임의의 함수이고 $c, d, e \in Dom(f)$라 하자.

(a) $x=c$를 포함하는 구간 (a, b)가 존재하여 $f(c)$가 $(a, b) \cap Dom(f)$에서 $f(x)$의 최댓값이면 $f(c)$를 $f(x)$의 극댓값(local maximum value)이라고 한다.

(b) $x=d$를 포함하는 구간 (u, v)가 존재하여 $f(d)$가 $(u, v) \cap Dom(f)$에서 $f(x)$의 최솟값이면 $f(d)$를 $f(x)$의 극솟값(local minimum value)이라고 한다.

(c) $f(e)$가 극댓값이거나 극솟값이면 $f(e)$를 $f(x)$의 국소극값이라고 한다.

국소극값이 생기는 위치는 극값이 생기는 위치와 동일하다. 그러므로 임계점에서 국소극값이 생긴다.

예제 1 $f(x) = 5x - 2,\ [-1, 4]$ 의 국소극값을 구하시오.

풀이 정의에 의해서 다음이 성립한다.

$$f(-1) : \text{극솟값}$$
$$f(4) : \text{극댓값}$$

정리 1

함수 $f(x)$는 (a, b)에서 연속이고 임계점 $x = c$는 (a, b)에 속한다.

(a) 모든 $x \in (a, c)$에 대해서 $f'(x) > 0$이고 모든 $x \in (c, b)$에 대해서 $f'(x) < 0$ 이면 $f(c)$는 $f(x)$의 극댓값이다.

(b) 모든 $x \in (a, c)$에 대해서 $f'(x) < 0$이고 모든 $x \in (c, b)$에 대해서 $f'(x) > 0$ 이면 $f(c)$는 $f(x)$의 극솟값이다.

(c) $x = c$를 전후하여 $f'(x)$의 부호가 같으면 $f(c)$는 $f(x)$의 국소극값이 아니다.

증명 (a) 모든 $x \in (a, c)$에 대해서 $f'(x) > 0$이므로 다음과 같다.

$$f(x)\text{는 } (a, c]\text{에서 순증가한다.}$$

또한 모든 $x \in (c, b)$에 대해서 $f'(x) < 0$이므로 다음과 같다.

$$f(x)\text{는 } [c, b)\text{에서 순감소한다.}$$

따라서 모든 $x \in (c, b)$에 대해서 $f(x) \le f(c)$를 만족한다.

(b)와 (c)도 (a)와 같은 방법으로 증명한다.

예제 2 $x^3 - 27x - 7$의 국소극값을 구하시오.

풀이 다음이 성립한다.

$$f'(x) = 3x^2 - 27 = 0$$

그러므로 임계점은 다음과 같다.

$$x = -3,\ 3$$

그리고 다음을 만족한다.

$$(-\infty, -3)\text{에서 } f'(x) > 0 \text{ 그리고 } (-3, 3)\text{에서 } f'(x) < 0$$

그 결과 다음을 알 수 있다.

$$f(-3) = 47 \text{ : 극댓값}$$

또한 다음을 만족한다.

$$(-3, 3)\text{에서 } f'(x) < 0 \text{ 그리고 } (3, \infty)\text{에서 } f'(x) > 0$$

그 결과 다음을 알 수 있다.

$$f(3) = -61 \text{ : 극솟값}$$

예제 3 $f(x) = (x+2)^2(x-3)^2$의 국소극값을 구하시오.

풀이 다음이 성립한다.

$$\begin{aligned} f'(x) &= 2(x+2)(x-3)^2 + 2(x+2)^2(x-3) \\ &= 2(x+2)(x-3)(x-3+x+2) \\ &= 2(x+2)(x-3)(2x-1) = 0 \end{aligned}$$

그러므로 임계점은 다음과 같다.

$$x = -2,\ \frac{1}{2},\ 3$$

그리고 다음을 만족한다.

$$\left(-2, \frac{1}{2}\right) \cup (3, \infty)\text{에서 } f'(x) > 0$$

또한 다음을 만족한다.

$$(-\infty, -2) \cup \left(\frac{1}{2}, 3\right)\text{에서 } f'(x) < 0$$

다음을 알 수 있다.

$$f(-2) = 0,\ f(3) = 0 \text{ : 극솟값}$$

$$f\left(\frac{1}{2}\right) = \left(\frac{5}{2}\right)^4 \text{ : 극댓값}$$

예제 4 $f(x)=3x^3$의 국소극값을 구하시오.

풀이 다음이 성립한다.

$$f'(x)=9x^2=0$$

그러므로 임계점은 다음과 같다.

$$x=0$$

그리고 다음을 만족한다.

$$(-\infty,0) \text{ 에서 } f'(x)>0 \text{ 이고 } (0,\infty)\text{에서 } f'(x)>0$$

그 결과 다음을 알 수 있다.

$$(0,0) : \text{국소극값 아니다.}$$

정리 2

$f(x)$는 (a, b)에서 두 번 미분가능하고 c가 $f(x)$의 정점인 경우 다음이 성립한다.

(a) $f''(c)<0$이면 $f(c)$는 $f(x)$의 극댓값이다.

(b) $f''(c)>0$이면 $f(c)$는 $f(x)$의 극솟값이다.

증명 (a) 정의와 가정에 의해서 다음과 같다.

$$f''(c)=\lim_{x\to c}\frac{f'(x)-f'(c)}{x-c}$$

$$=\lim_{x\to c}\frac{f'(x)}{x-c}<0$$

따라서 $\delta>0$가 존재해서 다음을 만족한다.

$$0<|x-c|<\delta\text{이면 } \frac{f'(x)}{x-c}<0$$

만약 $c-\delta<x<c$이면 $x-c<0$에서 $f'(x)>0$이고

만약 $c<x<c+\delta$이면 $x-c>0$에서 $f'(x)<0$ 이다.

그 결과 정리 1에 의해서 $f(c)$는 극댓값이다.

(b) (a)와 같은 방법으로 증명한다.

예제 5 $f(x)=x^3-2x^2+x+7$일 때 정리 2를 이용하여 극소극값을 구하시오.

풀이 다음이 성립한다.

$$f'(x)=3x^2-4x+1,\ f''(x)=6x-4$$

그러므로 임계점은 다음과 같다.

$$x=\frac{1}{3},\quad x=1$$

그리고 다음을 만족한다.

$$f''(\frac{1}{3})=-2<0$$

그 결과 다음을 알 수 있다.

$$f(\frac{1}{3}) : \text{극댓값}$$

또한 다음을 만족한다.

$$f''(1)=2>0$$

그 결과 다음을 알 수 있다.

$$f(1) : \text{극솟값}$$

예제 6 $f(x)=x^4-4x^3-8x^2+5$일 때 정리 2를 이용하여 국소극값을 구하시오.

풀이 다음이 성립한다.

$$f'(x)=4x^3-12x^2-16x,\ f''(x)=12x^2-24x-16$$

그러므로 임계점은 다음과 같다.

$$x=0,\ x=-1,\ x=4$$

그리고 다음을 만족한다.

$$f''(0)=-16<0$$

그 결과 다음을 알 수 있다.

$$f(0) : \text{극댓값}$$

또한 다음을 만족한다.

$$f''(-1) = 20 > 0$$

그 결과 다음을 알 수 있다.

$$f(-1) : \text{극솟값}$$

또한 다음을 만족한다.

$$f''(4) = 80 > 0$$

그 결과 다음을 알 수 있다.

$$f(4) : \text{극솟값}$$

예제 7 $f(x) = -x^3$ 일 때 정리 2를 이용하여 국소극값을 구하시오.

풀이 다음이 성립한다.

$$f'(x) = -3x^2, \ f''(x) = -6x$$

그러므로 임계점은 다음과 같다.

$$x = 0$$

다음이 성립하여 정리 2를 사용할 수 없다.

$$f''(0) = 0$$

연습문제 3.1 미분의 평균값 정리

※ 다음 함수의 임계점을 구하시오.

01. $f(x) = -3x^2 - 5x + 9$

02. $f(x) = -\pi\cos x - \dfrac{1}{2}$

03. $f(x) = 3x - \dfrac{5}{x}$

04. $f(x) = |7x - 2|$

05. $f(x) = \dfrac{-2x}{x^2 + 4x - 3}$

※ 다음 함수의 극값을 구하시오.

06. $f(x) = x^3 - 3x^2 + 4x + 2$ $[-6, 6]$

07. $f(x) = x^{\frac{2}{3}}$ $[-1, 27]$

08. $f(x) = |5x + 3|$ $[3, 10]$

09. $f(x) = \dfrac{3x}{2x - 1}$ $[-1, 5]$

10. $f(x) = \sqrt{3 + 2x}$ $[-4, 4]$

※ 미분의 평균값 정리를 만족하는 $x = c$를 구하시오.

11. $f(x) = x^2 - 2x - 5$ $[-2, 2]$

12. $f(x) = \dfrac{x^2}{3} + 5$ $[-1, 3]$

13. $f(x) = 5 - 2x^3$ $[1, 2]$

14. $f(x) = 2 + 5x + 2x^3$ $[-1, 1]$

15. $f(x) = (x + 2)^3$ $[-2, 3]$

※ 다음의 함수는 미분의 평균값 정리를 만족하지 않음을 설명하시오.

16. $f(x) = \dfrac{3x+2}{x-1}$ $[-1, 4]$

17. $f(x) = x^{\frac{2}{3}} - 4$ $[-8, 8]$

18. $f(x) = 7x - \dfrac{2}{x}$ $\left[-2, \dfrac{1}{2}\right]$

19. $f(x) = |6x|$ $[-1, 1]$

20. $f(x) = \dfrac{2}{3x}$ $[-2, 5]$

연습문제 | 3.2 변곡점

※ 다음 함수의 증감 구간을 구하시오.

01. $f(x) = x^2 - 5x - 4$

02. $f(x) = 2x^3 - 7x - 2$

03. $f(x) = \sqrt{5-3x^2}$

04. $f(x) = \dfrac{3}{x-4}$

05. $f(x) = \pi \sin x - x$

06. $f(x) = 2\cos^2 x + 1$

※ 다음 함수의 변곡점을 구하시오.

07. $f(x) = 2(x-4)^2$

08. $f(x) = x^3 + 3x^2 + 7$

09. $f(x) = x^2 - \dfrac{4}{x^2}$

※ 다음 함수의 오목성에 대해서 설명하시오.

10. $f(x) = x^3 - 2x^2 - 3$

연습문제 | 3.3 극댓값과 극솟값

※ 정리 1을 사용하여 국소극값을 구하시오.

01. $f(x) = 3x^2 - 4x - 7$

02. $f(x) = 3x^2 - \dfrac{5}{x}$

03. $f(x) = \dfrac{3x}{1-x^3}$

04. $f(x) = \sin x + 3x - 1$

05. $f(x) = -x - \dfrac{3}{x}, \ x \neq 0$

※ 정리 2를 사용하여 국소극값을 구하시오.

06. $f(x) = -x^2 - 7x + 4$

07. $f(x) = x^3 - 6x^2 + 9$

08. $f(x) = x^2 + 4x - \dfrac{2}{x}$

09. $f(x) = 2\sin x - \cos x + 1$

10. $f(x) = 3\sqrt{x} + 5x - 6$

제 4 장

역도함수

뉴턴이 곡선 아래의 면적을 알아보기 위해 발명한 역도함수를 라이프니츠가 다른 방법으로 즉, 나누어서 합하는 방법으로 면적을 구했고 나중에 리만이 또 다른 방법으로 면적을 구하는 방법을 제시했다. 먼저 도함수에 대해서 역도함수를 구하는 방법에 대해서 알아보고 리만 적분의 기본 성질, 미적분의 기본정리 그리고 리만 적분의 특성에 대해서 공부한다.

4.1 리만 적분

먼저 도함수에 대해서 역도함수를 구하는 방법에 대해서 알아보고 리만 적분의 기본 성질, 주어진 함수의 역함수의 존재성과 같은 맥락으로 주어진 도함수의 역도함수에 대해서 알아보고 리만 적분의 원리에 대해서 공부한다.

1. 역도함수

정의

임의의 함수 $f(x)$에 대해서 $F'(x)=f(x)$를 만족하는 함수 $F(x)$를 정해진 구간에서 $f(x)$의 역도함수 또는 부정적분(indefinite integral)이라 한다.

예제 1 $f(x)=5x^4$일 때 $f(x)$의 역도함수를 구하시오.

풀이 $f(x)=5x^4$의 역도함수는 다음과 같다.

$$F(x)=x^5$$

또한 $f(x)=5x^4$의 역도함수는 다음과 같다.

$$F(x)=x^5-3$$

이러한 사실로부터 $f(x)=5x^4$의 역도함수는 다음임을 알 수 있다.

$$F(x)=x^5+c \ (c\text{는 상수})$$

$f(x)$의 역도함수를 다음과 같이 표시한다.

$$\int f(x)dx$$

만약 $F(x)$가 $f(x)$의 임의의 한 역도함수이면 다음이 성립한다.

$$\int f(x)dx = F(x)+c$$

그리고 다음을 알 수 있다.

$$\begin{aligned} D_x\left(\int f(x)dx\right) &= D_x(F(x)+c) \\ &= f(x) \end{aligned}$$

정리 1

두 함수 $f(x)$와 $g(x)$의 역도함수(또는 부정적분)가 존재하면 다음이 성립한다.

(a) $\int (kf)(x)dx = k\int f(x)dx$ 단, k는 상수

(b) $\int (f+g)(x)dx = \int f(x)dx + \int g(x)dx$

(c) $\int (f-g)(x)dx = \int f(x)dx - \int g(x)dx$

(d) 함수 $g(x)$가 미분가능하고 $r(r \neq -1)$이 유리수이면 다음과 같다.

$$\int g(x)^r \cdot g'(x)dx = \frac{1}{r+1}g(x)^{r+1}+c$$

증명 (a)
$$\begin{aligned} D_x\left(k\int f(x)dx\right) &= k \cdot D_x\left(\int f(x)dx\right) \\ &= k \cdot f(x) \end{aligned}$$

$$\begin{aligned} D_x\left(\int (kf)(x)dx\right) &= (kf)(x) \\ &= k \cdot f(x) \end{aligned}$$

(b)
$$\begin{aligned} D_x\left(\int f(x)dx + \int g(x)dx\right) &= D_x\left(\int f(x)dx\right) + D_x\left(\int g(x)dx\right) \\ &= f(x)+g(x) \end{aligned}$$

$$D_x\left(\int (f+g)(x)dx\right) = (f+g)(x)$$

$$= f(x) + g(x)$$

(c) $$\left(\int (f-g)(x)dx\right) = \left(\int f(x)dx\right) + \left(\int (-g)(x)dx\right)$$

$$= \left(\int f(x)dx\right) - \left(\int g(x)dx\right)$$

(d) $$D_x\left(\frac{g(x)^{r+1}}{r+1} + c\right) = \frac{1}{r+1}((r+1)g(x)^r g'(x)) + 0$$

$$= g(x)^r g'(x)$$

$$D_x\left(\int g(x)^r \cdot g'(x)dx\right) = g(x)^r g'(x)$$

예제 2 다음의 역도함수를 구하시오.

(a) $\int -3\,dx$

(b) $\int 3x\,dx$

(c) $\int 3x^3\,dx$

(d) $\int (3x^2 - 5x)dx$

(e) $\int (x^{\frac{1}{3}} + x - 7)dx$

(f) $\int \left(\frac{1}{x^3} + \sqrt{x}\right)dx$

풀이 (a) $\int -3\,dx = -3x + c$

(b) $\int 3x\,dx = \frac{3}{2}x^2 + c$

(c) $\int 3x^3\,dx = \frac{3}{4}x^4 + c$

(d) $$\int (3x^2 - 5x)dx = \int 3x^2 dx - \int 5x dx$$

$$= 3\int x^2 dx - 5\int x dx$$

$$= 3 \cdot \frac{1}{3}x^3 + c_1 - 5 \cdot \frac{1}{2}x^2 + c_2$$

$$= x^3 - \frac{5}{2}x^2 + c,\ \text{단 } c = c_1 + c_2$$

(e) $$\int \left(x^{\frac{2}{3}} + x - 7\right)dx = \int x^{\frac{2}{3}} dx + \int x dx - \int 7 dx$$

$$= \frac{3}{5}x^{\frac{5}{3}} + c_1 + \frac{1}{2}x^2 + c_2 - 7x + c_3$$

$$= \frac{3}{5}x^{\frac{5}{3}} + \frac{1}{2}x^2 - 7x + c \quad (\text{단, } c = c_1 + c_2 + c_3)$$

(f) $\displaystyle\int \left(\frac{1}{x^3} - 2\sqrt{x}\right)dx = \int \cdot\, x^{-3}dx - 2\int x^{\frac{1}{2}}dx$

$$= -\frac{1}{2}x^{-2} + c_1 - \frac{4}{3}x^{\frac{3}{2}} + c_2$$

$$= -\frac{1}{2x^2} - \frac{4}{3}x\sqrt{x} + c \quad (\text{단, } c = c_1 + c_2)$$

예제 3 다음의 역도함수를 구하시오.

(a) $\displaystyle\int (x^4 - x^2)^7(4x^3 - 2x)dx$ (b) $\displaystyle\int \cos^4 x \sin x dx$

(c) $\displaystyle\int (x^2 + 4x)^3(6x + 12)dx$ (d) $\displaystyle\int (x^2 + 1)^2 x^3 dx$

풀이 (a) 다음과 같이 놓자.

$$g(x) = x^4 - x^2,\ r = 7$$

그러므로 다음과 같다.

$$g'(x) = 4x^3 - 2x$$

그 결과 다음을 알 수 있다.

$$\int g(x)^r \cdot g'(x)dx = \int (x^4 - x^2)^7(4x^3 - 2x)dx$$

$$= \frac{g(x)^{r+1}}{r+1} + c$$

$$= \frac{(x^4 - x^2)^8}{8} + c$$

(b) 다음과 같이 놓자.

$$g(x) = \cos x,\ r = 4$$

그러므로 다음과 같다.

$$g'(x) = -\sin x$$

그 결과 다음을 알 수 있다.

$$\int g(x)^r g'(x)dx = -\int \cos^4 x(-\sin x)dx$$
$$= -\left(\frac{g(x)^{r+1}}{r+1}\right) + c$$
$$= -\frac{\cos^5 x}{5} + c$$

(c) 다음과 같이 놓자.

$$x^2 + 4x = t$$

그러므로 다음과 같다.

$$(2x+4)dx = dt$$

그 결과 다음을 알 수 있다.

$$\int (x^2+4x)^3(6x+12)dx = \int 3t^3 dt$$
$$= \frac{3}{4}t^4 + c$$
$$= \frac{3}{4}(x^2+4x)^4 + c$$

(d) $$\int (x^2+1)^2 x^3 dx = \int (x^4+2x^2+1)x^3 dx$$
$$= \int (x^7 + 2x^5 + x^3)dx$$
$$= \frac{1}{8}x^8 + \frac{2}{6}x^6 + \frac{x^4}{4} + c$$

예제 4 $F'(x) = x^{\frac{1}{4}}$ 이고 $F(1) = 0$ 인 $F(x)$를 구하시오.

풀이 다음을 알 수 있다.

$$F(x) = \frac{4}{5}x^{\frac{5}{4}} + c$$

$F(1) = 0$를 만족하므로 $\frac{4}{5} + c = 0$ 에서 다음을 알 수 있다.

$$c = -\frac{4}{5}$$

그 결과는 다음과 같다.

$$F(x)=\frac{4}{5}x^{\frac{5}{4}}-\frac{4}{5}$$

예제 5 $F'(x)=\sin x$이고 $F(\pi)=0$인 $F(x)$를 구하시오.

풀이 다음을 알 수 있다.

$$F(x)=-\cos x+c$$

그리고 다음을 만족한다.

$$F(\pi)=1+c=0$$

그러므로 다음을 알 수 있다.

$$c=-1$$

그 결과는 다음과 같다.

$$F(x)=-\cos x-1$$

정리 2

$f(x)$와 $g(x)$는 함수이고, $g'(x)$과 $f\circ g(x)$는 연속이고 $F(x)$는 $f(x)$의 역도함수이다. $t=g(x)$이면 다음이 성립한다.

$$\begin{aligned}\int f(g(x))g'(x)dx &= \int f(t)dt \\ &= F(t)+c \\ &= F(g(x))+c\end{aligned}$$

증명 $D_x\left(\int f(g(x))g'(x)dx\right)=f(g(x))g'(x)$

$$\begin{aligned}D_x(F(g(x))+c) &= F'(g(x))g'(x)+0 \\ &= f(g(x))g'(x)\end{aligned}$$

예제 6 $\int 24x^3(x^4-7)^5dx$ 를 구하시오.

풀이 다음과 같이 놓자.

$$x^4-7=t$$

그러므로 다음과 같다.

$$4x^3dx=dt$$

그 결과 다음을 알 수 있다.

$$\begin{aligned}\int 24x^3(x^4-7)^5dx &= \int 6t^5dt\\ &= t^6+c\\ &= (x^4-7)^6+c\end{aligned}$$

예제 7 $\int \cos x\sin^7 x\,dx$ 를 구하시오.

풀이 다음과 같이 놓자.

$$\sin x=t$$

그러므로 다음과 같다.

$$\cos x\,dx=dt$$

그 결과 다음을 알 수 있다.

$$\begin{aligned}\int \cos x\sin^7 x\,dx &= \int t^7dt\\ &= \frac{t^8}{8}+c\\ &= \frac{1}{8}\sin^8 x+c\end{aligned}$$

예제 8 $\int \sin(x^2+3x)(2x+3)dx$ 를 구하시오.

풀이 다음과 같이 놓자.

$$t = x^2 + 3x$$

그러므로 다음과 같다.

$$dt = (2x+3)dx$$

그 결과 다음을 알 수 있다.

$$\begin{aligned}\int \sin(x^2+3x)(2x+3)dx &= \int \sin(t)dt \\ &= -\cos t + c \\ &= -\cos(x^2+3x) + c\end{aligned}$$

2. 리만 적분

일반적으로 정적분이라고 말하는 리만 적분의 특성에 대해서 알아보고 적분 불가능한 디리클레함수에 대해서 공부한다.

정의

모든 $x \in [a, b]$ 대해서 $|f(x)| < \infty$를 만족하는 함수 $f(x)$를 폐구간 $[a, b]$에서 유계(bounded)인 함수라 한다.

정의

구간 $[a, b]$를 몇 개의 작은 구간으로 다음과 같이 나누는 것을 분할(partition)이라 한다.

$$a = x_0 < x_1 < x_2 < \cdots < x_{n-1} < x_n = b$$

구간 $[a, b]$를 $[x_{i-1}, x_i]$, $i = 1, 2, \cdots, n$으로 분할하면 이때 생기는 작은 구간 $[x_{i-1}, x_i]$의 길이를 $\Delta x_i = x_i - x_{i-1}$로 표시한다.

정의

분할에 의해서 생기는 작은 구간 $[x_{i-1}, x_i]$에서 임의로 택한 점 $\overline{x_i}$를 표본점(sample point)이라 한다.

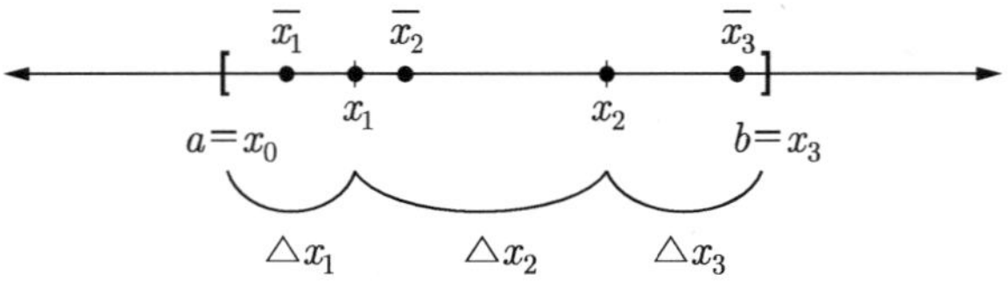

[그림 4-1] 분할, 표본점

정의

구간 $[a, b]$를 임의의 분할 P로 나누어 생긴 작은 구간에서 임의의 표본점 $\overline{x_i}$를 택하여 만든 합을 구간 $[a, b]$에서 $f(x)$의 리만 합 R_P이라고 하고 다음과 같이 나타낸다.

$$R_P = \sum_{i=1}^{n} f(\overline{x_i}) \Delta x_i$$

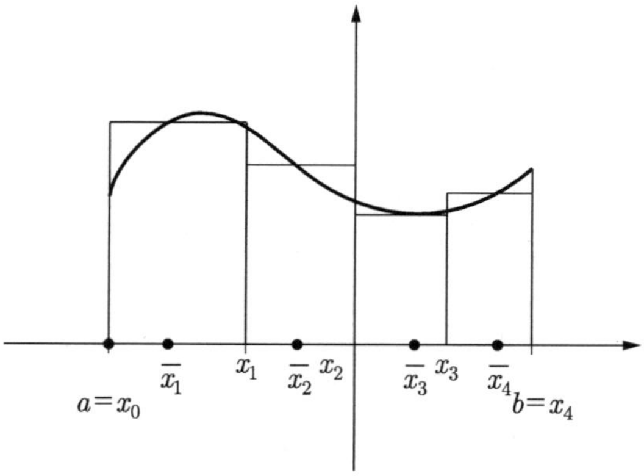

[그림 4-2] 리만 합

$$R_P = \sum_{i=1}^{3} f(\overline{x_i}) \cdot \Delta x_i$$

$$= f(\overline{x_1}) \cdot \Delta x_1 + f(\overline{x_2}) \cdot \Delta x_2 + f(\overline{x_3}) \cdot \Delta x_3$$

예제 1 $f(x) = x^2$이 구간 $[-2, 4]$에서 정의되었고 분할은 $-2 < 1 < 4$이고 표본점은 $\overline{x_1} = -1$, $\overline{x_2} = 1$일 때 리만 합을 구하시오.

풀이

$$R_P = \sum_{i=1}^{2} f(\overline{x_i}) \Delta x_i$$

$$= f(\overline{x_1}) \cdot \Delta x_1 + f(\overline{x_2}) \cdot \Delta x_2$$

$$= 1 \cdot (3) + 1 \cdot (3) = 6$$

예제 2 $f(x) = x^2$이 구간 $[-2, 4]$에서 정의되었고 분할은 $-2 < 1 < 4$이고 표본점은 $\overline{x_1} = -1$, $\overline{x_2} = 2$일 때 리만 합을 구하시오.

풀이

$$R_P = \sum_{i=1}^{2} f(\overline{x_i}) \Delta x_i$$

$$= f(\overline{x_1}) \cdot \Delta x_1 + f(\overline{x_2}) \cdot \Delta x_2$$

$$= 1 \cdot (3) + 4 \cdot (3) = 15$$

예제 1 과 예제 2를 통해서 리만 합은 주어진 $f(x)$에 대해서 구간 $[a, b]$의 분할방법 및 표본점의 선택방법에 따라 변하는 것을 알 수 있다.

정의

분할 P에서 구간 $[x_{i-1}, x_i]$의 길이가 최대인 것을 분할 P의 노름(norm)이라 하고 $|P|$로 나타낸다. 즉, 다음과 같다.

$$|P| = \max_{1 \le i \le n} \Delta x_i$$

예제 3 $f(x)=x^2$이 구간 $[-2, 4]$에서 정의되었고 분할은 $-2<0<4$인 경우 분할 P의 노름을 구하시오.

풀이 $\Delta x_1 = 2, \quad \Delta x_2 = 4 \quad \Rightarrow \quad \max\{\Delta x_1, \Delta x_2\} = \Delta x_2$

정의

만약 $|P| \to 0$일 때 리만 합 $R_P = \sum_{i=1}^{n} f(\overline{x_i}) \cdot \Delta x_i$가 일정한 값 V에 가까워진다면 $f(x)$는 $[a, b]$에서 적분가능(integrable)하다고 하며 이 일정한 값 V를 함수 $f(x)$의 a로부터 b까지의 정적분(definite integral) 또는 리만 적분이라 하고 다음과 같이 나타낸다.

$$\int_a^b f(x)dx = V$$

그리고 a를 정적분의 하한, b를 정적분의 상한이라고 한다.

예제 4 함수 $f(x)$는 구간 $[a, b]$에서 다음과 같이 정의한다.

$$f(x) = \begin{cases} 1, & x\text{는 유리수} \\ 0, & x\text{는 무리수} \end{cases}$$

이때 $f(x)$는 $[a, b]$에서 적분가능하지 않음을 보여라.
함수 $f(x)$를 디리클레(Dirichlet)함수라 한다.

풀이 구간 $[a, b]$를 분할하여 표본점을 택할 때 표본점에 따라서 리만 합이 변하면 적분가능하지 않은 것이다.
먼저 표본점 $\overline{x_1}, \overline{x_2}, \overline{x_3}$를 무리수로 놓자.
그러면 다음을 알 수 있다.

$$f(\overline{x_1}) = f(\overline{x_2}) = f(\overline{x_3}) = 0$$

그러므로 다음이 성립한다.

$$R_P = \sum_{i=1}^{3} f(\overline{x_i})\,\Delta x_i$$
$$= f(\overline{x_1})\,\Delta x_1 + f(\overline{x_2})\,\Delta x_2 + f(\overline{x_3})\,\Delta x_3 = 0$$

다음은 표본점 $\overline{x_1}, \overline{x_2}, \overline{x_3}$ 을 유리수로 놓자.

그러면 다음을 알 수 있다.

$$f(\overline{x_1}) = f(\overline{x_2}) = f(\overline{x_3}) = 1$$

그러므로 다음이 성립한다.

$$R_P = \sum_{i=1}^{3} f(\overline{x_i})\,\Delta x_i$$
$$= f(\overline{x_1})\,\Delta x_1 + f(\overline{x_2})\,\Delta x_2 + f(\overline{x_3})\,\Delta x_3$$
$$= (x_1 - a) + (x_2 - x_1) + (b - x_2) = b - a$$

즉 표본점이 변하면 리만 합 R_P가 변하므로 적분가능하지 않다.

정의

$f(x)$가 $[a, b]$에서 연속이면 다음과 같이 정의한다.

(a) $\int_a^a f(x)dx = 0$

(b) $\int_a^b f(x)dx = -\int_b^a f(x)dx, \quad a > b$

정리 1

함수 $f(x)$가 $[a, b]$에서 유한개를 제외한 모든 점에서 연속이면 $f(x)$는 $[a, b]$에서 적분가능하다.

예제 5 다음의 구간에서 정의된 다음 함수는 적분가능하다.

(a) $f(x) = x^3 + x^2 - 7, \quad [0,6]$

(b) $g(x)=\sin(x)-7\cos(x)$, $[0.\pi]$

(c) $h(x)=\dfrac{3}{x}$, $[1,9]$

(d) $k(x)=[[2x]]$, $[3,5]$

정의

$[a, b]$를 분할할 때 구간의 길이를 모두 같게 하는 분할을 정칙분할이라 한다.

함수 $f(x)$가 $[a, b]$에서 연속이면 정리 1에 의해서 적분가능하므로 리만 합은 분할의 방법과 표본점의 선택에 무관하다. 그 결과 우리는 정칙분할을 하고 표본점도 $\overline{x_i}=x_i$로 정한다. 그러면 리만 적분은 다음과 같이 나타낼 수 있다.

$$\int_a^b f(x)dx=\lim_{\substack{|P|\to 0\\ \text{또는 } n\to\infty}}\sum f\left(a+\frac{b-a}{n}i\right)\cdot\frac{b-a}{n}$$

예제 6 $\displaystyle\int_{-3}^{3}(x+3)dx$를 구하시오.

풀이 $[-3, 3]$를 같은 길이의 n개의 구간으로 분할하면 다음과 같다.

$$\Delta x_i=\frac{6}{n}$$

$[x_{i-1}, x_i]$의 표본점을 다음과 같이 정의하자.

$$\overline{x_i}=x_i$$

그 결과 다음과 같다.

$$x_0=-3$$

$$x_1=-3+\Delta x=-3+\frac{6}{n}$$

$$x_2 = -3 + 2 \cdot \Delta x = -3 + 2\left(\frac{6}{n}\right)$$

$$\vdots$$

$$x_i = -3 + i \cdot \Delta x = -3 + i\left(\frac{6}{n}\right)$$

$$\vdots$$

$$x_n = -3 + n\left(\frac{6}{n}\right) = -3 + 6 = 3$$

위의 식으로 부터 다음을 알 수 있다.

$$\begin{aligned} f(\overline{x_i}) = f(x_i) = x_i + 3 \\ &= -3 + i\left(\frac{6}{n}\right) + 3 \\ &= i\left(\frac{6}{n}\right) \end{aligned}$$

그 결과 리만 합은 다음과 같다.

$$\begin{aligned} \sum_{i=1}^{n} f(\overline{x_i}) \cdot \Delta x_i &= \sum_{i=1}^{n} f(x_i) \cdot \Delta x_i \\ &= \sum_{i=1}^{n}\left(i\left(\frac{6}{n}\right)\right) \cdot \frac{6}{n} \\ &= \frac{36}{n^2}\left(\frac{n(n+1)}{2}\right) \\ &= \frac{36}{2}\left(1 + \frac{1}{n}\right) \end{aligned}$$

그러므로 다음을 알 수 있다.

$$\begin{aligned} \int_{-3}^{3} (x+3)dx &= \lim_{\substack{n \to \infty \\ |P| \to 0}} \sum_{i=1}^{n} f(\overline{x_i}) \cdot \Delta x_i \\ &= \lim_{n \to \infty}\left(\frac{36}{2}\left(1 + \frac{1}{n}\right)\right) = 18 \end{aligned}$$

4.2 미적분의 기본정리

미분과 적분의 관계를 알 수 있는 미적분의 기본정리에 대해서 기본 정리와 그의 적용에 대해서 공부한다.

정리 1 미적분의 기본정리

함수 $f(x)$가 $[a, b]$에서 연속이고 $F(x)$를 $f(x)$의 임의의 한 역도함수라 하면 다음이 성립한다.

$$\int_a^b f(x)dx = F(b) - F(a)$$

$F(b) - F(a)$를 $[F(x)]_a^b$로 표시한다.

증명 $[a, b]$를 다음과 같이 분할하자.

$$a = x_0 < x_1 < x_2 < \cdots < x_n = b$$

그 결과 다음을 알 수 있다.

$$\begin{aligned} F(b) - F(a) &= F(x_n) - F(x_0) \\ &= F(x_n) - \{F(x_{n-1}) - F(x_{n-1}) + F(x_{n-2}) \\ &\quad - F(x_{n-2}) + \cdots + F(x_1) - F(x_1)\} - F(x_0) \\ &= F(x_n) - F(x_{n-1}) + F(x_{n-1}) - F(x_{n-2}) \\ &\quad + \cdots + F(x_1) - F(x_0) \\ &= \sum_{i=1}^{n} \{F(x_i) - F(x_{i-1})\} \end{aligned}$$

미분의 평균값 정리에 의해서 다음을 만족하는 $\overline{x_i} \in (x_{i-1}, x_i)$가 적어도 하나 존재한다.

$$F(x_i) - F(x_{i-1}) = F'(\overline{x_i})(x_i - x_{i-1})$$

$$= f(\overline{x_i})\Delta x_i$$

그러므로 다음과 같다.

$$\sum_{i=1}^{n} \{F(x_i) - F(x_{i-1})\} = \sum_{i=1}^{n} f(\overline{x_i}) \cdot \Delta x_i$$

앞에서 얻은 결과에 의해서 다음을 알 수 있다.

$$\sum_{i=1}^{n} \{F(x_i) - F(x_{i-1})\} = F(b) - F(a)$$

$$= \sum_{i=1}^{n} f(\overline{x_i}) \cdot \Delta x_i$$

또한 극한을 취하면 다음과 같다.

$$\lim_{|P| \to 0} (F(b) - F(a)) = \lim_{|P| \to 0} \sum_{i=1}^{n} f(\overline{x_i}) \cdot \Delta x_i$$

그 결과 다음을 알 수 있다.

$$F(b) - F(a) = \int_a^b f(x)dx$$

예제 1 $\int_a^b 5\, dx = 5(b-a)$ 임을 증명하시오.

풀이 다음은 상수함수이므로 $[a, b]$ 에서 연속이다.

$$f(x) = 5$$

그리고 임의의 한 역도함수는 다음과 같다.

$$F(x) = 5x$$

정리 1에 의해서 다음이 성립한다.

$$\int_a^b 5\, dx = F(b) - F(a)$$
$$= 5b - 5a$$
$$= 5(b-a)$$

예제 2 $\int_a^b 2x\, dx = b^2 - a^2$임을 증명하시오.

풀이 다음은 $[a, b]$에서 연속이다.

$$f(x) = 2x$$

그리고 임의의 한 역도함수는 다음과 같다.

$$F(x) = x^2$$

정리 1에 의해서 다음이 성립한다.

$$\int_a^b c\, dx = F(b) - F(a)$$
$$= b^2 - a^2$$

예제 3 $r > 0$이 유리수일 때

$$\int_a^b x^r\, dx = \frac{b^{r+1}}{r+1} - \frac{a^{r+1}}{r+1}$$

임을 증명하시오.

풀이 다음은 $[a, b]$에서 연속이다.

$$f(x) = x^r$$

그리고 임의의 한 역도함수는 다음과 같다.

$$F(x) = \frac{x^{r+1}}{r+1}$$

정리 1에 의해서 다음이 성립한다.

$$\int_a^b x^r\,dx = F(b) - F(a)$$
$$= \frac{b^{r+1}}{r+1} - \frac{a^{r+1}}{r+1}$$
$$= \frac{1}{r+1}(b^{r+1} - a^{r+1})$$

예제 4 $\int_0^1 (x^2+3x)dx$ 를 구하시오.

풀이 다음은 $[0,1]$에서 연속이다.

$$f(x) = x^2 + 3x$$

그리고 임의의 한 역도함수는 다음과 같다.

$$F(x) = \frac{x^3}{3} + \frac{3}{2}x^2$$

정리 1에 의해서 다음이 성립한다.

$$\int_0^1 (x^2+3x)dx = F(1) - F(0)$$
$$= (\frac{1}{3} + \frac{3}{2}) - 0$$
$$= \frac{11}{6}$$

예제 5 $\int_0^\pi 3\sin x\,dx$를 구하시오.

풀이 다음은 $[0,\pi]$에서 연속이다.

$$f(x) = 3\sin x$$

그리고 임의의 한 역도함수는 다음과 같다.

$$F(x) = -3\cos x$$

정리 1에 의해서 다음이 성립한다.

$$\int_0^\pi 3\sin x\, dx = F(\pi) - F(0)$$
$$= 3 - (-3)$$
$$= 6$$

예제 6 $\int_0^1 \sqrt{x^2+3x}\,(2x+3)dx$를 구하시오.

풀이 다음은 $[0,1]$에서 연속이다.

$$f(x) = \sqrt{x^2+3x}\,(2x+3)$$

그리고 임의의 한 역도함수는 다음과 같다.

$$F(x) = \frac{2}{3}(x^2+3x)^{\frac{3}{2}}$$

정리 1에 의해서 다음이 성립한다.

$$\int_0^1 \sqrt{x^2+3x}\,(2x+3)dx = F(1) - F(0)$$
$$= \frac{16}{3}$$

예제 7 $\int_0^{\frac{\pi}{2}} \cos x \sin^4 x\, dx$를 구하시오.

풀이 다음은 $[0, \frac{\pi}{2}]$에서 연속이다.

$$f(x) = \cos x \sin^4 x$$

그리고 임의의 한 역도함수는 다음과 같다.

$$F(x) = (\frac{1}{5})\sin^5 x$$

정리 1에 의해서 다음이 성립한다.

$$\int_0^{\frac{\pi}{2}} \cos x \sin^4 x\, dx = F(\frac{\pi}{2}) - F(0) = \frac{1}{5}$$

정리 2

두 함수 $f(x)$와 $g(x)$가 $[a, b]$에서 적분가능하면 $tf(x)$, $f(x)+g(x)$도 적분가능하고 다음이 성립한다.

(a) $\int_a^b tf(x)dx = t \cdot \int_a^b f(x)dx$

(b) $\int_a^b (f(x)+g(x))dx = \int_a^b f(x)dx + \int_a^b g(x)dx$

(c) $\int_a^b (f(x)-g(x))dx = \int_a^b f(x)dx - \int_a^b g(x)dx$

증명 (a)

$$\begin{aligned}\int_a^b tf(x)dx &= \lim_{|P|\to 0}\sum_{i=1}^n tf(\overline{x_i}) \cdot \Delta x_i \\ &= \lim_{|P|\to 0} t\sum_{i=1}^n f(\overline{x_i})\Delta x_i \\ &= t\lim_{|P|\to 0}\sum_{i=1}^n f(\overline{x_i}) \cdot \Delta x_i \\ &= t\int_a^b f(x)dx\end{aligned}$$

(b)

$$\begin{aligned}\int_a^b (f(x)+g(x))dx &= \lim_{|P|\to 0}\sum_{i=1}^n (f(\overline{x_i})+g(\overline{x_i}))\Delta x_i \\ &= \lim_{|P|\to 0}\sum_{i=1}^n f(\overline{x_i})\Delta x_i + \lim_{|P|\to 0}\sum_{i=1}^n g(\overline{x_i})\Delta x_i \\ &= \int_a^b f(x)dx + \int_a^b g(x)dx\end{aligned}$$

(c)

$$\begin{aligned}\int_a^b (f(x)-g(x))dx &= \int_a^b f(x)dx + \int_a^b (-g)(x)dx \\ &= \int_a^b f(x)dx - \int_a^b g(x)dx\end{aligned}$$

예제 8 $\int_0^2 6x^2dx$를 구하시오.

풀이

$$\int_0^2 6x^2dx = 6\int_0^2 x^2dx$$
$$= 2\left[\frac{x^3}{3}\right]_0^2 = \frac{16}{3}$$

예제 9 $\int_0^2 (x^3-4x+3)dx$를 구하시오.

풀이

$$\int_0^2 (x^3-4x+3)dx = \int_0^2 x^3dx - \int_0^2 4xdx + \int_0^2 3dx$$
$$= \int_0^2 x^3dx - 4\int_0^2 xdx + \int_0^2 3dx$$
$$= \left[\frac{x^4}{4}\right]_0^2 - 4\left[\frac{x^2}{2}\right]_0^2 + 3[x]_0^2$$
$$= 2$$

4.3 리만 적분의 성질

리만 적분 계산에 유용한 리만 적분의 여러 가지 성질에 대해서 알아보고 넓이의 함수를 이용하여 적분의 평균값 정리에 대해서 알아본다.

1. 리만 적분의 성질

정리 1

함수 $f(x)$가 세 점 a, b, c를 포함하는 구간에서 적분가능하면 다음이 성립한다.

$$\int_a^c f(x)dx = \int_a^b f(x)dx + \int_b^c f(x)dx$$

단, 세 점 a, b, c의 순서에 무관하다.

증명 $[a, c]$를 다음과 같이 분할하자.

$$a = x_0 < x_1 < x_2 < \cdots < x_n = b < x_{n+1} < \cdots < x_{n+m} = c$$

그 결과 다음을 알 수 있다.

$$\begin{aligned}\int_a^c f(x)dx &= \lim_{|P|\to 0}\sum_{i=1}^{m+n} f(\overline{x_i})\cdot \Delta x_i \\ &= \lim_{|P|\to 0}\left\{\sum_{i=1}^{n} f(\overline{x_i})\cdot \Delta x_i + \sum_{i=n+1}^{m+n} f(\overline{x_i})\cdot \Delta x_i\right\} \\ &= \lim_{|P|\to 0}\sum_{i=1}^{n} f(\overline{x_i})\cdot \Delta x_i + \lim_{|P|\to 0}\sum_{i=n+1}^{m+n} f(\overline{x_i})\cdot \Delta x_i \\ &= \int_a^b f(x)dx + \int_b^c f(x)dx\end{aligned}$$

만약 $a < c < b$인 경우 다음이 성립한다.

$$\int_a^b f(x)dx = \int_a^c f(x) + \int_c^b f(x)dx$$

$$= \int_a^c f(x)dx - \int_b^c f(x)dx$$

그 결과 다음을 알 수 있다.

$$\int_a^b f(x)dx + \int_b^c f(x)dx = \int_a^c f(x)dx$$

예제 1 $\int_0^5 x\,dx = \int_0^2 x\,dx + \int_2^5 x\,dx$ 를 증명하시오.

풀이 위의 식의 왼편은 다음과 같다.

$$\int_0^5 x\,dx = \left[\frac{1}{2}x^2\right]_0^5 = \frac{25}{2}$$

그리고 위의 식의 오른편은 다음과 같다.

$$\begin{aligned}\int_0^2 xdx + \int_2^5 xdx &= \left[\frac{1}{2}x^2\right]_0^2 + \left[\frac{1}{2}x^2\right]_2^5 \\ &= \frac{4}{2} + \left(\frac{25}{2} - \frac{4}{2}\right) = \frac{25}{2}\end{aligned}$$

예제 2 $\int_0^4 x\,dx = \int_0^7 x\,dx + \int_7^4 x\,dx$ 를 증명하시오.

풀이 위의 식의 왼편은 다음과 같다.

$$\int_0^4 x\,dx = 8$$

그리고 위의 식의 오른편은 다음과 같다.

$$\begin{aligned}\int_0^7 x\,dx + \int_7^4 x\,dx &= \left[\frac{1}{2}x^2\right]_0^7 + \left[\frac{1}{2}x^2\right]_7^4 \\ &= \frac{49}{2} + \left(8 - \frac{49}{2}\right) = 8\end{aligned}$$

정리 2

두 함수 $f(x)$, $g(x)$가 $[a, b]$에서 적분가능하고 모든 $x \in [a, b]$에 대해서 $f(x) \leq g(x)$이면 다음이 성립한다.

$$\int_a^b f(x)dx \leq \int_a^b g(x)dx$$

증명 $[a, b]$를 다음과 같이 분할하자.

$$a = x_0 < x_1 < x_2 < \cdots < x_{n-1} < x_n = b$$

$\overline{x_i} \in [x_{i-1}, x_i]$를 표본점이라 하자.

가정에 의해서 $f(\overline{x_i}) \leq g(\overline{x_i})$임을 알 수 있고 다음과 같다.

$$\sum_{i=1}^{n} f(\overline{x_i}) \cdot \Delta x_i \leq \sum_{i=1}^{n} g(\overline{x_i}) \cdot \Delta x_i$$

그 결과 다음이 성립한다.

$$\lim_{|P| \to 0} \sum_{i=1}^{n} f(\overline{x_i}) \cdot \Delta x_i \leq \lim_{|P| \to 0} \sum_{i=1}^{n} g(\overline{x_i}) \cdot \Delta x_i$$

정의에 의해서 다음을 알 수 있다.

$$\int_a^b f(x)dx \leq \int_a^b g(x)dx$$

예제 3 $x \in [0, 3]$에서 $-x \leq 3x^2$이므로 다음이 성립한다.

$$\int_0^3 -x\,dx \leq \int_0^3 3x^2\,dx$$

풀이 위의 식의 왼편은 다음과 같다.

$$\int_0^3 -x\,dx = \left[-\frac{x^2}{2}\right]_0^3 = -\frac{9}{2}$$

그리고 위의 식의 오른편은 다음과 같다.

$$\int_0^3 3x^2\,dx = \left[x^3\right]_0^3 = 27$$

그 결과 위의 조건을 만족한다.

정리 3

함수 $f(x)$가 $[a, b]$에서 적분가능하고 모든 $x \in [a, b]$에 대해서 $m \le f(x) \le M$이면 다음이 성립한다.

$$m(b-a) \le \int_a^b f(x)dx \le M(b-a)$$

증명 모든 $x \in [a, b]$에 대해서 다음과 같다.

$$m \le f(x)$$

그러므로 정리 2에 의해서 다음이 성립한다.

$$\int_a^b m\,dx \le \int_a^b f(x)dx$$

즉,

$$m(b-a) \le \int_a^b f(x)dx$$

또한 모든 $x \in [a, b]$에 대해서 다음과 같다.

$$f(x) \le M$$

그러므로 정리 2에 의해서 다음이 성립한다.

$$\int_a^b f(x)dx \le \int_a^b M\,dx$$

즉, 다음이 성립한다.

$$\int_a^b f(x)dx \le M(b-a)$$

그러므로 위의 두 번째와 네 번째 식에 의해 다음을 알 수 있다.

$$m(b-a) \le \int_a^b f(x)dx \le M(b-a)$$

예제 4 $1 \le \int_0^1 \sqrt{1+x^3}\,dx \le \sqrt{2}$를 증명하시오.

풀이 $0 \le x \le 1$이므로 다음을 만족한다.

$$1 \le 1+x^3 \le 2$$

그러므로 다음이 성립한다.

$$1 \le \sqrt{1+x^3} \le \sqrt{2}$$

정리 3에 의해 다음과 같다.

$$\int_0^1 1\,dx \le \int_0^1 \sqrt{1+x^3}\,dx \le \int_0^1 \sqrt{2}\,dx$$

그 결과 다음을 알 수 있다.

$$1 \le \int_0^1 \sqrt{1+x^3}\,dx \le \sqrt{2}$$

2. 넓이의 함수

정의

함수 $f(x)$가 폐구간 $[a, b]$에 연속이면 모든 $x \in [a, b]$에 대해서 다음과 같이 정의한다.

$$H(x) = \int_a^x f(t)dt$$

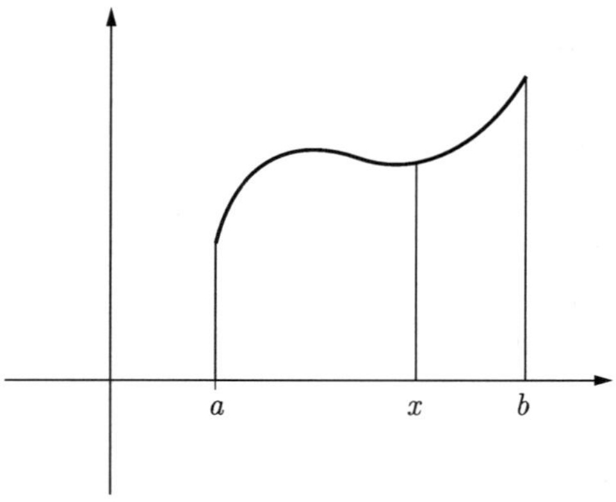

[그림 4-3] 넓이의 함수

정리 1

함수 $f(x)$가 $[a, b]$에서 연속이면 모든 $x \in (a, b)$에 대하여 다음이 성립한다.

$$D_x\left(\int_a^x f(t)dt\right) = f(x)$$

증명 다음과 같이 놓자.

$$H(x) = \int_a^x f(t)dt$$

그리고 다음을 증명하자.

$$\begin{aligned} H'(x) &= \lim_{h \to 0} \frac{H(x+h) - H(x)}{h} \\ &= f(x) \end{aligned}$$

정의에 의해 다음을 알 수 있다.

$$\begin{aligned} H(x+h) - H(x) &= \int_a^{x+h} f(t)dt - \int_a^x f(t)dt \\ &= \int_x^{x+h} f(t)dt \end{aligned}$$

[경우 1] $h > 0$

$f(t)$는 $[x, x+h]$에서 연속이므로 최댓값 M과 최솟값 m을 갖는다.

즉, 다음이 성립한다.

$$m \le f(t) \le M,\ t \in [x,\ x+h]$$

정리 3에 의해서 다음을 알 수 있다.

$$mh \le \int_x^{x+h} f(t)dt \le Mh$$

또는 다음과 같다.

$$mh \le H(x+h) - H(x) \le Mh$$

$h > 0$ 이므로 각 항을 나누면 다음과 같다.

$$m \le \frac{1}{h}\{H(x+h) - H(x)\} \le M$$

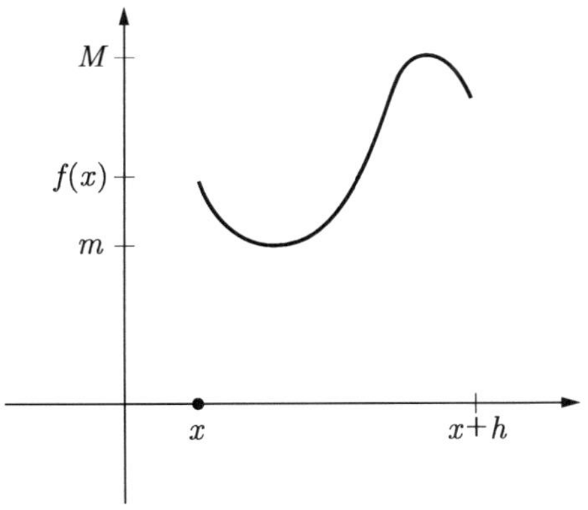

[그림 4-4] $h \to 0$, m**과** $M \to f(x)$

$h \to 0$이면 $M \to f(x)$ 그리고 $m \to f(x)$에서 다음을 알 수 있다.

$$\lim_{h \to 0} \frac{H(x+h) - H(x)}{h} = f(x)$$

[경우 2] $h < 0$

[경우 1]과 같은 방법으로 증명한다.

예제 1 $D_x\left(\int_2^x (t^2-3t)dt\right)$를 구하시오.

풀이 [경우 1] 직접 계산에 의해서 구해보자.

$$D_x\left(\int_2^x t^2-3tdt\right)=D_x\left(\left[\frac{t^3}{3}-\frac{3t^2}{2}\right]_2^x\right)$$
$$=D_x\left(\frac{x^3}{3}-\frac{3x^2}{2}-\frac{8}{3}+\frac{12}{2}\right)$$
$$=x^2-3x$$

[경우 2] 정리 1을 이용하여 구해보자.

$$D_x\left(\int_2^x (t^2-3t)dt\right)=x^2-3x$$

예제 2 $D_x\left(\int_{-5}^x \frac{2t^2}{\sqrt{t^3+4t+3}}dt\right)$를 구하시오.

풀이 정리 1에 의하여 다음과 같다.

$$D_x\left(\int_{-5}^x \frac{2t^2}{\sqrt{t^3+4t+3}}dt\right)=\frac{2x^2}{\sqrt{x^3+4x+3}}$$

예제 3 $D_x\left(\int_x^2 \sin^4 t\sec^6 t\, dt\right)$를 구하시오.

풀이 정적분의 성질과 정리 1에 의하여 다음과 같다.

$$D_x\left(\int_x^2 \sin^4 t\sec^6 t\, dt\right)=-D_x\left(\int_2^x \sin^4 t\sec^6 t\, dt\right)$$
$$=-\sin^4 x\cdot\sec^6 x$$

예제 4 $D_x\left(\int_{-5}^{3x} (t^2+6t+3)\right)dt$를 구하시오.

풀이 다음과 같이 놓자.

$$H(v) = \int_{-5}^{v} (t^2 + 6t + 3)dt, \quad v = 3x$$

그러므로 다음을 알 수 있다.

$$\int_{-5}^{3x} (t^2 + 6t + 3)dt = H(v(x))$$

연쇄법칙과 정리 1을 적용하면 다음과 같다.

$$\begin{aligned} D_x(H(v(x))) &= \frac{dH}{dx} \\ &= \frac{dH}{dv} \cdot \frac{dv}{dx} \\ &= (v^2 + 6v + 3)(3) \\ &= 3(9x^2 + 18x + 3) \end{aligned}$$

예제 5 $D_x\left(\int_{-3x}^{\pi} t^2 \tan t \, dt\right)$를 구하시오.

풀이 $$\begin{aligned} D_x\left(\int_{-3x}^{\pi} t^2 \tan t \, dt\right) &= -D_x \int_{\pi}^{-3x} t^2 \tan t \, dt \\ &= -(9x^2 \tan(-3x)) \cdot (-3) \\ &= 27x^2 \cdot \tan(3x) \end{aligned}$$

정리 2 적분의 평균값 정리

함수 $f(x)$가 $[a, b]$에서 연속이면 다음을 만족하는 상수 $c \in (a, b)$가 적어도 하나 존재한다.

$$\int_a^b f(t)dt = f(c)(b - a)$$

또는 다음과 같이 나타낼 수 있다.

$$f(c) = \frac{\int_a^b f(t)dt}{b - a}$$

증명 다음과 같이 놓자.

$$H(x) = \int_a^x f(t)dt, \ a \le x \le b$$

미분의 평균값 정리에 의해서 다음을 만족하는 $c \in (a, b)$가 적어도 하나 존재한다.

$$H(b) - H(a) = H'(c)(b-a)$$

즉, 다음이 성립한다.

$$\int_a^b f(t)dt - \int_a^a f(t)dt = H'(c)(b-a)$$

또한 다음과 같다.

$$\int_a^a g(t)dt = 0, \ H'(c) = f(c)$$

그 결과 다음을 알 수 있다.

$$\int_a^b f(t)dt = f(c)(b-a)$$

즉, 곡선 $f(x)$의 $[a, b]$에서의 면적과 같은 면적의 직사각형을 만드는 점 $x = c \in (a, b)$가 적어도 하나 존재한다.

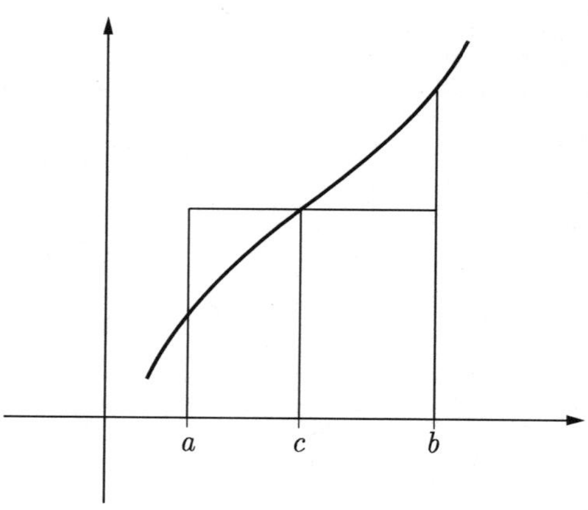

[그림 4-5] 적분의 평균값 정리

예제 6 $f(x)=1-x^2$, $[0, 1]$에서 정리 2의 상수 c를 구하시오.

풀이 다음이 성립한다.

$$f(c)=\frac{1}{1-0}\int_0^1(1-t^2)dt=\frac{2}{3}$$

그러므로 다음과 같다.

$$1-c^2=\frac{2}{3}$$

그 결과 다음을 알 수 있다.

$$c=\frac{\sqrt{3}}{3}\in(0,1)$$

4.4 리만 적분의 법칙

치환을 이용하여 리만 적분의 구하는 방법과 우함수, 기함수 그리고 주가함수의 리만 적분에 대해서 알아보자.

1. 치환 적분

정리 1

$f(t)$와 $g(x)$는 함수이고 $g'(x)$과 $f \circ g(x)$는 연속이고 $F(t)$는 $f(t)$의 역도함수이다. $t = g(x)$이면 다음이 성립한다.

$$\int_a^b f(g(x)) \cdot g'(x)dx = \int_{g(a)}^{g(b)} f(t)dt$$

증명 **미적분의 기본원리**에 의하여 다음이 성립한다.

$$\begin{aligned}\int_{g(a)}^{g(b)} f(t)dt &= [F(t)]_{g(a)}^{g(b)} \\ &= F(g(b)) - F(g(a))\end{aligned}$$

또한 치환과 **미적분의 기본원리**에 의하여 다음이 성립한다.

$$\begin{aligned}\int_a^b f(g(x))g'(x)dx &= [F(g(x))]_a^b \\ &= F(g(b)) - F(g(a))\end{aligned}$$

그 결과 다음을 알 수 있다.

$$\int_a^b f(g(x)) \cdot g'(x)dx = \int_{g(a)}^{g(b)} f(t)dt$$

예제 1 $\int_0^{\frac{\pi}{4}} \sin x \cos^2 x\, dx$ 를 구하시오.

풀이 다음과 같이 놓자.

$$\cos x = t$$

그러므로 다음과 같다.

$$-\sin x\, dx = dt$$

그 결과 다음을 알 수 있다.

$$\int_0^{\frac{\pi}{4}} \sin x \cos^2 x\, dx = -\int_1^{\frac{\sqrt{2}}{2}} t^2 dt$$

$$= -\left[\frac{t^3}{3}\right]_1^{\frac{\sqrt{2}}{2}}$$

$$= -\frac{1}{3}\left(\frac{\sqrt{2}}{4} - 1\right)$$

예제 2 $\int_0^{\sqrt{\frac{\pi}{2}}} x \cdot \sin^3(x^2) \cdot \cos(x^2)\, dx$를 구하시오.

풀이 다음과 같이 놓자.

$$\sin(x^2) = t$$

그러므로 다음과 같다.

$$\cos(x^2) \cdot 2x\, dx = dt$$

그 결과 다음을 알 수 있다.

$$\int_0^{\sqrt{\frac{\pi}{2}}} x \cdot \sin^3(x^2) \cdot \cos(x^2)\, dx = \int_0^1 t^3 \frac{1}{2} dt$$

$$= \left[\frac{t^4}{8}\right]_0^1 = \frac{1}{8}$$

또는 다음과 같이 구할 수 있다.

$$\int x \cdot \sin^3(x^2) \cdot \cos(x^2)dx = \int \frac{1}{2}t^3 dt$$
$$= \frac{t^4}{8} + c$$
$$= \frac{\sin^4(x^2)}{8} + c$$

정적분을 구하면 다음을 알 수 있다.

$$\int_0^{\sqrt{\frac{\pi}{2}}} x \cdot \sin^3(x^2) \cdot \cos(x^2)dx \sum = \int \frac{1}{2}t^3 dt = \frac{1}{8}$$

예제 3 $\int_0^{\pi} \frac{xsinx}{1+\cos^2 x} dx$ 를 구하시오.

풀이 다음과 같이 놓자.

$$x = \pi - t$$

그러므로 다음과 같다.

$$A = \int_0^{\pi} \frac{xsinx}{1+\cos^2 x} dx$$
$$= \int_0^{\pi} \frac{(\pi - t)\mathrm{sin}t}{1+\cos^2 t} dt$$
$$= \int_0^{\pi} \frac{\pi \mathrm{sin}t}{1+\cos^2 t} dt - \int_0^{\pi} \frac{t\mathrm{sin}t}{1+\cos^2 t} dt$$
$$= \int_0^{\pi} \frac{\pi \mathrm{sin}t}{1+\cos^2 t} dt - A$$

그 결과 다음을 알 수 있다.

$$2A = -\pi(F(\pi) - F(0)),\ \text{단}\ F(y) = \tan^{-1}(\cos t)$$

즉, $2A = \frac{\pi^2}{2}$ 에서 다음과 같다.

$$A = \frac{\pi^2}{4}$$

예제 4 $\int_0^{\frac{\pi}{2}} \frac{\sqrt{\sin x}}{\sqrt{\sin x}+\sqrt{\cos x}}\,dx$를 구하시오.

풀이 다음과 같이 놓자.

$$x = \frac{\pi}{2} - t$$

그러므로 다음과 같다.

$$\begin{aligned} B &= \int_0^{\frac{\pi}{2}} \frac{\sqrt{\sin x}}{\sqrt{\sin x}+\sqrt{\cos x}}\,dx \\ &= \int_0^{\frac{\pi}{2}} \frac{\sqrt{\cos t}}{\sqrt{\sin t}+\sqrt{\cos t}}\,dt \\ &= \int_0^{\frac{\pi}{2}} \frac{\sqrt{\cos x}}{\sqrt{\sin x}+\sqrt{\cos x}}\,dx \end{aligned}$$

그 결과 다음을 알 수 있다.

$$\begin{aligned} 2B &= \int_0^{\frac{\pi}{2}} \frac{\sqrt{\sin x}}{\sqrt{\sin x}+\sqrt{\cos x}}\,dx + \int_0^{\frac{\pi}{2}} \frac{\sqrt{\cos x}}{\sqrt{\sin x}+\sqrt{\cos x}}\,dx \\ &= \int_0^{\frac{\pi}{2}} \frac{\sqrt{\sin x}+\sqrt{\cos x}}{\sqrt{\sin x}+\sqrt{\cos x}}\,dx \\ &= \int_0^{\frac{\pi}{2}} 1\,dx = \frac{\pi}{2} \end{aligned}$$

즉, $2B = \frac{\pi}{2}$에서 다음과 같다.

$$B = \frac{\pi}{4}$$

2. 우함수와 기함수

정의

(a) 다음을 만족하는 함수 $f(x)$를 우함수라 한다.

$$f(x) = f(-x)$$

(b) 다음을 만족하는 함수 $g(x)$를 기함수라 한다.

$$g(x) = -g(-x)$$

예제 1 $f(x) = 3x^6 - 5x^4 + 7$은 우함수임을 설명하시오.

풀이 다음을 만족하므로 우함수이다.

$$\begin{aligned} f(x) &= 3x^6 - 5x^4 + 7 \\ &= f(-x) \end{aligned}$$

예제 2 $g(x) = x^5 - 5x^3 + 7x$는 기함수임을 설명하시오.

풀이 다음을 만족하므로 기함수이다.

$$\begin{aligned} g(x) &= x^5 - 5x^3 + 7x \\ &= -g(-x) \end{aligned}$$

정리 1

(a) $f(x)$가 우함수이면 다음이 성립된다.

$$\int_{-a}^{a} f(x)dx = 2 \cdot \int_{0}^{a} f(x)dx$$

(b) $g(x)$가 기함수이면 다음이 성립된다.

$$\int_{-a}^{a} g(x)dx = 0$$

증명 (a) $f(x)$가 우함수일 경우 다음이 성립한다.

$$\int_{-a}^{a} f(x)dx = \int_{-a}^{0} f(x)dx + \int_{0}^{a} f(x)dx$$

그리고 다음을 보이자.

$$\int_{-a}^{0} f(x)dx = \int_{0}^{a} f(x)dx$$

다음과 같이 놓자.

$$-x = t$$

그러므로 다음이 성립한다.

$$-dx = dt$$

그 결과 다음을 알 수 있다.

$$\begin{aligned}\int_{-a}^{0} f(x)dx &= \int_{a}^{0} f(-t)(-dt) \\ &= -\int_{a}^{0} f(t)dt \\ &= \int_{0}^{a} f(t)dt\end{aligned}$$

(b) $g(x)$가 기함수일 경우 다음이 성립한다.

$$\int_{-a}^{a} g(x)dx = \int_{-a}^{0} g(x)dx + \int_{0}^{a} g(x)dx$$

그리고 다음을 보이자.

$$\int_{-a}^{0} g(x)dx = -\int_{0}^{a} g(x)dx$$

다음과 같이 놓자.

$$-x = t$$

그러므로 다음이 성립한다.

$$-dx = dt$$

그 결과 다음을 알 수 있다.

$$\begin{aligned}\int_{-a}^{0} g(x)dx &= \int_{a}^{0} g(-t)(-dt)\\ &= \int_{0}^{a} g(-t)dt\\ &= -\int_{0}^{a} g(t)dt\end{aligned}$$

예제 3 다음을 구하시오.

(a) $\displaystyle\int_{-5\pi}^{5\pi} \sin\left(\frac{x}{2}\right)dx$ (b) $\displaystyle\int_{-2\pi}^{2\pi} \cos 3x\, dx$

(c) $\displaystyle\int_{-\frac{3\pi}{2}}^{\frac{3\pi}{2}} \frac{\sin 5x}{1-\cos x}dx$ (d) $\displaystyle\int_{-5}^{5} \frac{x^3-3x}{x^4+3x^2-9}dx$

(e) $\displaystyle\int_{-\frac{\pi}{2}}^{\frac{\pi}{2}} (3\sin x+\cos x)dx$ (f) $\displaystyle\int_{-\frac{7\pi}{2}}^{\frac{7\pi}{2}} (\sin x+\cos x)^2 dx$

풀이 (a) 다음과 같다.

$$\sin\left(\frac{x}{2}\right)\ :\ \text{기함수}$$

그러므로 정리 1에 의해서 다음이 성립한다.

$$\int_{-5\pi}^{5\pi} \sin\left(\frac{x}{2}\right)dx = 0$$

(b) 다음과 같다.

$$\cos 3x\ :\ \text{우함수}$$

그러므로 정리 1에 의해서 다음이 성립한다.

$$\begin{aligned}\int_{-2\pi}^{2\pi} \cos 3x\, dx &= 2\int_{0}^{2\pi} \cos 3x\, dx\\ &= \frac{2}{3}[\sin 3x]_0^{2\pi}\\ &= \frac{2}{3}(\sin(6\pi)-\sin(0))=0\end{aligned}$$

(c) $f(x)=\dfrac{\sin 5x}{1-\cos x}$ 일 때 다음이 성립한다.

$$\begin{aligned} f(-x) &= \frac{\sin(-5x)}{1-\cos(-x)} \\ &= \frac{-\sin 5x}{1-\cos x} \end{aligned}$$

그리고 다음과 같다.

$$-f(-x)=\frac{\sin 5x}{1-\cos x}=f(x)$$

그 결과 $f(x)$는 기함수이다.
정리 1에 의해서 다음이 성립한다.

$$\int_{-\frac{3\pi}{2}}^{\frac{3\pi}{2}} \frac{\sin 5x}{1-\cos x}dx=0$$

(d) $f(x)=\dfrac{x^3-3x}{x^4+3x^2-9}$ 일 때 다음이 성립한다.

$$\begin{aligned} f(-x) &= \frac{-x^3+3x}{x^4+3x^2-9} \\ &= -f(x) \end{aligned}$$

그 결과 $f(x)$는 기함수이다.
정리 1에 의해서 다음이 성립한다.

$$\int_{-5}^{5} \frac{x^3-3x}{x^4+3x^2-9}dx=0$$

(e) $\displaystyle\int_{-\frac{\pi}{2}}^{\frac{\pi}{2}} (3\sin+\cos x)dx=\int_{-\frac{\pi}{2}}^{\frac{\pi}{2}} 3\sin x\,dx+\int_{-\frac{\pi}{2}}^{\frac{\pi}{2}} \cos x\,dx$

다음과 같다.

$\sin x$: 기함수, $\cos x$: 우함수

그러므로 다음이 성립한다.

$$\int_{-\frac{\pi}{2}}^{\frac{\pi}{2}} (\sin x - \cos x)dx = 2\int_{0}^{\frac{\pi}{2}} \cos x\, dx$$

$$= 2[\sin x]_{0}^{\frac{\pi}{2}}$$

$$= 2$$

(f) $(\sin x + \cos x)^2 = 1 + 2\sin x \cdot \cos x$

$= 1 + \sin 2x$

다음과 같다.

$\sin 2x$: 기함수 그리고 1 : 우함수

그러므로 다음이 성립한다.

$$\int_{-\frac{7\pi}{2}}^{\frac{7\pi}{2}} (\sin x + \cos x)^2 dx = \int_{-\frac{7\pi}{2}}^{\frac{7\pi}{2}} (1 + \sin 2x)dx$$

$$= 2\int_{0}^{\frac{7\pi}{2}} dx - 0$$

$$= 7\pi$$

3. 주기함수

다음을 만족할 때 함수 $f(x)$는 주기 p인 주기(period)함수라 한다.

$$f(x) = f(x+p) = f(x+2p) = \cdots = f(x+np)$$

주기함수의 적분방법에 대해서 알아보자.

정리 1

함수 $f(x)$가 주기 p인 주기함수이면 다음이 성립한다.

$$\int_{a+p}^{b+p} f(x)dx = \int_{a}^{b} f(x)dx$$

증명 다음과 같이 놓자.

$$x-p=t$$

그러므로 다음과 같다.

$$dx=dt$$

그 결과 다음을 알 수 있다.

$$\begin{aligned}\int_{a+p}^{b+p} f(x)dx &= \int_a^b f(t+p)dt \\ &= \int_a^b f(t)dt \\ &= \int_a^b f(x)dx\end{aligned}$$

예제 1 $\int_0^{4\pi} |\sin x| dx$ 를 구하시오.

풀이 다음은 주기가 π인 주기함수이다.

$|\sin x|$

그 결과 다음을 알 수 있다.

$$\begin{aligned}\int_0^{4\pi} |\sin x|\, dx &= \int_0^{\pi} |\sin x|\, dx + \int_{\pi}^{2\pi} |\sin x|\, dx + \int_{2\pi}^{3\pi} |\sin x|\, dx + \int_{3\pi}^{4\pi} |\sin x|\, dx \\ &= \int_0^{\pi} |\sin x|\, dx + \int_{0+\pi}^{\pi+\pi} |\sin x|\, dx + \int_{\pi+\pi}^{2\pi+\pi} |\sin x|\, dx + \int_{2\pi+\pi}^{3\pi+\pi} |\sin x|\, dx \\ &= 4\int_0^{\pi} |\sin x|\, dx \\ &= 4\int_0^{\pi} \sin x\, dx \\ &= -4\left[\cos x\right]_0^{\pi} \\ &= -4\cdot(-1-1)=8\end{aligned}$$

연습문제 4.1 리만 적분

※ 다음 함수의 역도함수를 구하시오.

01. $f(x) = 2 - 5x - \frac{2}{3}x^2$

02. $f(x) = 6x^2 - \sqrt{7} + 2\pi x$

03. $f(x) = \frac{1}{2}x^{\frac{1}{3}} + 5x^{\frac{3}{4}} - 9$

04. $f(x) = -x^2 - \frac{2}{3}x + 1$

05. $f(x) = x^3 - 5x^2 - 6x + 5$

06. $f(x) = \frac{1}{x^3} - \frac{6}{x^2} + \frac{3}{x} - \frac{4}{9}$

※ 다음을 구하시오.

07. $\int (x^3 - 6\sqrt{x} + 2)dx$

08. $\int (x^2 + 3x + 3)^3 dx$

09. $\int \frac{2x^5 - 3x^4 + 9x^2 + 1}{x^3} dx$

10. $\int (4\pi\cos x - 7\sin x)dx$

11. $\int 5(5x-4)^4 dx$

12. $\int (x^4+2)^5 \cdot x^3 dx$

13. $\int (4x^4 - 3x^3 - 2x^2 + 3)^5 (16x^3 - 9x^2 - 4x)dx$

14. $\int \sqrt[3]{5x^2 - 6} \cdot x \quad dx$

15. $\int \frac{7}{4} cos x \sin^6 x\, dx$

16. $\int (x^2 + x - 1)x^3 dx$

17. $f''(x) = 3x^2 - x - 2$일 때 $f(x)$를 구하시오.

18. $f''(x) = \sqrt[3]{x}$ 일 때 $f(x)$를 구하시오.

19. $f''(x) = -\frac{6}{(x-3)^2}$일 때 $f(x)$를 구하시오.

20. $\int \{f'(x)g(x) + f(x)g'(x)\}dx = f(x)g(x) + c$임을 증명하시오.

※ 다음의 리만 합을 구하시오.

21. $f(x)=5x-2,\ [a,\ b]=\left[\frac{1}{2},\ 7\right],\ \frac{1}{2}<2<4<7$

$$\overline{x_1}=1,\ \overline{x_2}=3,\ \overline{x_3}=5$$

22. $f(x)=x^2+2,\ [a,\ b]=[0,\ 6],\ 0<1<6$

$$\overline{x_1}=2,\ \overline{x_2}=4$$

※ 정칙분할을 이용하여 다음을 구하시오.

23. $\int_0^3 (2x+7)dx$

24. $\int_1^4 (2x^2+3)dx$

25. $\int_4^5 (x^2-3x+1)dx$

※ 적분가능성을 구하시오.

26. $f(x)=5x^2-4\sin x$

27. $f(x)=-\frac{2}{x-7}$

28. $f(x)=-\frac{1}{x-3},\ f(3)=1$

29. $f(x)=3x-\tan 3x$

30. $f(x)=\begin{cases}-2x^2, & x<0 \\ 3x, & x\geq 0\end{cases}$

연습문제 4.2 미적분의 기본 정리

※ 다음 정적분을 구하시오.

01. $\int_{-2}^{5}(2-5x)dx$

02. $\int_{-1}^{2}(x^3-3x-2)dx$

03. $\int_{0}^{-2}(3x^2+6x-5)dx$

04. $\int_{2}^{-2}\frac{5}{3x^2}dx$

05. $\int_{3}^{3}4x-3dx$

06. $\int_{1}^{9}1-5\sqrt{x}\,dx$

07. $\int_{1}^{2}\left(-4x^2+\frac{5}{x^3}\right)dx$

08. $\int_{\frac{\pi}{2}}^{\pi}\sin 8x\,dx$

09. $\int_{-1}^{2}(-3x^2+2x)^2x\,dx$

10. $\int_{0}^{5}\frac{1}{(x+3)^5}dx$

11. $\int_{5}^{14}-4\sqrt{x-5}\,dx$

12. $\int_{\frac{\pi}{3}}^{\frac{\pi}{2}}\sin x\cos^6 x\,dx$

13. $\int_{0}^{\frac{\pi}{2}}(5x^2-\sin x)dx$

14. $\int_{4}^{0}(\sqrt{x}-\sqrt{x+5})dx$

15. $\int_{0}^{2}(x^2-x)^2dx$

16. $\int_{0}^{5}\frac{5}{(x+4)^2}dx$

※ $\int_{0}^{5}f(x)dx=5$ 이고 $\int_{0}^{5}g(x)dx=-1$일 대 다음을 구하시오.

17. $\int_{0}^{5}(f(x)+6g(x))dx$

18. $\int_{0}^{5}(3f(x)+7g(x))dx$

19. $\int_{0}^{5}(8f(x)-5)dx$

20. $\int_{0}^{5}(11-5g(x))dx$

연습문제 | 4.3 리만 적분의 성질

※ $\int_0^2 f(x)dx = -4,\ \int_2^3 f(x)dx = 6,\ \int_2^3 g(x)dx = 11,\ \int_0^3 g(x)dx = 4$일 때 다음을 구하시오.

01. $\int_0^3 -2f(x)dx$

02. $\int_0^2 2g(x)dx$

03. $\int_3^2 7f(x)dx$

04. $\int_0^2 (3f(x)+5g(x))dx$

05. $\int_3^2 7f(x)dx + \int_2^3 2g(x)dx$

06. $\int_0^2 -2f\,x)dx - \int_3^2 6g(x)dx$

※ 다음 함수의 도함수를 구하시오.

07. $f(x) = \int_{-9}^{x} (3t^2 - 2t + 7)dt$

08. $f(x) = \int_0^x \sqrt{t^3 + 2t^2 - 5}\ dt$

09. $f(x) = \int_x^{\frac{\pi}{3}} 8t^3 \cdot \tan 8t\, dt$

10. $f(x) = \int_x^{2\pi} 4\sin t^3 \cdot \tan^2 t\, dt$

11. $f(x) = \int_{15}^{4x^2} (2t^2 - 3t)dt$

12. $f(x) = \int_{-3}^{x^3} (3t^2 - 5t + 3)dt$

13. $f(x) = \int_{yx}^{2} (4t^2 - \cos^3 t)dt$

14. $f(x) = \int_{\pi x}^{0} (2\sin t + \cos^3 t - 2t + 9)dt$

15. $f(x) = \int_{5x}^{x^2} \sqrt{1+5t^2}\, dt$

16. $f(x) = \int_0^x \frac{-t}{\sqrt{c^2+t^2}}dt,\ c \neq 0$일 때 $f(x)$는 모든 점에서 아래로 오목임을 증명하시오.

17. $f(x) = \begin{cases} 5x, & 0 \le x < 5 \\ -x^2, & 5 \le x \le 6 \end{cases}$ 일 때 $\int_0^6 f(x)dx$를 구하시오.

18. $f(x)=|x-4|$일 때 $\int_{2}^{6} f(x)dx$를 구하시오.

19. $[0,\ 4]$에서 $f(x)=3x^2+1$의 적분의 평균값 정리의 $x=c$를 구하시오.

20. $[4,\ 16]$에서 $f(x)=\sqrt{x}$의 적분의 평균값 정리의 $x=c$를 구하시오.

연습문제 | 4.4 리만 적분의 법칙

※ 다음을 구하시오.

01. $\int_{4}^{20} \sqrt{x+5}\,dx$

02. $\int_{0}^{\frac{\pi}{3}} \sin(3x+\frac{\pi}{6})dx$

03. $\int_{0}^{\sqrt{\frac{\pi}{3}}} (\pi x)\sin(x^2-\pi)dx$

04. $\int_{4}^{25} \frac{(\sqrt{x}-3)^2}{\sqrt{x}}dx$

05. $\int_{0}^{2} \frac{5x}{(x^2-3)^3}dx$

06. $\int_{\frac{\pi}{6}}^{\frac{\pi}{3}} \sin x\cos(\cos x)dx$

07. $\int_{-2\pi}^{4\pi} |\cos x|\,dx$를 구하시오.

08. $\int_{-2}^{2} (|x^3|-x^3)dx$를 구하시오.

09. $\int_{-\frac{\pi}{2}}^{\frac{\pi}{2}} (\sin x-\cos x)^3dx$를 구하시오.

10. $\int_{-3}^{3} (x^3\cos^3 x+2x^2-9x+1)dx$를 구하시오.

제 5 장

리만 적분의 응용

리만 적분을 이용하여 곡선아래 부분의 넓이를 구하고 회전체의 부피를 원반의 방법과 원주각의 방법을 이용하여 구하여 두 방법을 비교하여 판단한다. 매개변수를 이용하여 원활한 평면곡선의 길이를 구하고 길이의 함수에 대해서 알아본다. 원추대를 이용하여 회전체의 겉넓이를 길이의 함수를 적용하여 구한다.

5.1 넓이

리만 적분을 이용하여 곡선과 축 또는 곡선과 곡선으로 둘러싸인 부분의 넓이를 구하는 방법에 대해서 알아보자.

정리 1

함수 $f(x)$가 $[a, b]$에서 연속이고 모든 $x \in [a, b]$에 대해서 $f(x) \geq 0$일 때 $y = f(x)$와 X축 그리고 $x = a$, $x = b$로 둘러싸인 부분의 넓이는 다음과 같다.

$$\int_a^b f(x)\ dx$$

증명

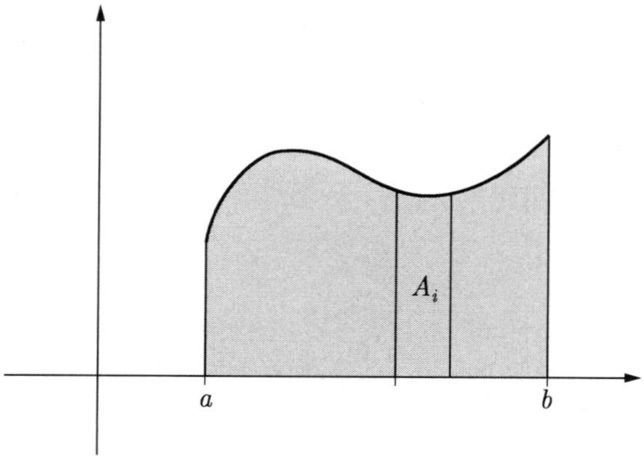

[그림 5-1] 넓이

구하고자 하는 부분의 넓이를 A라고 하면 A의 넓이는 다음과 같이 나타낼 수 있다.

$$A = \sum_{i=1}^{n} A_i \approx \sum_{i=1}^{n} \overline{A_i}$$

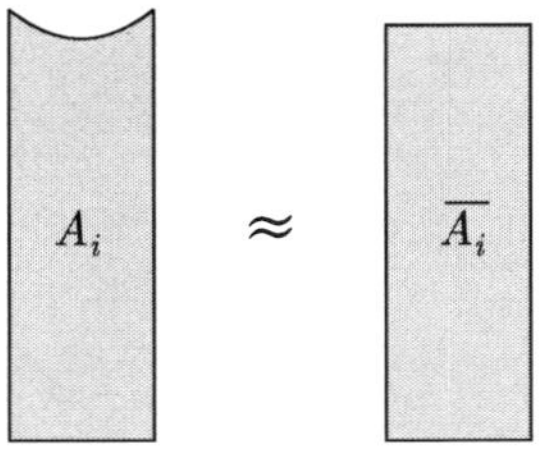

[그림 5-2] A_i의 근삿값인 $\overline{A_i}$

$\overline{A}_i$는 직사각형이므로, $\overline{A}_i$의 넓이는 다음과 같다.

$$\overline{A}_i = \Delta x_i \cdot f(x_i)$$

그 결과 A의 넓이는 다음과 같이 나타낼 수 있다.

$$\begin{aligned} A &= \sum_{i=1}^{n} A_i \approx \sum_{i=1}^{n} \overline{A_i} \\ &= \sum_{i=1}^{n} f(x_i) \cdot \Delta x_i \end{aligned}$$

극한을 취하면 다음을 알 수 있다.

$$\begin{aligned} A &= \lim_{|P| \to 0} \sum_{i=1}^{n} f(x_i) \cdot \Delta x_i \\ &= \int_a^b f(x) dx \end{aligned}$$

예제 1 다음으로 둘러싸인 부분의 넓이를 구하시오.

$$f(x) = \sqrt{x-1}, \ X\text{축}, \ x = 2, \ x = 10$$

풀이

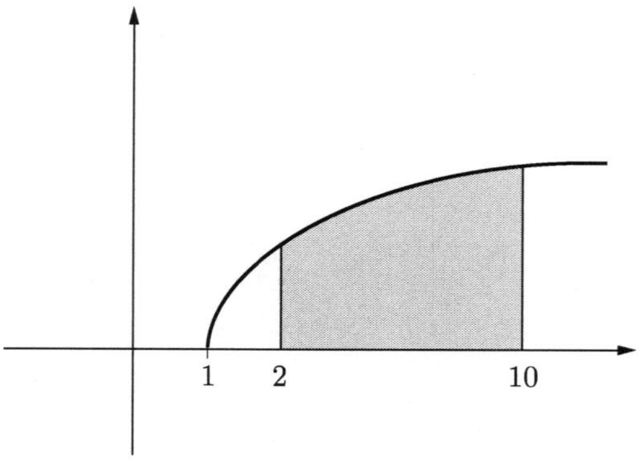

[그림 5-3] $f(x) = \sqrt{x-1}$

구하고자 하는 부분의 넓이를 A라고 하면 다음과 같다.

$$A = \sum_{i=1}^{n} A_i \approx \sum_{i=1}^{n} \overline{A}_i$$

$\overline{A}_i$는 직사각형이므로 $\overline{A}_i$의 넓이는 다음과 같다.

$$\overline{A}_i = \Delta x_i \cdot (\sqrt{x_i - 1})$$

그 결과 A 의 넓이는 다음과 같이 나타낼 수 있다.

$$\begin{aligned} A &= \sum_{i=1}^{n} A_i \approx \sum_{i=1}^{n} \overline{A}_i \\ &= \sum_{i=1}^{n} \Delta x_i \cdot (\sqrt{x_i - 1}) \end{aligned}$$

극한을 취하면 다음을 알 수 있다.

$$\begin{aligned} A &= \lim_{|P| \to 0} \sum_{i=1}^{n} \Delta x_i \cdot \sqrt{x_i - 1} \\ &= \int_2^{10} \sqrt{x-1}\, dx \\ &= \frac{2}{3} [(x-1)\sqrt{x-1}]_2^{10} = \frac{52}{3} \end{aligned}$$

예제 2 다음으로 둘러싸인 부분의 넓이를 구하시오.

$$f(x)=x(x-4),\ X\text{축},\ x=-3,\ x=0$$

풀이

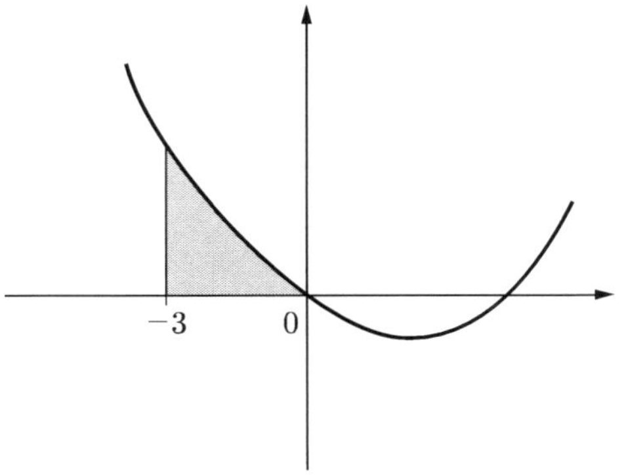

[그림 5-4] $f(x)=x(x-4)$

구하고자 하는 부분의 넓이를 A라고 하면 다음과 같다.

$$A=\sum_{i=1}^{n}A_i\approx\sum_{i=1}^{n}\overline{A}_i$$

$\overline{A}_i$의 넓이는 직사각형이므로 $\overline{A}_i$의 넓이는 다음과 같다.

$$\overline{A}_i=\Delta x_i\cdot\{-(x_i-4)x_i\}$$

그 결과 A 의 넓이는 다음과 같이 나타낼 수 있다.

$$\begin{aligned}A&=\sum_{i=1}^{n}A_i\approx\sum_{i=1}^{n}\overline{A}_i\\&=\sum_{i=1}^{n}-x_i(x_i-4)\cdot\Delta x_i\end{aligned}$$

극한을 취하면 다음을 알 수 있다.

$$\begin{aligned}A&=\lim_{|P|\to 0}\left(\sum_{i=1}^{n}-(x_i-4)x_i\cdot\Delta x_i\right)\\&=\int_{-3}^{0}-(x-4)x\,dx\end{aligned}$$

$$= \left[-\frac{x^3}{3} + 2x^2 \right]_{-3}^{0} = 27\,\text{s}$$

예제 3 다음으로 둘러싸인 제1사분면의 넓이를 구하시오.

$$f(x) = 2x^3, \quad g(x) = -x^2 + 3x$$

풀이

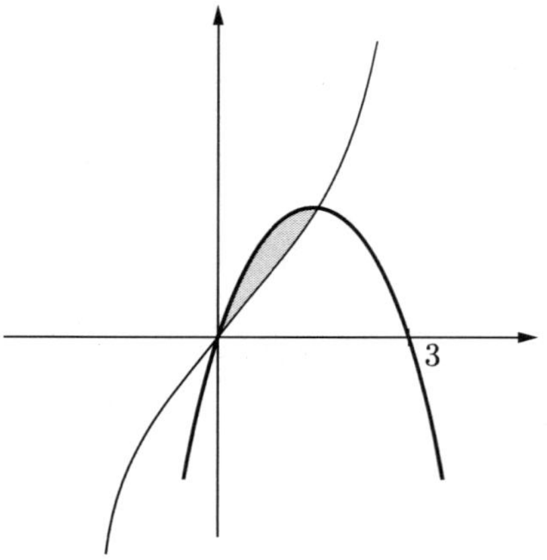

[그림 5-5] $f(x)=2x^3,\ g(x)=-x^2+3x$

구하고자 하는 부분의 넓이를 A라고 하면 다음과 같다.

$$A = \sum_{i=1}^{n} A_i \approx \sum_{i=1}^{n} \overline{A}_i$$

$\overline{A}_i$는 직사각형이므로 $\overline{A}_i$의 넓이는 다음과 같다.

$$\overline{A}_i = \Delta x_i \cdot (-x_i^2 + 3x_i - 2x_i^3)$$

그 결과 A 의 넓이는 다음과 같이 나타낼 수 있다.

$$A = \sum_{i=1}^{n} A_i \approx \sum_{i=1}^{n} \overline{A}_i$$

$$= \sum_{i=1}^{n} \Delta x_i \cdot (-x_i^2 + 3x_i - 2x_i^3)$$

극한을 취하면 다음을 알 수 있다.

$$A = \lim_{|P| \to 0} \sum_{i=1}^{n} \Delta x_i \cdot (-x_i^2 + 3x_i - 2x_i^3)$$

$$= \int_0^1 (-x^2 + 3x - 2x^3) dx$$

$$= \left[-\frac{x^3}{3} + \frac{3}{2}x^2 - \frac{x^4}{2} \right]_0^1 = \frac{2}{3}$$

예제 4 다음으로 둘러싸인 부분의 넓이를 구하시오.

$$y^2 = x, \quad 3y = x - 4$$

풀이

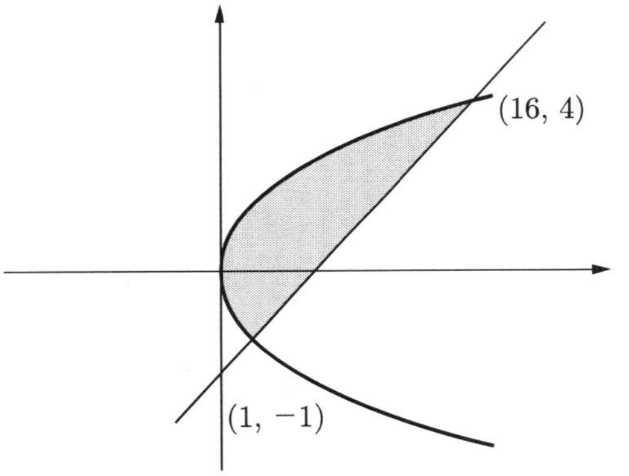

[그림 5-6] $y^2 = x,\ 3y = x - 4$

구하고자 하는 부분의 넓이를 A라고 하면 다음과 같다.

$$A = \sum_{i=1}^{m} A_i + \sum_{i=m+1}^{n} A_i$$

$$\approx \sum_{i=1}^{m} \overline{A}_i + \sum_{i=m+1}^{n} \overline{A}_i$$

$\overline{A}_i$는 직사각형이므로 $\overline{A}_i$의 넓이는 다음과 같다.

$x = 0$에서 $x = 1$까지 $\overline{A}_i$의 넓이는 다음과 같다.

$$\overline{A}_i = \Delta x_i \cdot \left\{ \sqrt{x_i} - (-\sqrt{x_i}) \right\}$$

또한 $x = 1$에서 $x = 16$까지 $\overline{A}_i$의 넓이는 다음과 같다.

$$\overline{A}_i = \Delta x_i \cdot \left\{ \sqrt{x_i} - \left(\frac{x_i - 4}{3} \right) \right\}$$

그 결과 A 의 넓이는 다음과 같이 나타낼 수 있다.

$$\begin{aligned} A &= \sum_{i=1}^{m} A_i + \sum_{i=m+1}^{n} A_i \\ &\approx \sum_{i=1}^{m} \overline{A}_i + \sum_{i=m+1}^{n} \overline{A}_i \\ &= \sum_{i=1}^{m} \Delta x_i \cdot (\sqrt{x_i} + \sqrt{x_i}) \\ &\quad + \sum_{i=m+1}^{n} \left(\sqrt{x_i} - \frac{x_i}{3} + \frac{4}{3} \right) \cdot \Delta x_i \end{aligned}$$

극한을 취하면 다음을 알 수 있다.

$$\begin{aligned} A &= \lim_{|P| \to 0} \sum_{i=1}^{m} (\Delta x_i \cdot 2\sqrt{x_i}) \\ &\quad + \lim_{|P| \to 0} \sum_{i=m+1}^{n} \Delta x_i \cdot \left(\sqrt{x_i} - \frac{x_i}{3} + \frac{4}{3} \right) \\ &= \int_0^1 2\sqrt{x}\,dx + \int_1^{16} \left(\sqrt{x} - \frac{x}{3} + \frac{4}{3} \right) dx \\ &= \frac{4}{3} \left[x^{\frac{3}{2}} \right]_0^1 + \left[\frac{2}{3} x^{\frac{3}{2}} - \frac{x^2}{6} + \frac{4}{3} x \right]_1^{16} = 20\frac{5}{6} \end{aligned}$$

또 다른 방법으로 넓이를 구해보자.

구하고자 하는 부분의 넓이를 A라고 하면 다음과 같다.

$$A = \sum_{i=1}^{n} A_i \approx \sum_{i=1}^{n} \overline{A_i}$$

$\overline{A}_i$는 직사각형이므로 $\overline{A}_i$의 넓이는 다음과 같다.

$$\overline{A}_i = (3y_i + 4 - y_i^2) \cdot \Delta y_i$$

그 결과 A 의 넓이는 다음과 같이 나타낼 수 있다.

$$A = \sum_{i=1}^{n} A_i \approx \sum_{i=1}^{n} \overline{A}_i$$

$$= \sum_{i=1}^{n} (3y_i + 4 - y_i^2) \cdot \Delta y_i$$

극한을 취하면 다음을 알 수 있다.

$$\begin{aligned} A &= \lim_{|P| \to 0} \sum_{i=1}^{n} (3y_i + 4 - y_i^2) \cdot \Delta y_i \\ &= \int_{-1}^{4} (3y + 4 - y^2) dy \\ &= \left[\frac{3y^2}{2} + 4y - \frac{y^3}{3} \right]_{-1}^{4} \\ &= 20\frac{5}{6} \end{aligned}$$

5.2 부피

리만 적분을 이용하여 원반의 방법, 나사받이 방법 그리고 원주각의 방법으로 회전체의 부피를 구하는 방법에 대해서 알아보자.

1. 원반의 방법

회전체의 부피가 원반의 합으로 나타날 경우 회전체의 부피를 구하는 방법에 대해서 알아보자.

정리 1

함수 $f(x)$가 $[a, b]$에서 연속이고 모든 $x \in [a, b]$에 대해서 $f(x) \geq 0$일 때 $y = f(x)$와 X축 그리고 $x = a$, $x = b$로 둘러싸인 부분을 X축을 회전축으로 하여 회전할 때 생기는 회전체의 부피는 다음과 같다.

$$\int_a^b \pi f(x)^2 \, dx$$

증명 구하고자 하는 회전체의 부피를 V라고 하면 다음과 같다.

$$V = \sum_{i=1}^{n} V_i \approx \sum_{i=1}^{n} \overline{V_i}$$

$\overline{V_i}$는 원반이므로 의 $\overline{V_i}$의 부피는 다음과 같다.

$$\overline{V_i} = \pi \cdot f(x_i)^2 \cdot \Delta x_i$$

그 결과 V의 부피는 다음과 같이 나타낼 수 있다.

$$V = \sum_{i=1}^{n} V_i \approx \sum_{i=1}^{n} \overline{V_i}$$

$$= \sum_{i=1}^{n} \pi f(x_i)^2 \cdot \Delta x_i$$

극한을 취하면 다음을 알 수 있다.

$$V = \lim_{|P| \to 0} \sum_{i=1}^{n} \pi f(x_i)^2 \cdot \Delta x_i$$

$$= \int_a^b \pi f(x)^2 \, dx$$

예제 1 다음으로 둘러싸인 부분을 X축을 회전축으로 하여 회전할 때 생기는 회전체의 부피를 구하시오.

$$f(x) = \sqrt{x}, \ X\text{축}, \quad x = 25$$

풀이

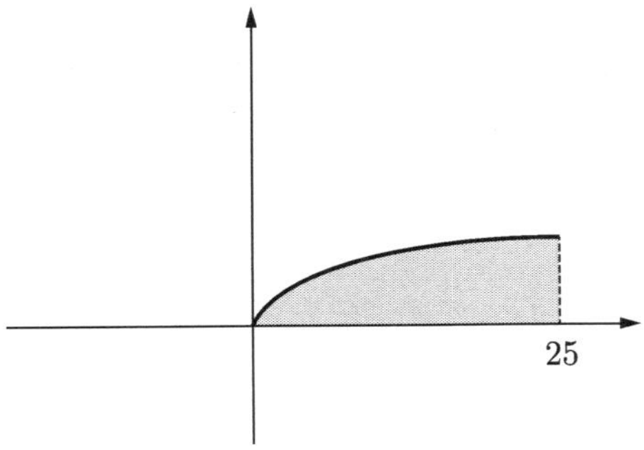

[그림 5-7] $f(x) = \sqrt{x}$

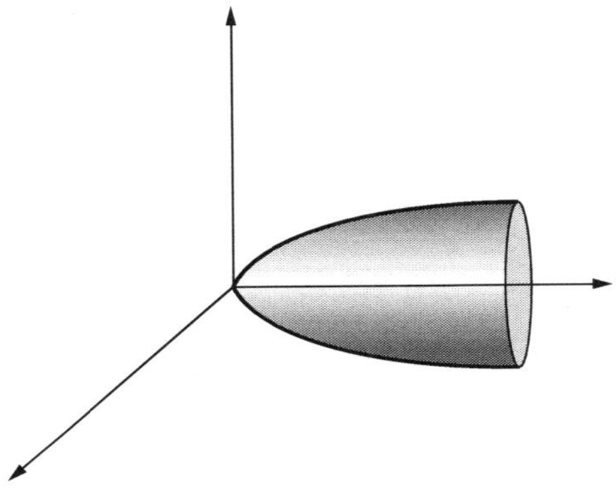

[그림 5-8] 회전체의 부피

구하고자 하는 회전체의 부피를 V라고 하면 다음과 같다.

$$V=\sum_{i=1}^{n} V_i \approx \sum_{i=1}^{n} \overline{V}_i$$

$\overline{V}_i$는 원반이므로 $\overline{V}_i$의 부피는 다음과 같다.

$$\overline{V}_i = \pi \cdot (\sqrt{x_i})^2 \cdot \Delta x_i$$

그 결과 V의 부피는 다음과 같이 나타낼 수 있다.

$$\begin{aligned} V &= \sum_{i=1}^{n} V_i \approx \sum_{i=1}^{n} \overline{V}_i \\ &= \sum_{i=1}^{n} \pi(\sqrt{x_i})^2 \cdot \Delta x_i \end{aligned}$$

극한을 취하면 다음을 알 수 있다.

$$\begin{aligned} V &= \lim_{|P| \to 0} \sum_{i=1}^{n} \pi(\sqrt{x_i})^2 \cdot \Delta x_i \\ &= \int_0^9 \pi x \, dx \\ &= \left[\frac{\pi x^2}{2} \right]_0^{25} = \frac{625}{2}\pi \end{aligned}$$

예제 2 다음을 Y축을 회전축으로 하여 회전할 때 생기는 회전체의 부피를 구하시오.

$$x = \sqrt{r^2 - y^2}$$

풀이 구하고자 하는 회전체의 부피를 V라고 하면 다음과 같다.

$$V=\sum_{i=1}^{n} V_i \approx \sum_{i=1}^{n} \overline{V}_i$$

$\overline{V}_i$는 원반이므로 $\overline{V}_i$의 부피는 다음과 같다.

$$\overline{V}_i = \pi \cdot (\sqrt{r^2 - y_i^2})^2 \cdot \Delta y_i$$

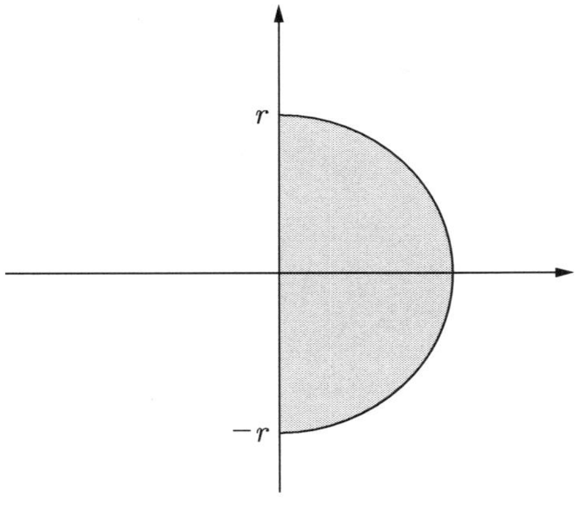

[그림 5-9] $x=\sqrt{r^2-y^2}$

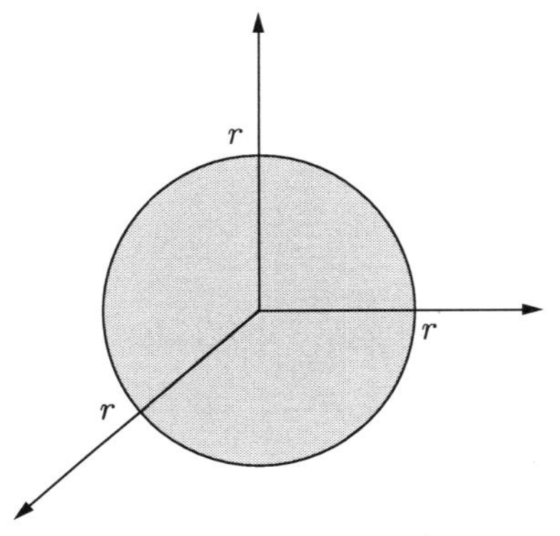

[그림 5-10] 반지름이 r인 구(공)의 부피

그 결과 V의 부피는 다음과 같이 나타낼 수 있다.

$$V=\sum_{i=1}^{n} V_i \approx \sum_{i=1}^{n} \overline{V}_i$$

$$=\sum_{i=1}^{n} \pi\cdot\left(\sqrt{r^2-y_i^2}\right)^2\cdot\Delta y_i$$

극한을 취하면 다음을 알 수 있다.

$$V=\lim_{|P|\to 0}\sum_{i=1}^{n} \pi\cdot\left(\sqrt{r^2-y^2}\right)^2\cdot\Delta y_i$$

$$= \int_{-r}^{r} \pi \cdot (\sqrt{r^2 - y^2})^2 dy$$

$$= \frac{4}{3}\pi r^3$$

예제 3 다음으로 둘러싸인 부분을 X축을 회전축으로 하여 회전할 때 생기는 회전체의 부피를 구하시오.

$$y = \frac{r}{h}x, \quad x = h$$

풀이 구하고자 하는 회전체의 부피를 V라고 하면 다음과 같다.

$$V = \sum_{i=1}^{n} V_i \approx \sum_{i=1}^{n} \overline{V}_i$$

$\overline{V}_i$는 원반이므로 $\overline{V}_i$의 부피는 다음과 같다.

$$\overline{V}_i = \pi \cdot (\frac{r}{h}x_i)^2 \cdot \Delta x_i$$

그 결과 V의 부피는 다음과 같이 나타낼 수 있다.

$$V = \sum_{i=1}^{n} V_i \approx \sum_{i=1}^{n} \overline{V}_i$$

$$= \sum_{i=1}^{n} \pi \cdot (\frac{r}{h}x_i)^2 \cdot \Delta x_i$$

극한을 취하면 다음을 알 수 있다.

$$V = \lim_{|P| \to 0} \sum_{i=1}^{n} \pi \cdot (\frac{r}{h}x_i)^2 \cdot \Delta x_i$$

$$= \int_{0}^{h} \pi \cdot (\frac{r}{h}x)^2 dx$$

$$= \frac{1}{3}\pi r^2 h$$

2. 나사받이(washer)의 방법

두 개의 곡선으로 둘러싸인 부분을 회전축을 중심으로 회전 시 생기는 회전체의 부피를 구하는 방법에 대해서 알아보자.

예제 1 다음으로 둘러싸인 부분을 X축을 회전축으로 하여 회전할 때 생기는 회전체의 부피를 구하시오.

$$f(x) = x^2, \quad g(x) = \sqrt{8x}$$

풀이 먼저 $y = \sqrt{8x}$ 를 X축, 그리고 $x = 2$ 으로 둘러싸인 부분을 X축으로 회전할 때 생기는 부피를 W 라고 하자.

그리고 $y = x^2$을 X축, 그리고 $x = 2$로 둘러싸인 부분을 X축으로 회전할 때 생기는 부피를 Z라고 하자.

구하고자 하는 회전체의 부피를 V라고 하면 다음과 같다

$$V = W - Z$$

구하고자 하는 회전체의 부피 W는 다음과 같다.

$$W = \sum_{i=1}^{n} W_i \approx \sum_{i=1}^{n} \overline{W}_i$$

$\overline{W}_i$ 는 원반이므로 $\overline{W}_i$ 의 부피는 다음과 같다.

$$\overline{W}_i = \pi(\sqrt{8x_i})^2 \cdot \Delta x_i.$$

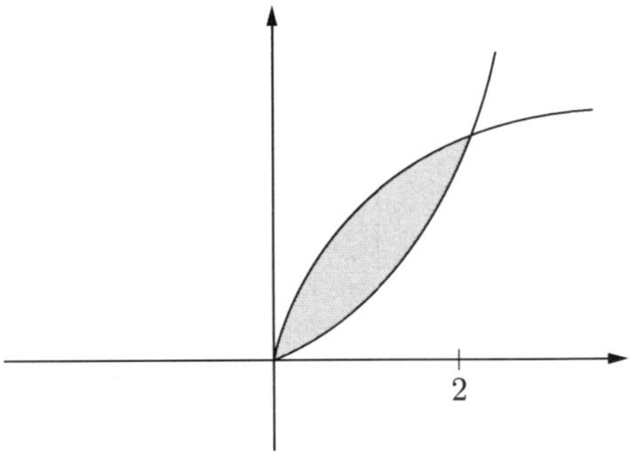

[그림 5-11] $f(x) = x^2$, $g(x) = \sqrt{8x}$

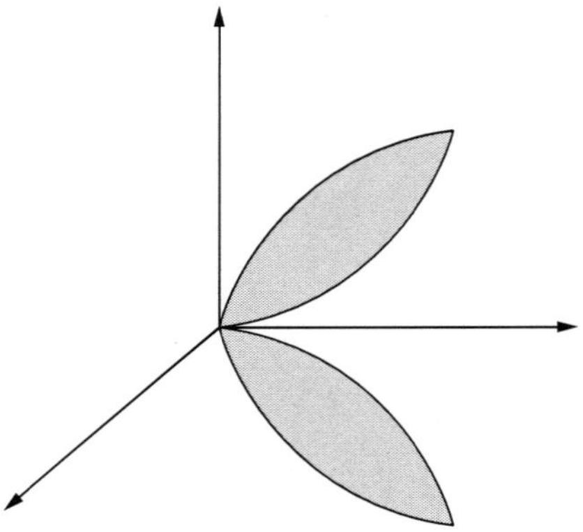

[그림 5-12] 회전체의 부피

그 결과 W의 부피는 다음과 같이 나타낼 수 있다.

$$W = \sum_{i=1}^{n} W_i \approx \sum_{i=1}^{n} \overline{W}_i$$
$$= \sum_{i=1}^{n} \pi \cdot (\sqrt{8x_i})^2 \cdot \Delta x_i$$

극한을 취하면 다음을 알 수 있다.

$$W = \lim_{|P| \to 0} \sum_{i=1}^{n} \pi \cdot 8 \cdot x_i \cdot \Delta x_i$$
$$= \int_0^2 8\pi\, x\, dx = 16\pi$$

구하고자 하는 회전체의 부피 Z는 다음과 같다.

$$Z = \sum_{i=1}^{n} Z_i \approx \sum_{i=1}^{n} \overline{Z}_i$$

$\overline{Z}_i$는 원반이므로 $\overline{Z}_i$의 부피는 다음과 같다.

$$\overline{Z}_i = \pi \cdot (x_i^2)^2 \cdot \Delta x_i$$

그 결과 Z의 부피는 다음과 같이 나타낼 수 있다.

$$Z = \lim_{|P| \to 0} \sum_{i=1}^{n} \pi \cdot (x_i^4) \cdot \Delta x_i$$

$$= \int_0^2 \pi x^4 dx = \frac{32}{5}\pi$$

그러므로 V의 부피는 다음과 같다.

$$\begin{aligned} V &= W - Z \\ &= 16\pi - \frac{32}{5}\pi = \frac{48}{5}\pi \end{aligned}$$

지금까지는 입체도형의 단면이 원형이었으나 더 일반적인 경우에 부피를 구하는 방법을 알아보자.

예제 2 다음으로 둘러싸인 부분을 입체도형의 밑면으로 하고 X축에 수직으로 자른 도형의 단면이 정사각형일 때 입체도형의 부피를 구하시오.

$$y = x^2 + 4,\ X\text{축},\ Y\text{축},\ x = 1$$

풀이 구하고자 하는 입체도형의 부피 V는 다음과 같다.

$$V = \sum_{i=1}^{n} V_i \approx \sum_{i=1}^{n} \overline{V}_i$$

$\overline{V}_i$는 직육면체이므로 $\overline{V}_i$의 부피는 다음과 같다.

$$\overline{V}_i = (x_i^2 + 4)^2 \cdot \Delta x_i$$

그 결과 V의 부피는 다음과 같이 나타낼 수 있다.

$$\begin{aligned} V &= \lim_{|P| \to 0} \sum_{i=1}^{n} \overline{V}_i \\ &= \lim_{|P| \to 0} \sum_{i=1}^{n} (x_i^2 + 4)^2 \cdot \Delta x_i \\ &= \int_0^1 (x^2 + 4)^2 dx \\ &= \left[\frac{x^5}{5} + \frac{8}{3}x^3 + 16x \right]_0^1 = 18\frac{13}{15} \end{aligned}$$

예제 3 반지름이 3인 원을 입체도형의 밑면으로 하고 X축에 수직으로 자른 도형의 단면이 정삼각형일 때 입체도형의 부피를 구하시오.

풀이 원의 방정식을 다음과 같이 놓자.

$$x^2+y^2=9$$

구하고자 하는 입체도형의 부피 V는 다음과 같다.

$$V=\sum_{i=1}^{n} V_i \approx \sum_{i=1}^{n} \overline{V}_i$$

$\overline{V}_i$는 삼각기둥이므로 $\overline{V}_i$의 부피는 다음과 같다.

$$\overline{V}_i = \sqrt{3}(9-x_i^2)\cdot \Delta x_i$$

그 결과 V의 부피는 다음과 같이 나타낼 수 있다.

$$\begin{aligned}
V &= \lim_{|P|\to 0}\sum_{i=1}^{n} \overline{V}_i \\
&= \lim_{|P|\to 0}\sum_{i=1}^{n} \sqrt{3}(9-x_i^2)\cdot \Delta x_i \\
&= \int_{-2}^{2} \sqrt{3}(9-x^2)dx \\
&= 2\sqrt{3}\int_{0}^{2}(9-x^2)dx \\
&= 2\sqrt{3}\left[9x-\frac{x^3}{3}\right]_0^2 = \frac{92}{3}\sqrt{3}
\end{aligned}$$

3. 원주각의 방법

원주각을 이용하여 원반의 방법으로 구하기 어려운 회전체의 부피를 구하는 방법에 대해서 알아보자.

정의

중심이 같은 두 직원기둥에 의하여 둘러싸인 입체를 원주각이라 한다.

예제 1 내부의 반지름이 a, 외부의 반지름이 b, 높이가 h인 원주각의 부피를 구하시오.

풀이 구하고자 하는 입체도형의 부피 V는 다음과 같다.

$$\begin{aligned} V &= \text{밑면의 넓이} \cdot \text{높이} \\ &= (\pi b^2 - \pi a^2) \cdot h \\ &= \pi(b-a)(b+a) \cdot h \\ &= 2\pi\left(\frac{b+a}{2}\right) \cdot (b-a) \cdot h \end{aligned}$$

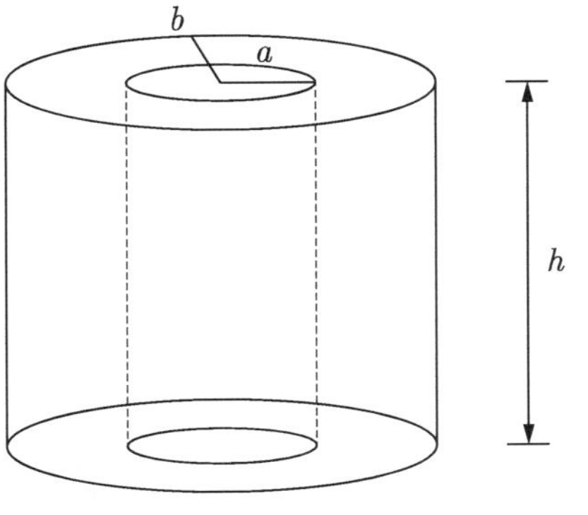

[그림 5-13] 원주각의 부피

그러므로 다음을 알 수 있다.

$$V = 2\pi \cdot \text{반지름 평균} \cdot \text{높이} \cdot \text{두께}$$

예제 2 다음으로 둘러싸인 부분을 Y축을 회전축으로 하여 회전시킬 때 생기는 부피를 구하시오.

$$f(x) = \frac{1}{x},\ X\text{축},\ x = 1,\ x = 3$$

풀이 구하는 부피를 원반의 방법으로 구할 수 있으나 여러 번 계산하여 복잡하므로 원주각의 방법으로 구해보자.

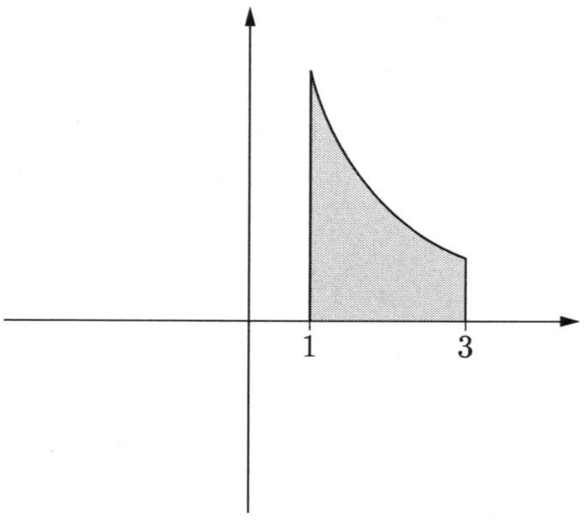

[그림 5-14] $f(x)=\dfrac{1}{x}$

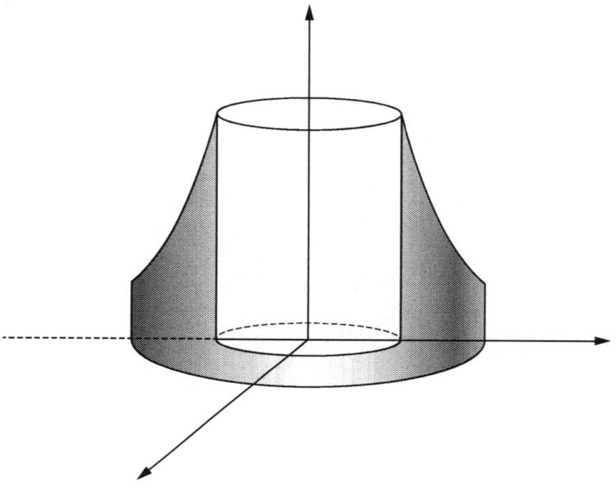

[그림 5-15] 회전체의 부피

구하고자 하는 입체도형의 부피 V는 다음과 같다.

$$V=\sum_{i=1}^{n} V_i \approx \sum_{i=1}^{n} \overline{V}_i$$

$\overline{V}_i$는 원주각이므로 $\overline{V}_i$의 부피는 다음과 같다.

$$\overline{V}_i = 2\pi \cdot x_i \cdot \frac{1}{x_i} \cdot \Delta x_i$$

그 결과 V의 부피는 다음과 같이 나타낼 수 있다.

$$
\begin{aligned}
V &= \lim_{|P| \to 0} \sum_{i=1}^{n} \overline{V_i} \\
&= \lim_{|P| \to 0} \sum_{i=1}^{n} 2\pi \cdot x_i \cdot \frac{1}{x_i} \cdot \Delta x_i \\
&= \int_1^3 2\pi dx \\
&= 2\pi \int_1^3 dx \\
&= 2\pi \cdot [x]_1^3 \\
&= 4\pi
\end{aligned}
$$

예제 3 다음으로 둘러싸인 부분을 X축을 회전축으로 하여 회전할 때 생기는 회전체의 부피를 원반의 방법과 원주각의 방법으로 구하시오.

$$f(x) = 3x,\ X\text{축},\quad x = 2$$

풀이

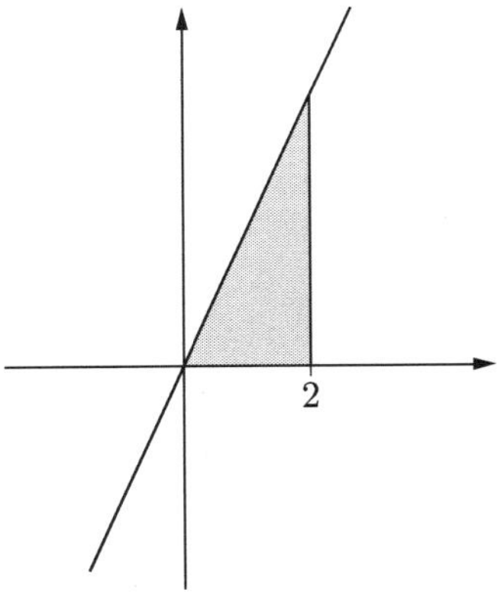

[그림 5-16] $f(x) = 3x$

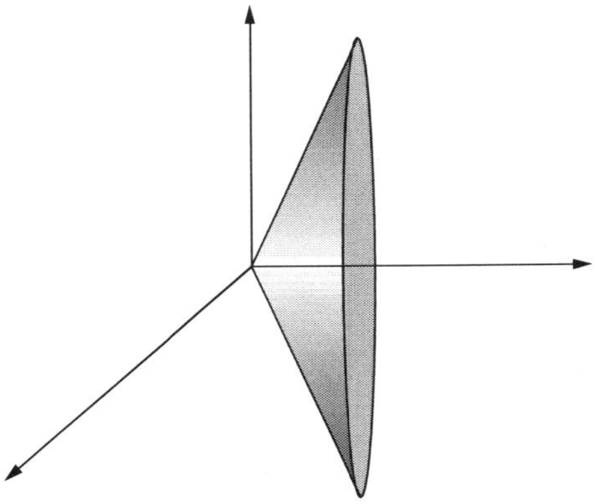

[그림 5-17] 회전체의 부피

(원반의 방법)

구하고자 하는 입체도형의 부피 V는 다음과 같다.

$$V = \sum_{i=1}^{n} V_i \approx \sum_{i=1}^{n} \overline{V_i}$$

$\overline{V_i}$는 원반이므로 $\overline{V_i}$의 부피는 다음과 같다.

$$\overline{V}_i = \pi(3x_i)^2 \cdot \Delta x_i.$$

그 결과 V 의 부피는 다음과 같이 나타낼 수 있다.

$$\begin{aligned} V &= \lim_{|P| \to 0} \sum_{i=1}^{n} \overline{V}_i \\ &= \lim_{|P| \to 0} \sum_{i=1}^{n} \pi(3x_i)^2 \cdot \Delta x_i \\ &= \int_0^2 9\pi x^2 dx = 24\pi \end{aligned}$$

(원주각의 방법)

구하고자 하는 입체도형의 부피 V는 다음과 같다.

$$V = \sum_{i=1}^{n} V_i \approx \sum_{i=1}^{n} \overline{V}_i$$

$\overline{V}_i$ 는 원주각이므로 $\overline{V}_i$ 의 부피는 다음과 같다.

$$\overline{V}_i = 2\pi \cdot y_i \cdot \left(2 - \frac{y_i}{3}\right) \cdot \Delta y_i.$$

그 결과 V 의 부피는 다음과 같이 나타낼 수 있다.

$$\begin{aligned} V &= \lim_{|P| \to 0} \sum_{i=1}^{n} \overline{V}_i \\ &= \lim_{|P| \to 0} \sum_{i=1}^{n} 2\pi \cdot y_i \cdot \left(2 - \frac{y_i}{3}\right) \cdot \Delta y_i \\ &= \int_0^6 2\pi \left(2y - \frac{y^2}{3}\right) dy \\ &= 2\pi \cdot \left(\left[\frac{y^2}{2}\right]_0^6 \cdot 2 - \left[\frac{y^3}{9}\right]_0^6\right) \\ &= 2\pi \cdot 12 = 24\pi \end{aligned}$$

예제 4 다음의 제1상한의 부분을 X축과 Y축을 회전축으로 회전할 때 회전체의 부피를 각각 구하시오.

$$f(x) = -x^2 + 2x$$

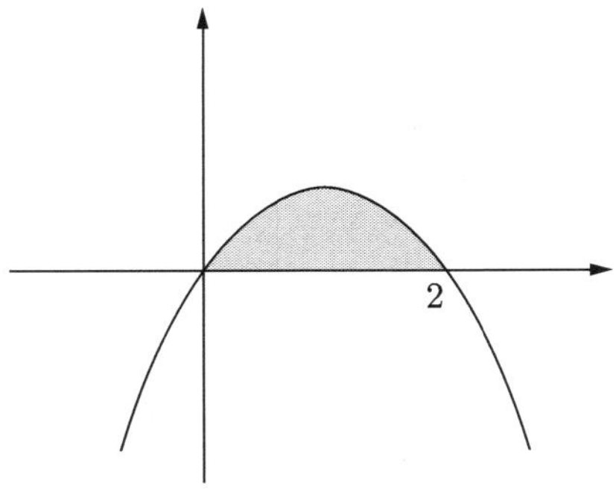

[그림 5-18] $f(x) = -x^2 + 2x$

풀이 (a) X축이 회전축인 경우

구하고자 하는 입체도형의 부피 V는 다음과 같다.

$$V = \sum_{i=1}^{n} V_i \approx \sum_{i=1}^{n} \overline{V}_i$$

$\overline{V}_i$는 원반이므로 $\overline{V}_i$의 부피는 다음과 같다.

$$\overline{V}_i = \pi(-x_i^2 + 2x_i)^2 \cdot \Delta x_i$$

그 결과 V의 부피는 다음과 같이 나타낼 수 있다.

$$\begin{aligned} V &= \lim_{|P| \to 0} \sum_{i=1}^{n} \overline{V}_i \\ &= \lim_{|P| \to 0} \sum_{i=1}^{n} \pi \cdot (-x_i^2 + 2x_i)^2 \cdot \Delta x_i \\ &= \int_0^1 \pi(-x^2 + 2x)^2 dx = \frac{8}{15}\pi \end{aligned}$$

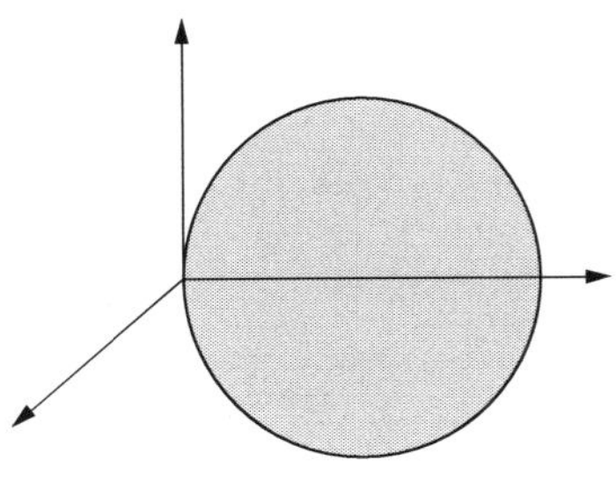

[그림 5-19] 회전체(회전축은 X축)의 부피

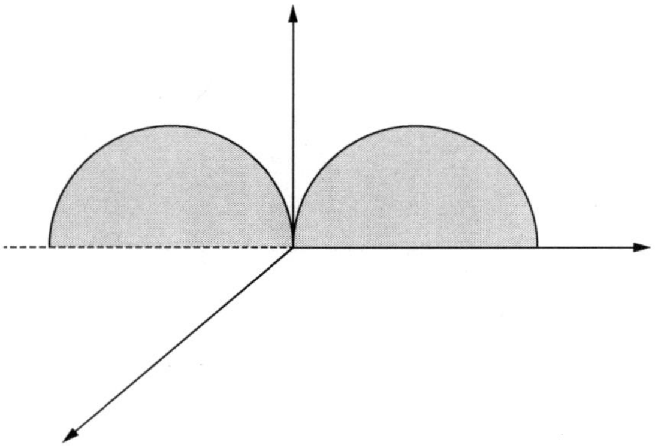

[그림 5-20] 회전체(회전축은 Y축)의 부피

(b) Y축이 회전축인 경우

구하고자 하는 입체도형의 부피 V는 다음과 같다.

$$V = \sum_{i=1}^{n} V_i \approx \sum_{i=1}^{n} \overline{V}_i$$

$\overline{V}_i$는 원주각이므로 $\overline{V}_i$의 부피는 다음과 같다.

$$\overline{V}_i = 2\pi \cdot x_i \cdot (-x_i^2 + 2x_i) \cdot \Delta x_i$$

그 결과 V의 부피는 다음과 같이 나타낼 수 있다.

$$\begin{aligned} V &= \lim_{|P| \to 0} \sum_{i=1}^{n} \overline{V}_i \\ &= \lim_{|P| \to 0} \sum_{i=1}^{n} 2\pi \cdot x_i \cdot (-x_i^2 + 2x_i) \cdot \Delta x_i \\ &= \int_0^1 2\pi \cdot x \cdot (-x^2 + 2x)dx \\ &= 2\pi \left[-\frac{x^4}{4} + \frac{2}{3}x^3 \right]_0^1 = \frac{5}{6}\pi \end{aligned}$$

5.3 길이

리만 적분을 이용하여 원활한 곡선의 길이를 구하는 방법에 대해서 알아보고 길이의 함수에 대해서 공부한다. 길이의 함수는 회전체의 겉넓이를 구하기 위해 필요한 함수이다.

정의

두 개의 매개방정식 $x = f(t)$, $y = g(t)$, $a \le t \le b$로 나타내고 $x = f(t)$, $y = g(t)$는 $[a, b]$에서 연속인 곡선을 평면곡선이라고 한다.

예제 1 다음은 평면곡선이다.

$$y = \cos x,\ 0 \le x \le 2\pi$$

풀이 매개변수를 다음과 같이 놓자.

$$t = x$$

그러므로 다음과 같다.

$$\begin{cases} x = x \\ y = \cos x \end{cases}$$

$x = f(t)$와 $y = g(t)$ 모두 $0 \le x = t \le 2\pi$에서 연속이므로 평면곡선이다.

예제 2 다음은 평면곡선이다.

$$x = y^2 - 2y + 7,\ -1 \le y \le 1$$

풀이 매개변수를 다음과 같이 놓자.

$$t = y$$

그러므로 다음과 같다.

$$\begin{cases} x = y^2 - 2y + 7 \\ y = y \end{cases}$$

$x=f(t)$와 $y=g(t)$ 모두 $-1 \le y=t \le 1$에서 연속이므로 평면곡선이다.

예제 3 다음 두 매개변수 방정식으로 결정되는 곡선을 구하시오.

$$x=t+3,\ y=t^2+5t+2,\ 0 \le t \le 3$$

풀이 $0 \le t \le 3$에서 다음을 알 수 있다.

$$3 \le t+3=x \le 6 \text{ 그리고 } 2 \le t^2+5t+2=y \le 26$$

t를 소거하면 다음과 같다.

$$\begin{aligned} y &= t^2+5t+2 \\ &= (x-3)^2+5(x-3)+2 \\ &= x^2-x-4 \end{aligned}$$

$(3,2)$에서 $(6, 26)$까지 곡선이 구하고자 하는 곡선이다.

정의

$x=f(t),\ y=g(t),\ a \le t \le b$인 평면곡선이 다음을 만족하면 원활(smooth)하다고 한다.

(a) $f'(t)$와 $g'(t)$가 $[a, b]$에서 연속이다.

(b) 모든 $t \in (a, b)$에 대해서 $f(t)$와 $g'(t)$가 동시에 0이 아니다.

정리 1

원활한 평면곡선 $x=f(t), y=g(t), a \leqq t \leqq b$의 길이는 다음과 같다.

$$\begin{aligned} L &= \int_a^b \sqrt{f'(t)^2+g'(t)^2}\,dt \\ &= \int_a^b \sqrt{\left(\frac{dx}{dt}\right)^2+\left(\frac{dy}{dt}\right)^2}\,dt \end{aligned}$$

증명 $[a, b]$를 다음과 같이 분할하자.

$$a = t_0 < t_1 < t_2 < \cdots < t_{n-1} < t_n = b$$

구하고자 하는 곡선의 길이 L은 다음과 같다.

$$L = \sum_{i=1}^{n} l_i \approx \sum_{i=1}^{n} \bar{l}_i$$

$\bar{l}_i$는 직선이고 다음 두 점을 지난다.

$$(f(t_{i-1}),\ g(t_{i-1})) \quad \text{그리고} \quad (f(t_i),\ g(t_i))$$

$\bar{l}_i$의 길이는 다음과 같이 나타낼 수 있다.

$$\sqrt{(f(t_i) - f(t_{i-1}))^2 + (g(t_i) - g(t_{i-1}))^2}$$

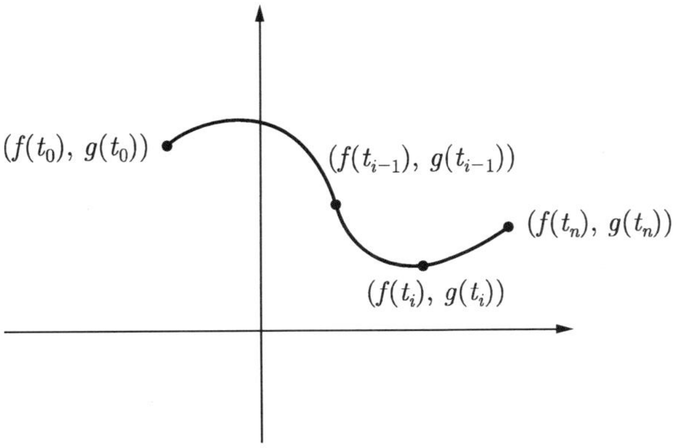

[그림 5-21] 평면곡선의 길이

그리고 미분의 평균값 정리에 의해서 다음을 만족하는 $\bar{t}_i$, $\bar{\bar{t}}_i \in (t_{i-1},\ t_i)$가 존재한다.

$$f(t_i) - f(t_{i-1}) = f'(\bar{t}_i) \cdot \Delta t_i$$

$$g(t_i) - g(t_{i-1}) = g'(\bar{\bar{t}}_i) \cdot \Delta t_i$$

그러므로 다음을 알 수 있다.

$$\begin{aligned} \bar{l}_i &= \sqrt{f'(t_i)^2 \cdot \Delta t_i^2 + g'(\bar{\bar{t}}_i)^2 \cdot \Delta t_i^2} \\ &= \sqrt{f'(\bar{t}_i)^2 + g'(\bar{\bar{t}}_i)^2} \cdot \Delta t_i \end{aligned}$$

그 결과 곡선의 길이 L은 다음과 같이 나타낼 수 있다.

$$\begin{aligned} L &= \sum_{i=1}^{n} l_i \approx \sum_{i=1}^{n} \bar{l}_i \\ &= \sum_{i=1}^{n} \sqrt{f'(\bar{t}_i)^2 + g'(\bar{\bar{t}}_i)^2} \cdot \Delta t_i. \end{aligned}$$

극한을 취하면 다음을 알 수 있다.

$$\begin{aligned} L &= \lim_{|P| \to 0} \sum_{i=1}^{n} \sqrt{f'(\bar{t}_i)^2 + g'(\bar{\bar{t}}_i)^2} \cdot \Delta t_i \\ &= \int_a^b \sqrt{f'(t)^2 + g'(t)^2}\, dt \end{aligned}$$

또한 L을 다음과 같이 나타낼 수 있다.

$$\begin{aligned} L &= \int_a^b \sqrt{f'(t)^2 + g'(t)^2}\, dt \\ &= \int_a^b \sqrt{\left(\frac{dx}{dt}\right)^2 + \left(\frac{dy}{dt}\right)^2}\, dt \end{aligned}$$

예제 4 다음의 둘레의 길이를 구하시오.

$$x^2 + y^2 = r^2$$

풀이 다음과 같이 놓자.

$$x = r\cos t,\ y = r\sin t,\ 0 \le t \le 2\pi$$

그러므로 다음과 같다.

$$L = \int_0^{2\pi} \sqrt{\left(\frac{dx}{dt}\right)^2 + \left(\frac{dy}{dt}\right)^2}\, dt$$

그리고 다음을 알 수 있다.

$$\frac{dx}{dt} = -r\sin t,\quad \frac{dy}{dt} = r\cos t$$

그 결과 둘레의 길이는 다음과 같다.

$$
\begin{aligned}
L &= \int_0^{2\pi} \sqrt{r^2 \sin^2 t + r^2 \cos^2 t}\, dt \\
&= \int_0^{2\pi} r\, dt = 2\pi r
\end{aligned}
$$

따름정리 2

원활한 평면곡선 $y = f(x)$, $c \le x \le d$의 길이는 다음과 같다.

$$L = \int_c^d \sqrt{1 + f'(x)^2}\, dx$$

증명 $y = f(x)$, $c \le x \le d$를 다음과 같이 나타낼 수 있다.

$$
\begin{cases}
x = x = t \\
y = f(x) = f(t)
\end{cases}
$$

그 결과 곡선의 길이 L은 다음과 같다.

$$
\begin{aligned}
L &= \int_c^d \sqrt{\left(\frac{dx}{dx}\right)^2 + \left(\frac{dy}{dx}\right)^2}\, dx \\
&= \int_c^d \sqrt{1 + \left(\frac{dy}{dx}\right)^2}\, dx \\
&= \int_c^d \sqrt{1 + f'(x)^2}\, dx
\end{aligned}
$$

따름정리 3

원활한 평면곡선 $x = g(y)$, $u \le y \le v$의 길이는 다음과 같다.

증명 $x = g(y)$, $u \le y \le v$를 다음과 같이 나타낼 수 있다.

$$
\begin{cases}
x = g(y) \\
y = y = t
\end{cases}
$$

그 결과 곡선의 길이 L은 다음과 같다.

$$L = \int_u^v \sqrt{\left(\frac{dx}{dy}\right)^2 + \left(\frac{dy}{dy}\right)^2}\, dy$$
$$= \int_u^v \sqrt{\left(\frac{dx}{dy}\right)^2 + 1}\, dy$$
$$= \int_u^v \sqrt{g'(y)^2 + 1}\, dy$$

예제 5 다음에서 $(1, -1)$부터 $(7, 2)$까지 길이를 구하시오.

$$x = 2y + 3$$

풀이 구하고자 하는 곡선의 길이 L은 다음과 같다.

$$L = \int_{-1}^{2} \sqrt{1 + x'(y)^2}\, dy$$

$x'(y) = 2$에서 다음을 알 수 있다.

$$L = \int_{-1}^{2} \sqrt{1+4}\, dy$$
$$= 3\sqrt{5}$$

정의

$f'(v)$이 $[a, b]$에서 연속인 경우 모든 $x \in (a, b)$에 대해서 $(a, f(a))$에서 $(x, f(x))$까지 $y = f(v)$의 곡선의 길이 $s(x)$는 다음과 같이 함수로 나타낸다.

$$s(x) = \int_a^x \sqrt{1 + f'(v)^2}\, dv$$

정리 4

$f'(x)$이 $[a, b]$에서 연속인 경우 모든 $x \in (a, b)$에 대해서 $(a, f(a))$에서 $(x, f(x))$까지 $y = f(v)$의 곡선의 길이 $s(x)$의 도함수 $s'(x)$는 다음과 같다.

$$\begin{aligned} s'(x) &= \frac{ds}{dx} \\ &= \sqrt{1 + f'(x)^2} \\ &= \sqrt{1 + \left(\frac{dy}{dx}\right)^2} \end{aligned}$$

그리고 곡선의 길이 $s(x)$의 미분 ds는 다음과 같다.

$$ds = \sqrt{1 + \left(\frac{dy}{dx}\right)^2}\, dx$$

따름정리 5

$x = f(t), y = g(t)$에서 곡선의 길이 $s(x)$의 미분 ds는 다음과 같다.

$$\begin{aligned} ds &= \sqrt{dx^2 + dy^2} \\ &= \sqrt{\left(\frac{dx}{dt}\right)^2 + \left(\frac{dy}{dt}\right)^2}\, dt \\ &= \sqrt{f'(t)^2 + g'(t)^2}\, dt \end{aligned}$$

따름정리 6

$x = g(y)$에서 곡선의 길이 $s(x)$의 미분 ds는 다음과 같다.

$$\begin{aligned} ds &= \sqrt{dx^2 + dy^2} \\ &= \sqrt{\left(\frac{dx}{dy}\right)^2 + 1}\, dy \\ &= \sqrt{g'(y)^2 + 1}\, dy \end{aligned}$$

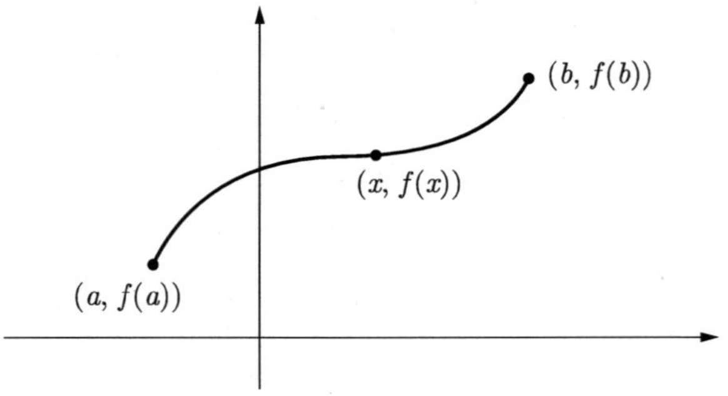

[그림 5-22] 길이의 함수

5.4 겉넓이

원추대와 길이를 함수를 활용하여 회전체의 겉넓이를 리만 적분을 이용하여 구하는 방법에 대해서 알아보자.

정의

원추의 축에 수직인 두 평면 사이의 표면을 원추대라고 한다.

정리 1

반지름이 r, s 그리고 사면의 높이가 l인 원추대의 넓이는 다음과 같다.

$$\text{원추대의 넓이} = 2\pi \cdot \left(\frac{r+s}{2}\right) \cdot l$$
$$= 2\pi \cdot \text{반지름의 평균} \cdot \text{사면의 높이}$$

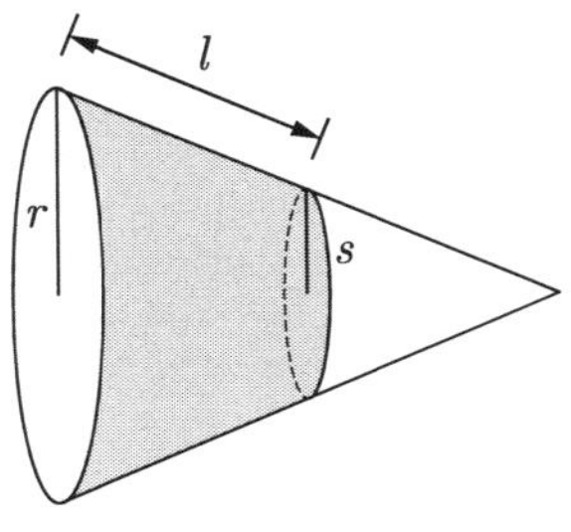

[그림 5-23] 원추대의 겉넓이

1. 회전축이 X축인 경우

$x = f(t)$, $y = g(t)$, $a \le t \le b$인 원활한 곡선을 X축을 회전축으로 하여 회전시킬 때 생기는 회전체의 겉넓이를 구해보자.

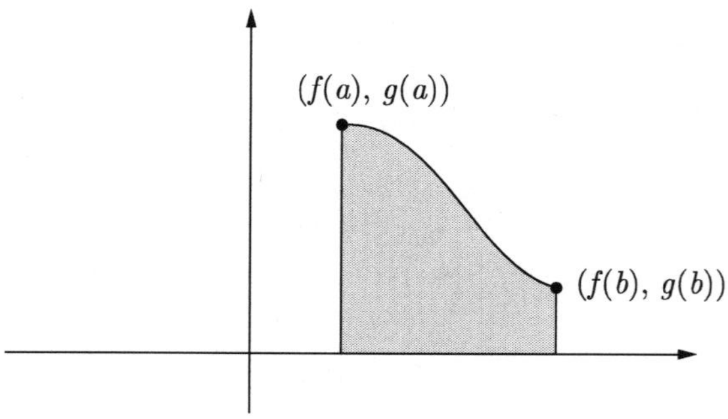

[그림 5–24] 원활한 곡선

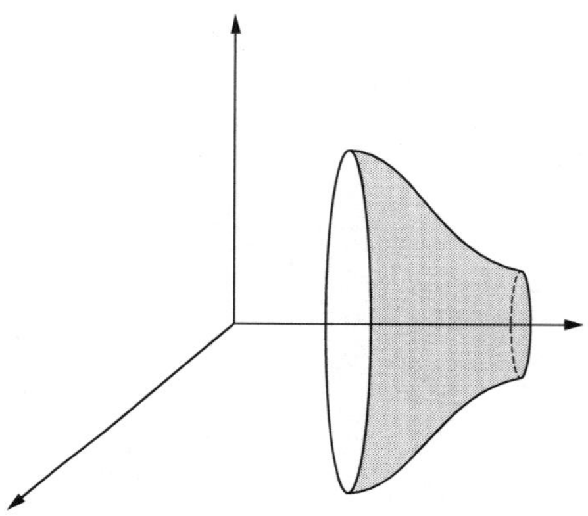

[그림 5–25] 회전체의 겉넓이

$[a,\ b]$를 다음과 같이 분할하자.

$$a = t_0 < t_1 < t_2 < \cdots < t_{n-1} < t_n = b$$

구하고자 하는 회전체의 겉넓이 A는 다음과 같다.

$$A = \sum_{i=1}^{n} A_i \approx \sum_{i=1}^{n} \overline{A}_i$$

$\overline{A}_i$는 원추대이므로 $\overline{A}_i$의 넓이는 다음과 같다.

$$\overline{A}_i = 2\pi \cdot \text{반지름의 평균} \cdot \text{사면의 높이}$$

즉, $\overline{A}_i = 2\pi \cdot g(t_i) \cdot \Delta s_i$ 단, Δs_i는 $[t_{i-1},\ t_i]$에서 곡선의 길이를 나타낸다. 그 결과 겉넓이 A는 다음과 같이 나타낼 수 있다.

$$A = \sum_{i=1}^{n} A_i \approx \sum_{i=1}^{n} \overline{A_i}$$

$$= \sum_{i=1}^{n} 2\pi \cdot g(t_i) \cdot \Delta s_i$$

극한을 취하면 다음을 알 수 있다.

$$A = \lim_{|P| \to 0} \sum_{i=1}^{n} 2\pi \cdot g(t_i) \cdot \Delta s_i$$

$$= \int 2\pi g(t) ds$$

그리고 $ds = \sqrt{f'(t)^2 + g'(t)^2}\, dt$ 에서 다음을 알 수 있다.

$$A = \int_a^b 2\pi \cdot g(t) \sqrt{f'(t)^2 + g'(t)^2}\, dt$$

예제 1 다음을 X축을 회전축으로 하여 회전할 때 생기는 회전체의 겉넓이를 구하시오.

$$x = r(t - \sin t),\ y = r(1 - \cos t),\ 0 \le t \le 2\pi$$

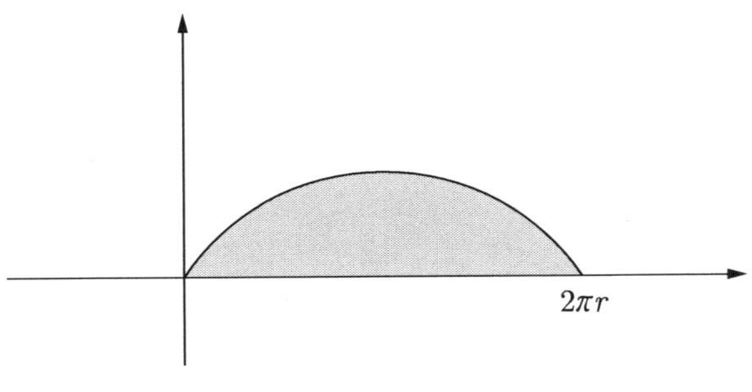

[그림 5-26] 사이클로이드

풀이 다음이 성립한다.

$$A = \int_0^{2\pi} 2\pi \cdot g(t) \sqrt{f'(t)^2 + g'(t)^2}\, dt$$

그러므로 다음과 같다.

$$f'(t) = \frac{dx}{dt} = r(1-\cos t)$$

$$g'(t) = \frac{dy}{dt} = r\mathrm{sint}$$

그 결과 다음을 알 수 있다.

$$\sqrt{f'(t)^2 + g'(t)^2} = r\sqrt{2-\cos t}$$

그러므로 다음과 같다.

$$\begin{aligned}
A &= \int_0^{2\pi} 2\pi \cdot r(1-\cos t) \cdot r\sqrt{2-2\cos t}\, dt \\
&= \int_0^{2\pi} 2\sqrt{2}\pi \cdot r^2 (1-\cos t)^{\frac{3}{2}} dt \\
&= \int_0^{2\pi} 2\sqrt{2}\pi \cdot r^2 \left(2\sin^2 \frac{t}{2}\right)^{\frac{3}{2}} dt \\
&= 2\sqrt{2}\pi r^2 \int_0^{2\pi} 2\sqrt{2}\sin^3 \frac{t}{2} dt \\
&= 8\pi r^2 \int_0^{2\pi} \left(1-\cos^2 \frac{t}{2}\right)\sin\frac{t}{2} dt
\end{aligned}$$

다음과 같이 놓자.

$$\cos\frac{t}{2} = v$$

그러므로 다음을 알 수 있다.

$$\begin{aligned}
A &= -16\pi r^2 \int_1^{-1} (1-v^2) dv \\
&= -16\pi r^2 \left[v - \frac{v^3}{3}\right]_1^{-1} \\
&= \frac{64}{3}\pi r^2
\end{aligned}$$

다음은 $y = f(x)$, $p \le x \le q$인 원활한 곡선을 X축을 회전축으로 하여 회전할 때 생기는 회전체의 겉넓이를 구해보자.

$[p,\ q]$를 다음과 같이 분할하자.

$$p=t_0<t_1<t_2<\cdots<t_{n-1}<t_n=q$$

구하고자 하는 회전체의 겉넓이 A는 다음과 같다.

$$A=\sum_{i=1}^{n}A_i\approx\sum_{i=1}^{n}\overline{A}_i$$

$\overline{A}_i$는 원추대이므로 $\overline{A}_i$의 넓이는 다음과 같다.

$$\overline{A}_i=2\pi\cdot\text{반지름의 평균}\cdot\text{사면의 높이}$$

그 결과 겉넓이 A는 다음과 같이 나타낼 수 있다.

$$\begin{aligned}A&=\lim_{|P|\to 0}\sum_{i=1}^{n}\overline{A}_i\\&=\lim_{|P|\to 0}\sum_{i=1}^{n}2\pi\cdot f(x_i)\cdot\Delta s_i\\&=\int_p^q 2\pi\cdot f(x)ds\\&=\int_p^q 2\pi\cdot f(x)\cdot\sqrt{1+f'(x)^2}\,dx\end{aligned}$$

예제 2 다음을 X축을 회전축으로 하여 회전할 때 생기는 회전체의 겉넓이를 구하시오.

$$y=x,\ 0\le x\le 7$$

풀이

$$\begin{aligned}A&=\int_0^7 2\pi\cdot x\cdot\sqrt{1+1}\,dx\\&=2\sqrt{2}\,\pi\left[\frac{x^2}{2}\right]_0^7\\&=49\sqrt{2}\,\pi\end{aligned}$$

2. 회전축이 Y축인 경우

$x = f(t),\ y = g(t),\ a \le t \le b$인 원활한 곡선을 Y축을 회전축으로 하여 회전할 때 생기는 회전체의 겉넓이를 구하시오.

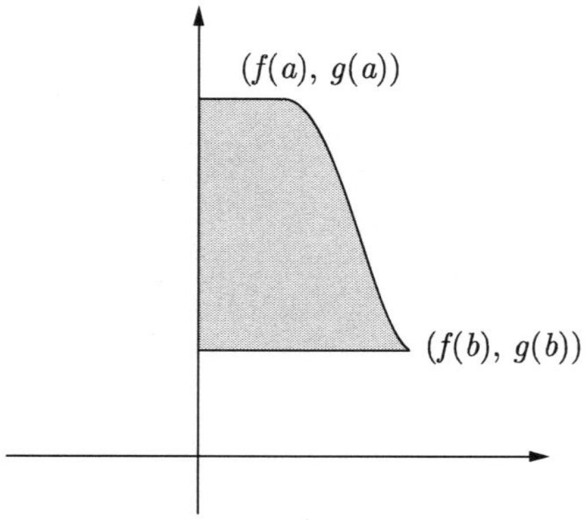

[그림 5-27] 원활한 곡선

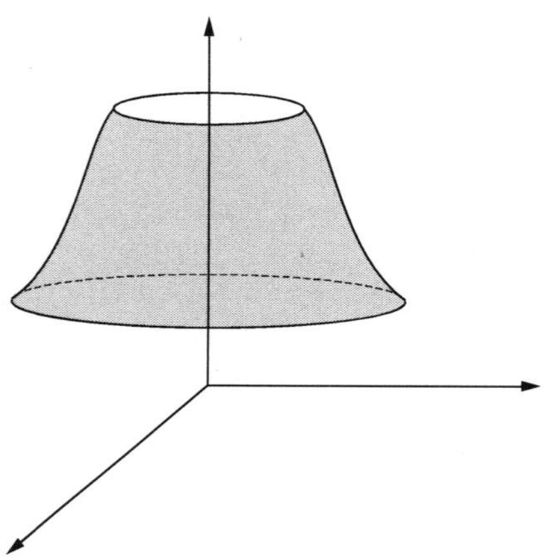

[그림 5-28] 회전체의 겉넓이

$[a,\ b]$를 다음과 같이 분할하자.

$$a = t_0 < t_1 < t_2 < \cdots < t_{n-1} < t_n = b$$

구하고자 하는 회전체의 겉넓이 A는 다음과 같다.

$$A = \sum_{i=1}^{n} A_i \approx \sum_{i=1}^{n} \overline{A}_i$$

$\overline{A}_i$ 는 원추대이므로 $\overline{A}_i$ 의 넓이는 다음과 같다.

$$\overline{A}_i = 2\pi \cdot \text{반지름의 평균} \cdot \text{사면의 높이}$$

그 결과 겉넓이 A는 다음과 같이 나타낼 수 있다.

$$\begin{aligned} A &= \lim_{|P| \to 0} \sum_{i=1}^{n} \overline{A}_i \\ &= \lim_{|P| \to 0} \sum_{i=1}^{n} 2\pi \cdot f(t_i) \cdot \Delta s_i \\ &= \int_a^b 2\pi \cdot f(t) ds \\ &= \int_a^b 2\pi \cdot f(t) \cdot \sqrt{f'(t)^2 + g'(t)^2}\, dt \end{aligned}$$

예제 1 다음을 Y축을 회전축으로 하여 회전할 때 생기는 회전체의 겉넓이를 구하시오.

$$x = r\sin t,\ y = r\cos t,\ -\frac{\pi}{2} \le t \le \frac{\pi}{2}$$

풀이

$$\begin{aligned} A &= \int_{-\frac{\pi}{2}}^{\frac{\pi}{2}} 2\pi \cdot r\cos t \sqrt{r^2\sin^2 t + r^2\cos^2 t}\, dt \\ &= 2\pi r^2 [\sin t]_{-\frac{\pi}{2}}^{\frac{\pi}{2}} \\ &= 2\pi r^2 \left(\sin\frac{\pi}{2} - \sin(-\frac{\pi}{2})\right) \\ &= 4\pi r^2 \end{aligned}$$

$x = g(y)$, $p \le y \le q$인 원활한 곡선을 Y축을 회전축으로 하여 회전할 때 생기는 회전체의 겉넓이를 구하시오.

먼저 $[p, q]$를 다음과 같이 분할하자.

$$p = t_0 < t_1 < t_2 < \cdots < t_{n-1} < t_n = q$$

구하고자 하는 회전체의 겉넓이 A는 다음과 같다.

$$A = \sum_{i=1}^{n} A_i \approx \sum_{i=1}^{n} \overline{A}_i$$

$\overline{A}_i$는 원추대이므로 $\overline{A}_i$의 넓이는 다음과 같다.

$$\overline{A}_i = 2\pi \cdot g(y_i) \cdot \Delta s_i$$

그 결과 겉넓이 A는 다음과 같이 나타낼 수 있다.

$$\begin{aligned} A &= \lim_{|P| \to 0} \sum_{i=1}^{n} \overline{A}_i \\ &= \int 2\pi \cdot g(y) ds \\ &= \int_p^q 2\pi \cdot g(y) \cdot \sqrt{1 + g'(x)^2}\, dy \end{aligned}$$

예제 2 다음을 Y축을 회전축으로 하여 회전할 때 회전체의 겉넓이를 구하시오.

$$x = \sqrt{r^2 - y^2},\ -r \le y \le r$$

풀이

$$\begin{aligned} A &= \int_{-r}^{r} 2\pi \cdot \sqrt{r^2 - y^2} \cdot \sqrt{1 + \frac{y^2}{r^2 - y^2}}\, dy \\ &= 2\pi \int_{-r}^{r} r dy \\ &= 2\pi r(r + r) \\ &= 4\pi r^2 \end{aligned}$$

연습문제 | 5.1 넓이

※ 다음의 직선 또는 곡선으로 둘러싸인 부분의 넓이를 구하시오.

01. $f(x)=5-2x^2,\ h(x)=0,\ x=1,\ x=-1$

02. $f(x)=x^2+3,\ g(x)=\dfrac{2x}{3},\ x=-2,\ x=1$

03. $h(y)=3y^2-5,\ x=2,\ y=-1,\ y=1$

04. $f(x)=5x^2,\ g(x)=x,\quad x=0,\ x=4$

05. $h(y)=4-3y^2,\ k(y)=1-2y$

06. $f(x)=4x^3,\ x=-1,\ x=3$

※ 다음의 직선 또는 곡선으로 둘러싸인 부분의 넓이를 구하시오.

07. $f(x)=1-x^2,\quad g(x)=3x^2-2$

08. $f(x)=x^3,\quad g(x)=2x^2-5$

09. $f(x)=-\dfrac{3x^3}{2},\quad g(x)=x-1$

10. $f(x)=3-x,\quad g(x)=-2+3x,\quad x=4$

11. $f(y)=6y^2,\quad g(y)=3-2y$

12. $f(y)=y^2-3,\quad g(x)=-y^2$

13. $f(x)=\sin 4x,\quad g(y)=-2,\ x=-\dfrac{\pi}{2},\ x=\dfrac{\pi}{2}$

14. $f(x)=\sqrt{x-7},\ x=7,\ y=0$

15. $f(x)=|\cos 3x|,\ y=1,\ x=0,\ x=\pi$

16. $f(x)=\sin x,\quad g(x)=-\sin x,\ x=-\pi,\ x=2\pi$

17. $g(y)=-4y+y^2+5,\ x=1$

18. $f(x)=\dfrac{1}{x},\quad g(x)=\dfrac{3}{x^2},\ x=1,\ x=9$

19. $y=6x^2$과 $y=7$로 둘러싸인 부분을 이등분하는 $y=t$를 구하시오.

20. $f(x)=x+5,\ g(x)=x^3,\ h(x)=-3x$로 둘러싸인 부분의 넓이를 구하시오.

연습문제 5.2 부피

01. 다음을 X축을 회전으로 하여 회전시킬 때 생기는 회전체의 부피를 구하시오.

$$f(x)=x^3+3,\ g(x)=0,\ x=0,\ x=3$$

02. 다음을 X축을 회전축으로 하여 회전시킬 때 생기는 회전체의 체적과 Y축을 회전축으로 하여 회전시킬 때 생기는 회전체의 부피를 각각 구하시오.

$$f(x)=-3x+9,\ g(x)=0,\ x=0$$

※ 다음을 X축을 회전축으로 하여 회전시킬 때 생기는 회전체의 부피를 구하시오.

03. $f(x)=5x$, X축, $x=3$

04. $f(x)=-3x^2+2x-1$, X축

05. $f(x)=\dfrac{3}{x}$, X축, $x=1$, $x=3$

06. $f(x)=\dfrac{1}{x^2}$, $x=4$, $y=\dfrac{1}{4}$

07. $f(x)=(x-3)^2$, $y=1$

08. $f(x)=\sqrt{x+2}$, $x=5$

※ 다음을 Y축을 회전축으로 하여 회전시킬 때 생기는 회전체의 부피를 구하시오.

09. $g(y)=y^{\frac{2}{3}}$, $x=0$, $y=1$

10. $g(y)=5-y^2$, $h(y)=3y^2+1$

11. $g(y)=5y^2$, $h(y)=y+5$

12. $g(y)=y^2$, $x=9$

13. $g(y)=\sqrt{2y}$, X축, $x=4$

14. $g(y)=y^{\frac{3}{2}}$, $y=9$, $x=0$

15. $f(x)=-\cos x$, $0\le x\le\dfrac{\pi}{2}$, X축, Y축으로 둘러싸인 부분을 입체도형의 밑면이라 하자. X축에 수직으로 자른 단면이 정사각형일 때 입체도형의 부피를 구하시오.

16. $f(x)=3-\dfrac{x^2}{2}$, X축, Y축으로 둘러싸인 부분을 입체도형의 밑면이라 하자. X축에 수직으로 자른 단면이 정삼각형일 때 입체도형의 부피를 구하시오.

※ 원주각의 방법으로 다음의 부피를 구하시오.

17. $f(x)=\dfrac{4}{x}$, $x=1$, $x=5$, 회전축은 Y축

18. $f(x)=5\sqrt{3x}$, $x=3$, $y=0$, 회전축은 $x=-1$

19. $f(x)=x^3$, $g(x)=2-3x$, Y축, 회전축은 Y축

20. $f(x)=x^2+2$, $g(x)=-3x^2$, Y축, $x=3$, 회전축은 Y축

연습문제 5.3 길이

※ 다음 곡선의 길이를 구하시오.

01. $f(x)=7x+5$, $0\le x\le 4$

02. $f(x)=-x^{\frac{3}{2}}$, $0\le x\le 25$

03. $f(x)=(5x^2-1)^{\frac{3}{2}}$, $1\le x\le 9$

04. $f(x)=\dfrac{x^3}{2}-\dfrac{3}{x}$, $1\le x\le 2$

05. $g(y)=5y^2-\dfrac{2}{y^2}$, $-2\le y\le -1$

06. $x=t^2-4, y=2t^2$, $0\le t\le 2$

07. $x=\cos t-3$, $y=\sin t$, $0\le t\le \pi$

08. $x=(1-t)^2$, $y=4(1-t)^2$, $0\le t\le 3$

09. $f(x)=7\sqrt{x}$, $1\le x\le 25$

10. $x^{\frac{2}{3}}+y^{\frac{2}{3}}=r^{\frac{2}{3}}$, $r>0$의 길이를 구하시오.

(힌트) $x=r\cos^3 t$, $y=r\sin^3 t$로 치환한다.

연습문제 5.4 겉넓이

※ 다음 곡선을 X축을 회전축으로 하여 회전시킬 때 생기는 회전체의 겉넓이를 구하시오.

01. $g(y)=7y^2,\ 0\le y\le 2,\ x=0$

02. $f(x)=2x^3+1,\ 0\le x\le 2$

03. $f(x)=\pi\sin x,\ 0\le x\le \dfrac{\pi}{2}$

04. $f(x)=-3x,\ 1\le x\le 4$

05. $f(x)=6\sqrt{x},\ 0\le x\le 16$

※ 다음 곡선을 Y축을 회전축으로 하여 회전시킬 때 생기는 회전체의 겉넓이를 구하시오.

06. $g(y)=2y-3,\ 0\le y\le 1$

07. $g(y)=\sqrt{3y^2-5y},\ 2\le y\le 3$

08. $x=t^2,\ y=-3\sin t,\ 0\le t\le \pi$

09. $f(x)=-\cos x+3,\ \pi\le x\le \dfrac{3\pi}{2}$

10. $g(y)=2y^2+1,\ 0\le y\le 1$

제 6 장

로그함수와 지수함수

자연 로그함수를 면적의 함수를 이용하여 정의하고 순증가 함수이므로 역함수가 존재한다. 이 역함수를 자연 지수함수라고 한다. 또한 지수함수에 대해서 알아보고 그의 역함수를 로그함수라고 하고 이들 함수의 특성과 도함수 그리고 역도함수에 대해서 알아본다.

6.1 역함수

함수가 전단사 함수인 경우 그의 역함수가 존재함을 공부했다. 연속 함수인 경우 더욱 편리한 방법으로의 역함수의 존재성에 대해서 알아보고 그의 특성과 도함수에 대해서 공부한다.

정의

함수 f는 정의역 X와 공변역 Y를 갖고 다음과 같이 나타낸다.

$$f: X \to Y$$
$$x \mapsto f(x)$$

이때 정의역 Y와 공변역 X를 갖고 다음과 같은 함수 f^{-1}를 함수 f의 역함수(inverse function)라 한다.

$$f^{-1}: Y \to X$$
$$y \mapsto f^{-1}(y)$$

예제 1 $f(x) = 9x^2$에 대해서 역함수의 존재여부를 알아보자.

풀이 함수의 정의에 의해서 $a = b$이면 반드시 다음을 만족한다.

$$f(a) = 9a^2 = 9b^2 = f(b)$$

그 결과 다음은 함수의 성질을 만족한다.

$$f(x) = 9x^2$$

그러면 f의 역함수 f^{-1}에 대해서 알아보자.

f^{-1}가 함수이기 위해서 함수의 정의를 만족하는가 알아보자. 즉 정의역의 같은 두 원소 $m=n$에 대해서 다음이 성립함을 알 수 있다.

$$f^{-1}(m)=\frac{\sqrt{m}}{3}\neq-\frac{\sqrt{n}}{3}=f^{-1}(n)$$

그 결과 f^{-1}는 함수가 아니다.

즉, $f(x)=9x^2$의 역함수가 존재하지 않음을 알 수 있다.

예제 2 $f(x)=2\cos x$에 대해서 역함수의 존재여부를 알아보자.

풀이 함수의 정의에 의해서 $a=b$에 대해서 다음이 성립함을 알 수 있다.

$$f(a)=2\cos(a)=2\cos(b)=f(b)$$

그 결과 $f(x)=2\cos x$는 함수이다.

다음은 f의 역함수인 f^{-1}에 대해서 알아보자.

f^{-1}의 정의역은 $[-1, 1]$이고, 치역은 $(-\infty, \infty)$이고, 정의역에 있는 $m=n=1$에 대해서 다음이 성립함을 알 수 있다.

$$f^{-1}(1)=\frac{\pi}{3}\neq\frac{5}{3}\pi=f^{-1}(1)$$

그 결과 f^{-1}는 함수가 아니다.

즉 $f(x)=2\cos x$의 역함수가 존재하지 않음을 알 수 있다.

역함수의 존재여부에 대해서 알아보자. 역함수가 존재할 필요충분조건은 함수는 일대일 대응이다. 다른 방법으로 역함수의 존재성에 대해서 알아보자.

정의

$f(x)$가 다음을 만족하면 순증가 함수라고 한다.

$$a<b \Rightarrow f(a)<f(b)$$

정리 1

다음을 만족하는 $f(x)$는 순증가 함수이다.

$$f'(x) > 0$$

정의

$f(x)$가 다음을 만족하면 순감소 함수라고 한다.

$$a < b \Rightarrow f(a) > f(b)$$

정리 2

다음을 만족하는 $f(x)$는 순감소 함수이다.

$$f'(x) < 0$$

정리 3

함수 $f(x)$가 주어진 정의역에서 연속이고, 순증가 또는 순감소이면 $f(x)$의 역함수가 존재한다.

예제 3 $f(x) = 2x^3 + 3x - 7$의 역함수가 존재하는 것을 증명하시오.

풀이 다음이 성립하여 역함수가 존재한다.

$$f'(x) = 6x^2 + 3 > 0$$

예제 4 $f(x) = 3\cos x$, $[\pi, 2\pi]$에서 역함수가 존재하는 것을 증명하시오.

풀이 모든 $x \in [\pi, 2\pi]$에 대해서 다음이 성립하여 역함수가 존재한다.

$$f'(x) = -3\sin x > 0$$

예제 5 $f(x) = -x^2$, $[0, \infty)$에서 역함수가 존재하는 것을 증명하시오.

풀이 $[0, \infty)$에 대해서 다음이 성립하여 역함수가 존재한다.

$$f'(x) = -2x < 0$$

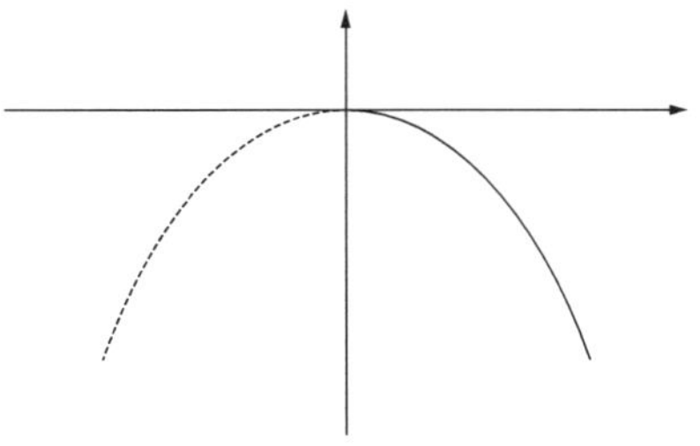

[그림 6-1] $f(x) = -x^2$ 역함수 존재

예제 6 $f(x) = 5x^2$, $(-\infty, 0]$ 에서 역함수가 존재하는 것을 증명하시오.

풀이 $(-\infty, 0]$에 대해서 다음이 성립하여 역함수가 존재한다.

$$f'(x) = 10x < 0$$

예제 7 $f(x) = 3\cos x$, $[0, \pi]$에서 역함수가 존재하는 것을 증명하시오.

풀이 모든 $x \in [0, \pi]$에 대해서 다음이 성립하여 역함수가 존재한다.

$$f'(x) = -3\sin x < 0$$

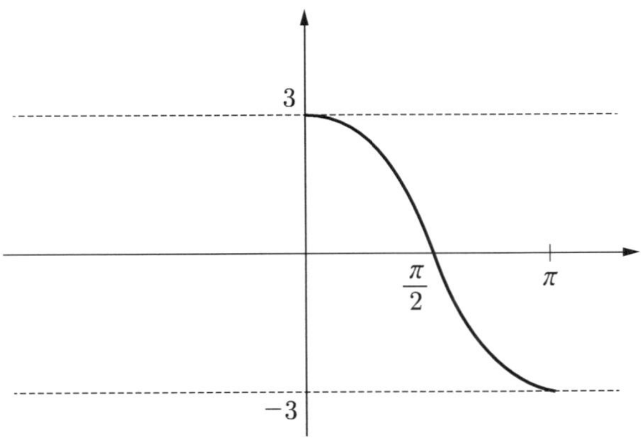

[그림 6-2] $f(x) = 3\cos x$ 역함수 존재

정리 4

함수 $f(x)$의 역함수 $f^{-1}(x)$가 존재하면 다음이 성립한다.

$$X \xrightarrow{f} Y \xrightarrow{f^{-1}} X, \qquad Y \xrightarrow{f^{-1}} X \xrightarrow{f} Y$$

$$f^{-1} \circ f = i_X, \qquad f \circ f^{-1} = i_Y$$

예제 8 $y = f(x) = 3x + 5$의 역함수를 구하고 다음을 증명하시오.

$$f^{-1}(f(x)) = x = i(x), \quad f(f^{-1}(y)) = y = i(y)$$

풀이 다음을 알 수 있다.

$$\begin{aligned} x &= \frac{1}{3}(y-5) \\ &= f^{-1}(y) \end{aligned}$$

그 결과 다음이 성립한다.

$$\begin{aligned} f^{-1}(f(x)) &= f^{-1}(3x+5) \\ &= \frac{1}{3}(3x+5-5) \\ &= x \end{aligned}$$

또한 다음이 성립한다.

$$\begin{aligned} f(f^{-1}(y)) &= f\left(\frac{1}{3}(y-5)\right) \\ &= 3 \cdot \left(\frac{1}{3}(y-5)\right) + 5 \\ &= y \end{aligned}$$

정리 5

주어진 함수 f에 대해서 f^{-1}가 존재하면 다음이 성립한다.

$$x = f^{-1}(y) \Leftrightarrow y = f(x)$$

증명 f가 함수이므로 다음이 성립한다.

$$f(x)=f(f^{-1}(y))$$
$$=y$$

또한 f^{-1}가 함수이므로 다음이 성립한다.

$$f^{-1}(y)=f^{-1}(f(x))$$
$$=x$$

정리 6

$y=f(x)$와 $y=f^{-1}(x)$는 직선 $y=x$에 관하여 대칭이다.

증명 점 (a, b)와 점 (b, a)는 $y=x$에 관해서 대칭이고, $y=f(x)$를 만족하는 점 (x, y)와 $x=f(y)$를 만족하는 점 (y, x)는 $y=x$에 관하여 대칭이다. 또한 $x=f(y) \Leftrightarrow y=f^{-1}(x)$이므로 $y=f(x)$와 $y=f^{-1}(x)$는 직선 $y=x$에 관하여 대칭이다.

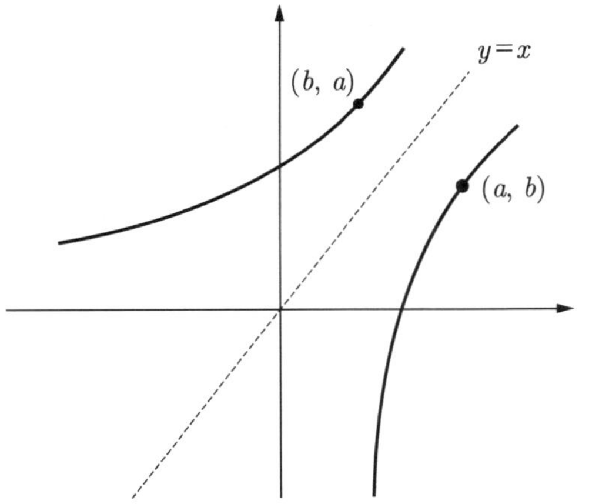

[그림 6-3] $y_1=f(x)$와 $y_2=f^{-1}(x)$는 $y=x$에 대칭

예제 9 $y=f(x)=\dfrac{x}{x-1}$ 일 때 $f^{-1}(x)$를 구하시오.

풀이 다음과 같다.

$$yx-y=x$$

그 결과 다음을 알 수 있다.

$$\begin{aligned} x &= \frac{y}{y-1} \\ &= f^{-1}(y) \end{aligned}$$

그러므로 다음과 같다.

$$f^{-1}(x) = \frac{x}{x-1}$$

정리 7

함수 $f(x)$가 구간 D에서 미분가능하고, 역함수가 존재할 때 모든 $x \in D$에 대해서 $f'(x) \neq 0$이면 다음과 같다.

$$(f^{-1})'(y) = \frac{1}{f'(x)}$$

증명 다음이 성립한다.

$$f^{-1} \circ f(x) = i(x)$$

양변을 미분하면 다음과 같다.

$$(f^{-1} \circ f)'(x) \cdot f'(x) = 1$$

그 결과 다음을 알 수 있다.

$$(f^{-1})'(y) = \frac{1}{f'(x)}$$

예제 10 $f(x) = x^4 + x^2 - 4x + 1$일 때 $(f^{-1})'(1)$를 구하시오.

풀이 $y = 1$ 일 때 $x = 0$ 이고 다음과 같다.

$$f'(x) = 4x^3 + 2x - 4$$

그 결과 다음을 알 수 있다.

$$(f^{-1})'(1) = \frac{1}{f'(0)} = -\frac{1}{4}$$

6.2 자연 로그함수와 자연 지수함수

자연 로그함수와 그의 역함수인 자연 지수함수의 여러 성질과 그들의 도함수 그리고 역도함수에 대해서 알아보자.

1. 자연 로그함수

정의

자연로그함수(natural logarithm function) ln 은 다음과 같이 정의한다.

$$\ln : (0, \infty) \to \mathbb{R}$$

$$x \mapsto \ln x = \int_1^x \frac{1}{t} dt$$

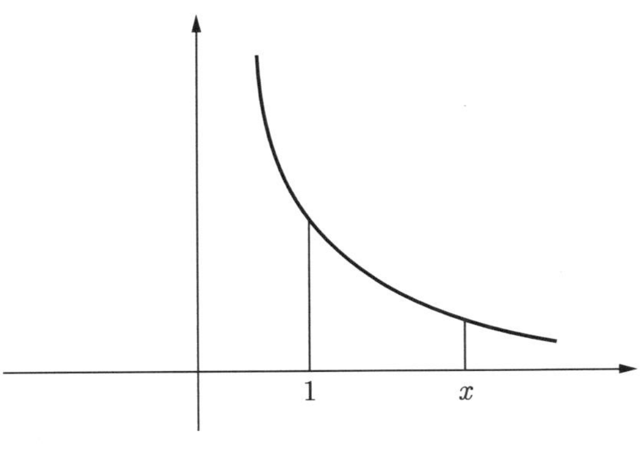

[그림 6-4] $f(t) = \dfrac{1}{t}$

정리 1

$\ln x$는 미분가능하고 다음과 같다.

$$D(\ln x) = \frac{1}{x}$$

증명 $D_x(\ln x) = D_x\left(\int_1^x \frac{1}{t}dt\right)$

$$= \frac{1}{x}$$

정리 2

> $\ln f(x)$는 미분가능하고 다음과 같다.
>
> $$D(\ln f(x)) = \frac{f'(x)}{f(x)}$$

증명 $D_x(\ln f(x))$를 구하기 위해서 다음과 같이 놓자.

$$f(x) = u,\ \ln f(x) = y$$

그러므로 다음을 알 수 있다.

$$\begin{aligned} D_x(\ln(f(x))) &= D_x y \\ &= D_x u \cdot D_u y \\ &= D_x f(x) \cdot D_u \ln u \\ &= f'(x) \cdot \frac{1}{u} \\ &= \frac{f'(x)}{f(x)} \end{aligned}$$

예제 1 $x = 5$에서 $\ln x$의 미분계수를 구하시오.

풀이 다음과 같이 놓자.

$$f(x) = \ln x$$

그러므로 다음을 알 수 있다.

$$\begin{aligned} D_x f(x) &= f'(x) \\ &= \frac{1}{x} \end{aligned}$$

그 결과 다음을 알 수 있다.

$$f'(5) = \frac{1}{5}$$

예제 2 $D_x(\ln\sqrt[3]{x^2})$를 구하시오.

풀이 $D_x(\ln\sqrt[3]{x^2}) = D_x(\ln x^{\frac{2}{3}})$

$$= \frac{\frac{2}{3}x^{-\frac{1}{3}}}{x^{\frac{2}{3}}}$$

$$= \frac{2}{3}x^{-1}$$

$$= \frac{2}{3x}$$

예제 3 $D_x(\ln|x|) = \frac{1}{x},\ x \neq 0$ 임을 증명하시오.

풀이 $x > 0$인 경우, $|x| = x$ 이고 다음을 알 수 있다.

$$D_x(\ln|x|) = D_x(\ln x) = \frac{1}{x}$$

$x < 0$인 경우 $|x| = -x$ 이고 다음을 알 수 있다.

$$D_x(\ln|x|) = D_x(\ln(-x)) = \frac{1}{x}$$

정리 3

$f(x) = \frac{1}{x},\ x \neq 0$ 는 적분가능하고 다음과 같다.

$$\int \frac{1}{x}dx = \ln|x| + c,\ x \neq 0$$

예제 4 $\int \frac{1}{3x+7}dx$ 를 구하시오.

풀이 다음과 같이 놓자.

$$3x + 7 = u$$

그러므로 다음을 알 수 있다.

$$3dx = du$$

그 결과 다음과 같다.

$$\begin{aligned}\int \frac{1}{3x+7}dx &= \int \frac{1}{u} \cdot \frac{1}{3}du \\ &= \frac{1}{3}\int \frac{1}{u}du \\ &= \frac{1}{3}\ln|u| + c \\ &= \frac{1}{3}\ln|3x+7| + c\end{aligned}$$

예제 5 $\int \tan x dx$를 구하시오.

풀이

$$\begin{aligned}\int \tan x dx &= \int \frac{\sin x}{\cos x}dx \\ &= -\int \frac{(-\sin x)}{\cos x}dx \\ &= -\ln|\cos x| + c\end{aligned}$$

자연로그함수의 성질에 대해서 알아보자.

정리 4

p, $q > 0$ 그리고 r이 유리수일 때 다음 식이 성립한다.

(a) $\ln 1 = 0$

(b) $\ln(p \cdot q) = \ln p + \ln q$

(c) $\ln \frac{p}{q} = \ln p - \ln q$

(d) $\ln p^r = r \ln p$

증명 (a) 정리에 의해 다음과 같다.

$$\ln 1 = \int_1^1 \frac{1}{t} = 0$$

(b) $x > 0$ 에 대해서 다음이 성립한다.

$$\begin{aligned} D_x \ln px &= \frac{p}{px} \\ &= \frac{1}{x} \end{aligned}$$

그리고 다음과 같다.

$$D_x \ln x = \frac{1}{x}$$

정리에 의해 $\ln px = \ln x + c$ 인 상수 c 가 존재한다.
특히 $x = 1$ 로 놓으면 다음이 성립한다.

$$\ln p = \ln 1 + c$$

그 결과 다음을 알 수 있다.

$$\begin{aligned} \ln px &= \ln x + c \\ &= \ln x + \ln p \end{aligned}$$

(c) (b)에서 $\ln\left(\frac{1}{q} \cdot q\right) = \ln\frac{1}{q} + \ln q = 0$ 이고 다음을 알 수 있다.

$$\ln\frac{1}{q} = -\ln q$$

그 결과 다음과 같다.

$$\begin{aligned} \ln\left(\frac{p}{q}\right) &= \ln\left(p \cdot \frac{1}{q}\right) \\ &= \ln p + \ln\left(\frac{1}{q}\right) \\ &= \ln p - \ln q \end{aligned}$$

(d) $x > 0$ 에 대해서 다음을 알 수 있다.

$$D_x(\ln x^r) = \frac{rx^{r-1}}{x^r}$$
$$= \frac{r}{x}$$

그리고 다음과 같다.

$$D_x(r\ln x) = r \cdot D_x(\ln x)$$
$$= r \cdot \frac{1}{x}$$
$$= \frac{r}{x}$$

정리에 의해서 다음을 만족하는 상수 c가 존재한다.

$$\ln x^r = r\ln x + c$$

특히 $x = 1$로 놓으면 다음이 성립한다.

$$\ln 1^r = r\ln 1 + c$$

$c = 0$에서 다음을 알 수 있다.

$$\ln x^r = r\ln x$$

예제 6 $f(x) = \ln \sqrt[3]{\dfrac{x^2+6}{x^7}}$, $x \neq 0$일 때 $f'(x)$를 구하시오.

풀이 $f(x) = \ln\left(\dfrac{x^2+6}{x^7}\right)^{\frac{1}{3}}$

$$= \frac{1}{3}\ln\left(\frac{x^2+6}{x^7}\right)$$
$$= \frac{1}{3}\{\ln(x^2+6) - \ln x^7\}$$
$$= \frac{1}{3}\{\ln(x^2+6) - 7\ln x\}$$

도함수를 구하면 다음과 같다.

$$f'(x) = \frac{1}{3}\left(\frac{2x}{x^2+6} - \frac{7}{x}\right)$$

이러한 방법을 로그미분법이라 한다.

예제 7 $f(x) = \ln\frac{x^9 \cdot \cos^2 x}{\sqrt{3+x^2}}$, $x > 0$일 때 $f'(x)$를 구하시오.

풀이 $f(x) = \ln(x^9 \cdot \cos^2 x) - \ln\sqrt{3+x^2}$

$$= \ln x^9 + \ln\cos^2 x - \frac{1}{2}\ln(x^2+3)$$

$$= 9\ln x + \ln\cos^2 x - \frac{1}{2}\ln(x^2+3)$$

도함수를 구하면 다음과 같다.

$$f'(x) = \frac{9}{x} + \frac{2\cos x(-\sin x)}{\cos^2 x} - \frac{2x}{2(x^2+3)}$$

$$= \frac{9}{x} - 2\tan x - \frac{x}{(x^2+3)}$$

예제 8 $f(x) = \ln x$의 그래프를 구하시오.

풀이 다음과 같다.

$$f'(x) = \frac{1}{x} > 0$$

그러므로 순증가이다.

또한 다음과 같다.

$$f''(x) = -\frac{1}{x^2} < 0$$

그러므로 아래로 오목이다.

$f(x) = \int_1^x \frac{1}{t}dt$에서 다음을 알 수 있다.

$$f(1) = 0$$

그리고 다음과 같다.

$$0 < x < 1 \quad \Rightarrow \quad f(x) < 0 \ \text{그리고} \ \ x > 1 \quad \Rightarrow \quad f(x) > 0$$

그 결과 그래프는 다음과 같다.

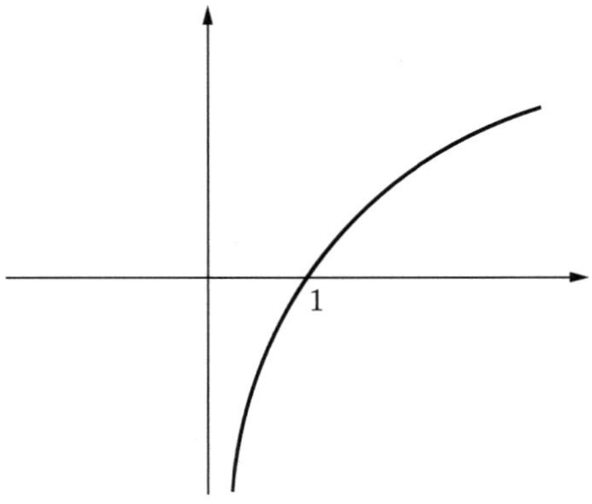

[그림 6–5] $f(x) = \ln x$

2. 자연 지수함수

다음이 성립하여 ln 의 역함수 $\ln^{-1}$ 이 존재한다.

$$D_x(\ln x) = \frac{1}{x} > 0$$

정의

$$\ln^{-1} : (-\infty, \infty) \rightarrow (0, \infty)$$

$$x \mapsto \ln^{-1}(x) \equiv \exp(x)$$

$\ln^{-1}$ 를 exp 로 표시하고 자연 지수함수라 한다.

정리 1

자연 로그함수 ln과 자연 지수함수 exp에 대해서 다음이 성립한다.

(a) $\exp \circ \ln = i_{(0, \infty)}$

(b) $\ln \circ \exp = i_{(-\infty, \infty)}$

증명 (a) 모든 $x > 0$에 대해서 다음과 같다.

$$\begin{aligned} \exp \circ \ln(x) &= x \\ &= i(x) \end{aligned}$$

(b) 모든 $y \in R$에 대해서 다음과 같다.

$$\begin{aligned} \ln \circ \exp(y) &= y \\ &= i(y) \end{aligned}$$

정리 2

다음의 동치관계가 성립한다.

$y = \ln x \Leftrightarrow x = \exp y$

증명 exp가 함수이므로 다음이 성립한다.

$$\begin{aligned} \exp y &= \exp(\ln x) \\ &= x \end{aligned}$$

ln가 함수이므로 다음이 성립한다.

$$\begin{aligned} \ln x &= \ln(\exp(y)) \\ &= y \end{aligned}$$

예제 1 exp 함수의 그래프를 구하시오.

풀이 ln과 exp는 역함수관계이다.

그러므로 다음은 $y = x$에 대해서 대칭이다.

$$f(x) = \exp(x), \quad f^{-1}(x) = \ln x$$

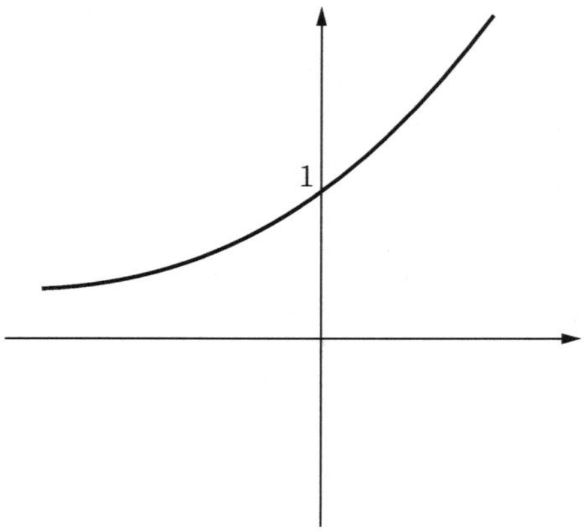

[그림 6-6] $f(x) = \exp x$

정의

다음을 만족하는 양수 x를 e로 표시한다.

$$\ln x = 1$$

e 는 약 2.7인 무리수이다.

정리 3

$$\exp(1) = e$$

증명 다음과 같다.

$$\ln e = 1$$

그러므로 다음을 알 수 있다.

$$\exp(\ln e) = \exp(1)$$

그 결과 다음과 같다.

$$\exp(1) = e$$

정리 4

r이 유리수이면 다음이 성립한다.

$$e^r = \exp(r)$$

증명
$$\begin{aligned} e^r &= (\exp(1))^r \\ &= \exp\{\ln(\exp1)^r\} \\ &= \exp\{r\ln(\exp1)\} \\ &= \exp(r) \end{aligned}$$

정의

t가 무리수인 경우 다음과 같이 정의한다.

$$e^t = \exp(t)$$

정리 5

모든 실수 x에 대해서 다음이 성립한다.

$$e^x = \exp(x)$$

정리 6

p, q가 실수이면 다음이 성립한다.

$$e^p \cdot e^q = e^{p+q} \quad \text{그리고} \quad \frac{e^p}{e^q} = e^{p-q}$$

증명
$$\begin{aligned} e^p \cdot e^q &= \exp(\ln e^p \cdot e^q) \\ &= \exp(\ln e^p + \ln e^q) \\ &= \exp(p+q) \\ &= e^{p+q} \end{aligned}$$

정리 7

자연 지수함수 에 대해서 다음이 성립한다.

$$\begin{aligned} D_x \exp(x) &= D_x e^x \\ &= e^x \end{aligned}$$

증명 exp는 ln의 역함수이다.

ln(x)은 미분가능하고 순증가이므로 다음도 역시 미분가능하다.

$$\exp(x) = e^x$$

다음과 같이 놓자.

$$y = e^x$$

그러므로 다음이 성립한다.

$$\begin{aligned} \ln y &= \ln e^x \\ &= x \end{aligned}$$

양변을 x에 관하여 미분하면 다음과 같다.

$$\frac{y'}{y} = 1$$

그 결과 다음을 알 수 있다.

$$\begin{aligned} D_x \exp(x) &= D_x e^x \\ &= e^x \end{aligned}$$

정리 8

자연 지수함수와 함수 $f(x)$에 대해서 다음이 성립한다.

$$\begin{aligned} D_x \exp f(x) &= D_x e^{f(x)} \\ &= f'(x) e^{f(x)} \end{aligned}$$

증명 $y=e^{f(x)}$에서 다음과 같이 놓자.

$$f(x)=u$$

그러므로 다음이 성립한다.

$$\begin{aligned} D_x y &= D_x u D_u y \\ &= D_x f(x) \cdot D_u e^u \\ &= f'(x)e^u \\ &= f'(x)e^{f(x)} \end{aligned}$$

즉, 다음과 같다.

$$\begin{aligned} D_x \exp f(x) &= D_x e^{f(x)} \\ &= e^{f(x)} \cdot f'(x) \end{aligned}$$

예제 2 $D_x \exp(x^2-5x+7)$를 구하시오.

풀이

$$\begin{aligned} D_x \exp(x^2-5x+7) &= \exp(x^2-5x+7)(x^2-5x+7)' \\ &= \exp(x^2-5x+7)(2x-5) \\ &= e^{(x^2-5x+7)} \cdot (2x-5) \end{aligned}$$

정리 9

자연 지수함수 에 대해서 다음이 성립한다.

$$\int e^x dx = e^x + c$$

증명 다음에서 알 수 있다.

$$D_x e^x = e^x$$

예제 3 $\int e^{-3x} dx$를 구하시오.

풀이 다음과 같이 놓자.

$$-3x=u$$

그러므로 다음이 성립한다.

$$-3dx=du$$

그 결과 다음을 알 수 있다.

$$\begin{aligned}\int e^{-3x}\,dx &= \int -\frac{1}{3}e^{u}\,du \\ &= -\frac{1}{3}e^{u}+c \\ &= -\frac{1}{3}e^{-3x}+c\end{aligned}$$

예제 4 $\int e^{\sin x}\cos x\,dx$ 를 구하시오.

풀이 다음과 같이 놓자.

$$\sin x=u$$

그러므로 다음이 성립한다.

$$\cos x\,dx=du$$

그 결과 다음을 알 수 있다.

$$\begin{aligned}\int e^{\sin x}\cos x\,dx &= \int e^{u}du \\ &= e^{u}+c \\ &= e^{\sin x}+c\end{aligned}$$

예제 5 $\int_0^1 2xe^{x^2}dx$ 를 구하시오.

풀이 다음과 같이 놓자.

$$x^2=u$$

그러므로 다음이 성립한다.

$$2x\,dx=du$$

그리고 다음과 같다.

$$\begin{aligned}\int 2xe^{x^2}dx &= \int 2xe^{u}\left(\frac{1}{2x}\right)du \\ &= \int e^{u}du \\ &= e^{x^2}+c\end{aligned}$$

그 결과 다음을 알 수 있다.

$$\begin{aligned}\int_0^1 xe^{x^2}dx &= \left[e^{x^2}\right]_0^1 \\ &= (e-1)\end{aligned}$$

3. 지수함수

자연 로그함수와 자연 지수함수를 이용하여 지수함수를 정의하고 그 성질과 도함수 그리고 역도함수에 대해서 알아본다.

정리 1

$p>0$이고 r이 유리수이면 다음이 성립한다.

$$p^r = e^{r\ln p}$$

증명

$$\begin{aligned}p^r &= \exp(\ln p^r) \\ &= \exp(r\ln p) \\ &= e^{r\ln p}\end{aligned}$$

정의

$p>0$이면 모든 무리수 t에 대해서 다음과 같이 정의한다.

$$\begin{aligned}p^t &= e^{t\ln p} \\ &= \exp(t\ln p)\end{aligned}$$

정리 2

$p > 0$이고 x가 실수이면 다음이 성립한다.

$\ln(p^x) = x\ln p$

증명 $\ln(p^x) = \ln(\exp(x)\ln p)$

$= x\ln p$

정리 3

$p > 0,\ q > 0$이고 실수 x, y에 대해서 다음이 성립한다.

(a) $p^x \cdot p^y = p^{x+y}$

(b) $\dfrac{p^x}{p^y} = p^{x-y}$

(c) $(p^x)^y = p^{xy}$

(d) $(pq)^x = p^x \cdot q^x$

(e) $\left(\dfrac{p}{q}\right)^x = \dfrac{p^x}{q^x}$

정리 4

$p > 0$이고 실수 x에 대해서 다음이 성립한다.

(a) $D_x\, p^x = p^x \ln p$

(b) $\displaystyle\int p^x dx = \left(\frac{1}{\ln p}\right)p^x + c, \quad p \neq 1$

증명 (a) $D_x\, p^x = D_x(\exp\ln p^x)$

$= D_x(e^{\ln p^x})$

$= e^{\ln p^x}(\ln p^x)'$

$= p^x \cdot (x\ln p)'$

$= p^x \cdot \ln p$

(b) (a)에 의해서 다음과 같다.

$$\frac{1}{\ln p} D_x\, p^x = p^x$$

또한 다음을 알 수 있다.

$$D_x \frac{p^x}{\ln p} = p^x$$

그러므로 다음이 성립한다.

$$\int p^x dx = \frac{p^x}{\ln p} + c, \quad p \neq 1$$

예제 1 $D_x 4^{\sqrt{x}}$ 을 구하시오.

풀이 다음과 같이 놓자.

$$\sqrt{x} = u$$

그러므로 다음과 같다.

$$\begin{aligned} D_x 4^{\sqrt{x}} &= D_x\, 4^u \\ &= 4^u \cdot \ln 4 D_x u \\ &= 4^{\sqrt{x}} \cdot \ln 4 \cdot \frac{1}{2\sqrt{x}} \\ &= \frac{\ln 4 \cdot 4^{\sqrt{x}}}{2\sqrt{x}} \end{aligned}$$

예제 2 $\int 8^{x^3} \cdot x^2 dx$ 를 구하시오.

풀이 다음과 같이 놓자.

$$x^3 = u$$

그러므로 다음과 같다.

$$3x^2 dx = du$$

그 결과 다음을 알 수 있다.

$$\int 8^{x^3} \cdot x^2 dx = \frac{1}{3}\int 8^u du$$
$$= \frac{1}{3}\left(\frac{8^u}{\ln 8}\right) + c$$
$$= \frac{8^{x^3}}{3\ln 8} + c$$

4. 로그함수

$0 < p < 1$ 이면 $f(x) = p^x$ 는 순감소함수이고 $p > 1$ 이면 $f(x) = p^x$ 는 순증가함수이다. 그러므로 이 두 경우에 $f(x) = p^x$ 의 역함수가 존재한다. 이 역함수를 p 를 밑으로 하는 로그함수라 한다. 그 결과 다음의 정의를 생각할 수 있다.

정의

$p \neq 1 > 0$ 이면 $y = \log_p x$ 와 $x = p^y$ 는 동치이다.

정리 1

p 를 밑으로 하는 로그함수와 자연로그함수에 대해서 다음이 성립한다.

$$\ln x = \log_e x$$

증명 다음이 성립한다.

$$x = p^y \Leftrightarrow y = \log_p x \quad \text{그리고} \quad x = e^y \Leftrightarrow y = \ln x$$

$p = e$ 인 경우 다음을 알 수 있다.

$$\ln x = \log_e x$$

정리 2

p를 밑으로 하는 로그함수에 대해서 다음이 성립한다.

$$D_x(\log_p x) = \frac{1}{x\ln p}$$

증명 다음이 성립한다.

$$y = \log_p x \quad \Leftrightarrow \quad x = p^y$$

그러므로 다음과 같다.

$$\begin{aligned}\ln x &= \ln p^y \\ &= y\ln p\end{aligned}$$

또한 다음을 알 수 있다.

$$y = \frac{\ln x}{\ln p} = \log_p x, \text{ 즉 } \log_p x = \frac{\ln x}{\ln p}$$

그 결과 다음이 성립한다.

$$\begin{aligned}D_x(\log_p x) &= D_x\left(\frac{\ln x}{\ln p}\right) \\ &= \frac{1}{\ln p}D_x(\ln x) \\ &= \frac{1}{x\ln p}\end{aligned}$$

예제 1 $f(x) = \log_5(x^2 - 3x + 6)$일 때 $f'(x)$를 구하시오.

풀이 다음과 같이 놓자.

$$x^2 - 3x + 6 = u$$

그러므로 다음과 같다.

$$(2x-3)\,dx = du$$

그 결과 다음을 알 수 있다.

$$\begin{aligned} f'(x) &= \frac{dy}{du} \\ &= \frac{dy}{du}\frac{du}{dx} \\ &= \frac{1}{u \cdot \ln 5} \cdot (2x-3) \\ &= \frac{2x-3}{(x^2-3x+6) \cdot \ln 5} \end{aligned}$$

정리 3

p가 무리수일 때 다음이 성립한다.

$D_x(x^p) = px^{p-1}$

증명

$$\begin{aligned} D_x(x^p) &= D_x(e^{p\ln x}) \\ &= e^{p\ln x} \cdot \frac{p}{x} \\ &= x^p \cdot \frac{p}{x} \\ &= px^{p-1} \end{aligned}$$

따름정리 4

a가 실수일 때 다음이 성립한다.

$D_x(x^a) = ax^{a-1}$

예제 2 $f(x) = x^x$, $x > 0$일 때 $f'(x)$를 구하시오.

풀이 두 가지 방법으로 $f'(x)$를 구해보자.

먼저 다음과 같이 구하여 보자.

$$\begin{aligned} f(x) &= x^x \\ &= e^{x\ln x} \end{aligned}$$

그러므로 다음을 알 수 있다.

$$f'(x) = x^x(\ln x + 1)$$

다음은 로그미분법으로 구하여 보자.

$y = x^x$ 에서 다음이 성립한다.

$$\begin{aligned}\ln y &= \ln x^x \\ &= x\ln x\end{aligned}$$

양변을 x로 미분하면 다음과 같다.

$$\begin{aligned}y' &= y(\ln x + 1) \\ &= x^x(\ln x + 1)\end{aligned}$$

예제 3 $f(x) = (3x^2+5)^{\sin x}$ 일 때 $f'(x)$를 구하시오.

풀이 $y = (3x^2+5)^{\sin x}$ 이므로 양변에 ln를 취하면 다음과 같다.

$$\ln y = \sin x \ln(3x^2+5)$$

양변을 x로 미분하면 다음과 같다.

$$\frac{y'}{y} = \cos x\ln(3x^2+5) + \left(\frac{6x}{3x^2+5}\right)\sin x$$

그 결과 다음을 알 수 있다.

$$y' = (3x^2+5)^{\sin x}\left[\cos x\ln(3x^2+5) + \left(\frac{6x}{3x^2+5}\right)\sin x\right]$$

예제 4 $\displaystyle\int_{\frac{1}{2}}^{1} \frac{5^{\frac{1}{x}}}{x^2}dx$ 를 구하시오.

풀이 다음과 같이 놓자.

$$\frac{1}{x} = u$$

그러므로 다음과 같다.

$$-\frac{1}{x^2}dx = du$$

그 결과 다음을 알 수 있다.

$$\int \frac{5^{\frac{1}{x}}}{x^2}dx = \int \frac{5^u}{x^2}(-x^2)du$$
$$=-\int 5^u du$$
$$=-\frac{1}{\ln 5}5^u + c$$
$$=-\frac{1}{\ln 5}\left[5^{\frac{1}{x}}\right]_{\frac{1}{2}}^{1} = \frac{20}{\ln 5}$$

정리 5

$$\lim_{h\to 0}(1+h)^{\frac{1}{h}} = e$$

증명 다음과 같이 놓자.

$$f(x) = \ln x$$

그러므로 다음과 같다.

$$f'(x) = \frac{1}{x}$$

그리고 다음을 알 수 있다.

$$f'(1) = 1$$

정의에 의해서 다음이 성립한다.

$$f'(1) = \lim_{h\to 0}\frac{f(h+1)-f(1)}{h}$$
$$=\lim_{h\to 0}\frac{\ln(h+1)-\ln 1}{h}$$
$$=\lim_{h\to 0}\frac{1}{h}\ln(1+h)$$

$$= \lim_{h \to 0} \ln(1+h)^{\frac{1}{h}} = 1$$

exp는 연속함수이므로 다음을 알 수 있다.

$$\begin{aligned} \lim_{h \to 0}(1+h)^{\frac{1}{h}} &= \lim_{h \to 0} \exp\ln(1+h)^{\frac{1}{h}} \\ &= \exp(\lim_{h \to 0} \ln(1+h)^{\frac{1}{h}}) \\ &= \exp(1) = e \end{aligned}$$

6.3 삼각함수의 역함수

삼각함수는 순증가 또는 순감소 함수의 조건을 충족하지 못하여 역함수가 존재할 수 없다. 축소함수를 구하여 삼각함수의 역함수를 구하고 이들의 특성과 도함수에 대해서 알아본다.

1. 역함수

삼각함수의 역함수에 대해서 알아보자. 먼저 $f(x)=\sin x$에 대하여 알아보자.
$\sin: \mathbb{R} \to [-1, 1]$에서 $\sin^{-1}: [-1, 1] \to \mathbb{R}$이고 다음과 같다.

$$\sin^{-1}(1)=\frac{\pi}{2}, \frac{5}{2}\pi, \cdots$$

그 결과 $\sin^{-1}$는 함수가 아니다.
그러나 sin 함수의 정의역을 축소하면 $\sin^{-1}$가 존재할 수 있다.
$\sin: \left[-\frac{\pi}{2}, \frac{\pi}{2}\right] \to [-1, 1]$에서 다음을 알 수 있다.

$$\sin^{-1}: [-1, 1] \to \left[-\frac{\pi}{2}, \frac{\pi}{2}\right]$$

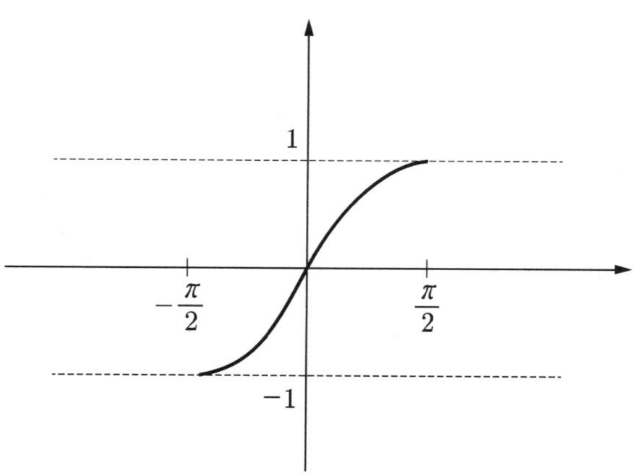

[그림 6-7] $\sin: \left[-\frac{\pi}{2}, \frac{\pi}{2}\right] \to [-1, 1]$

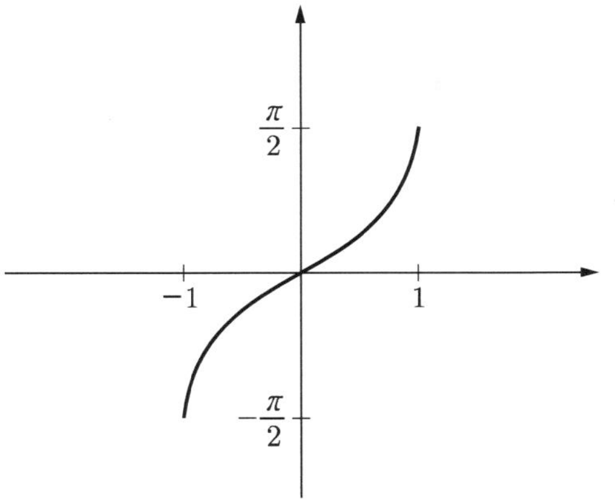

[그림 6–8] $\sin^{-1}:[-1,\ 1]\to\left[-\frac{\pi}{2},\ \frac{\pi}{2}\right]$

정의

$\sin^{-1}:[-1,1]\to\left[-\frac{\pi}{2},\frac{\pi}{2}\right]$이고 다음이 성립한다.

$$\sin^{-1}\circ\sin=i_{\left[-\frac{\pi}{2},\ \frac{\pi}{2}\right]},\qquad \sin\circ\sin^{-1}=i_{[-1,1]}$$

즉, 모든 $x\in\left[-\frac{\pi}{2},\ \frac{\pi}{2}\right]$에 대해서 다음과 같다.

$$\begin{aligned}\sin^{-1}\circ\sin(x)&=x\\&=i(x)\end{aligned}$$

또한 모든 $y\in[-1,\ 1]$에 대해서 다음과 같다.

$$\begin{aligned}\sin\circ\sin^{-1}(y)&=y\\&=i(y)\end{aligned}$$

예제 1 다음을 구하시오.

(a) $\sin^{-1}\left(\frac{\sqrt{3}}{2}\right)$ (b) $\sin^{-1}(-1)$

(c) $\sin^{-1}\left(\sin\frac{3}{2}\pi\right)$

풀이 (a) 다음과 같이 놓자.

$$\sin^{-1}\left(\frac{\sqrt{3}}{2}\right)=x$$

그러므로 다음이 성립한다.

$$\sin(x)=\frac{\sqrt{3}}{2},\ x\in\left[-\frac{\pi}{2},\frac{\pi}{2}\right]$$

그 결과 다음과 같다.

$$x=\frac{\pi}{3}$$

(b) 다음과 같이 놓자.

$$\sin^{-1}(-1)=x$$

그러므로 다음이 성립한다.

$$\sin(x)=-1,\ x\in\left[-\frac{\pi}{2},\frac{\pi}{2}\right]$$

그 결과 다음과 같다.

$$x=-\frac{\pi}{2}$$

(c) 다음을 알 수 있다.

$$\sin^{-1}(\sin 2\pi)=\sin^{-1}(0)$$

다음과 같이 놓자.

$$\sin^{-1}(0)=x$$

그러므로 다음이 성립한다.

$$\sin(x)=0,\ x\in\left[-\frac{\pi}{2},\frac{\pi}{2}\right]$$

그리고 다음과 같다.

$$x=0$$

즉, 다음을 알 수 있다.

$$\sin^{-1} \circ \sin(2\pi) \neq i(2\pi)$$

다음은 $f(x) = \cos x$에 대하여 알아보자. $\cos : \mathbb{R} \rightarrow [-1, 1]$에서 $\cos^{-1} : [-1, 1] \rightarrow \mathbb{R}$이고 다음과 같다.

$$\cos^{-1}(0) = \frac{\pi}{2}, \frac{5}{2}\pi, \frac{9}{2}\pi, \cdots$$

그 결과 $\cos^{-1}$는 함수가 아니다.

그러나 cos함수의 정의역을 축소하면 $\cos^{-1}$가 존재할 수 있다. $\cos : [0, \pi] \rightarrow [-1, 1]$에서 다음을 알 수 있다.

$$\cos^{-1} : [-1, 1] \rightarrow [0, \pi]$$

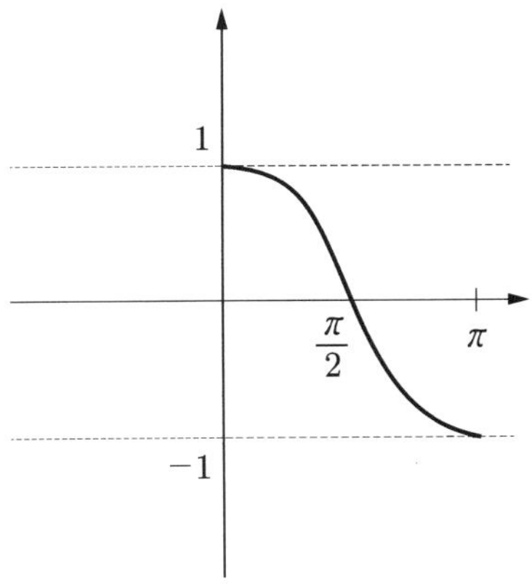

[그림 6-9]
$\cos : [0, \pi] \rightarrow [-1, 1]$

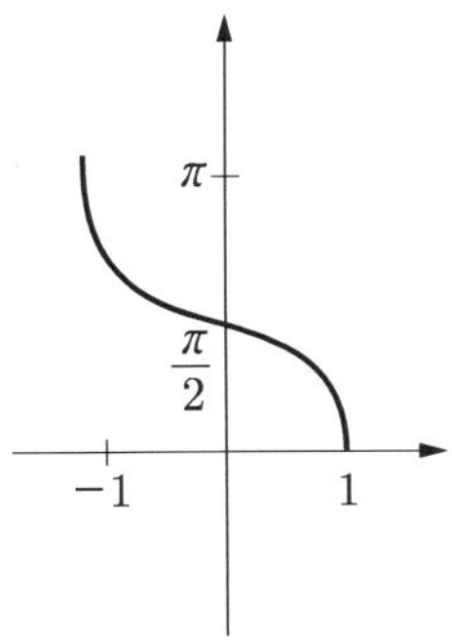

[그림 6-10]
$\cos^{-1} : [-1, 1] \rightarrow [0, \pi]$

정의

$\cos^{-1} : [-1, 1] \rightarrow [0, \pi]$이고 다음이 성립한다.

$$\cos^{-1} \circ \cos = i_{[0, \pi]}, \ \cos \circ \cos^{-1} = i_{[-1, 1]}$$

즉, 모든 $x \in [0, \pi]$ 에 대해서 다음과 같다.

$$\cos^{-1} \circ \cos(x) = x$$

또한 모든 $y \in [-1, 1]$ 에 대해서 다음과 같다.

$$\cos \circ \cos^{-1}(y) = y$$

예제 2 다음을 구하시오.

(a) $\cos^{-1}\left(\dfrac{\sqrt{2}}{2}\right)$ (b) $\cos^{-1}(-1)$

(c) $\cos\left(\cos^{-1}\dfrac{\sqrt{3}}{2}\right)$

풀이 (a) 다음과 같이 놓자.

$$\cos^{-1}\left(\frac{\sqrt{2}}{2}\right) = x$$

그러므로 다음이 성립한다.

$$\cos(x) = \frac{\sqrt{2}}{2}, \ x \in [0, \pi]$$

그리고 다음과 같다.

$$x = \frac{\pi}{4}$$

(b) 다음과 같이 놓자.

$$\cos^{-1}(-1) = x$$

그러므로 다음이 성립한다.

$$\cos(x) = -1, \ x \in [0, \pi]$$

그리고 다음과 같다.

$$x = \pi$$

(c) $\cos\left(\cos^{-1}\dfrac{\sqrt{3}}{2}\right)$에서 다음과 같이 놓자.

$$\cos^{-1}\left(\frac{\sqrt{3}}{2}\right) = x$$

그러므로 다음이 성립한다.

$$\cos(x) = \frac{\sqrt{3}}{2},\ x \in [0,\ \pi]$$

그리고 다음과 같다.

$$x = \frac{\pi}{6}$$

즉, 다음을 알 수 있다.

$$\cos\left(\frac{\pi}{6}\right) = \frac{\sqrt{3}}{2}$$

다음은 $f(x) = \tan x$에 대하여 알아보자. tan 함수 역시 정의역을 축소하면 역함수가 존재한다. $\tan : \left(-\frac{\pi}{2}, \frac{\pi}{2}\right) \to \mathbb{R}$ 에서 다음을 알 수 있다.

$$\tan^{-1} :\ \mathbb{R} \to \left(-\frac{\pi}{2}, \frac{\pi}{2}\right)$$

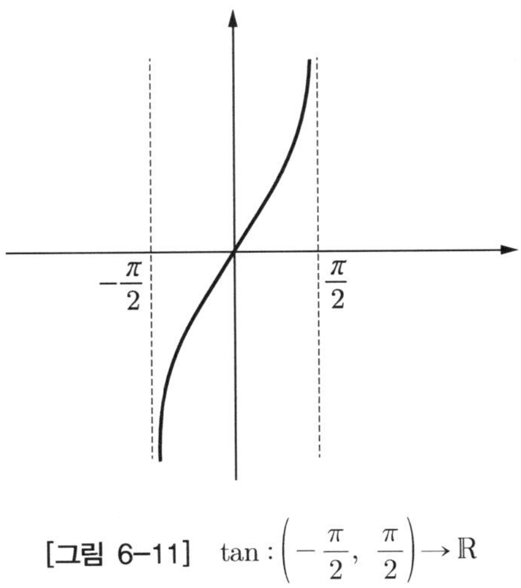

[그림 6-11] $\tan : \left(-\frac{\pi}{2},\ \frac{\pi}{2}\right) \to \mathbb{R}$

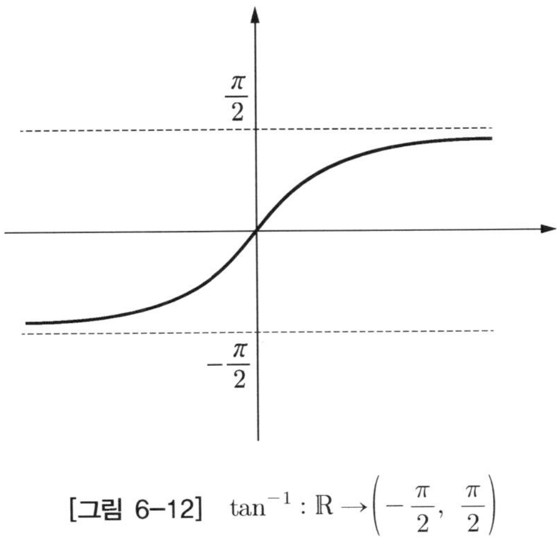

[그림 6-12] $\tan^{-1} : \mathbb{R} \to \left(-\frac{\pi}{2},\ \frac{\pi}{2}\right)$

정의

$\tan^{-1}: \mathbb{R} \to \left(-\frac{\pi}{2}, \frac{\pi}{2}\right)$이고 다음이 성립한다.

$$\tan^{-1} \circ \tan = i_{\left(-\frac{\pi}{2}, \frac{\pi}{2}\right)}, \quad \tan \circ \tan^{-1} = i_{\mathbb{R}}$$

즉, 모든 $x \in \left(-\frac{\pi}{2}, \frac{\pi}{2}\right)$에 대해서 다음과 같다.

$$\begin{aligned}\tan^{-1} \circ \tan(x) &= x \\ &= i(x)\end{aligned}$$

또한 모든 $y \in \mathbb{R}$ 에 대해서 다음과 같다.

$$\begin{aligned}\tan \circ \tan^{-1}(y) &= y \\ &= i(y)\end{aligned}$$

예제 3 다음을 구하시오.

(a) $\tan^{-1}(-\frac{\sqrt{3}}{3})$ (b) $\tan^{-1}\sqrt{3}$

(c) $\tan(\tan^{-1}(5))$ (d) $\tan^{-1}\tan\left(\frac{13}{4}\pi\right)$

풀이 (a) 다음과 같이 놓자.

$$\tan^{-1}(-\frac{\sqrt{3}}{3}) = x$$

그러므로 다음이 성립한다.

$$\tan x = -\frac{\sqrt{3}}{3}, x \in \left(-\frac{\pi}{2}, \frac{\pi}{2}\right)$$

그리고 다음과 같다.

$$x = -\frac{\pi}{3}$$

(b) 다음과 같이 놓자.

$$\tan^{-1}\sqrt{3} = x$$

그러므로 다음이 성립한다.

$$\tan x = \sqrt{3}\,, x \in \left(-\frac{\pi}{2}, \frac{\pi}{2}\right)$$

그리고 다음과 같다.

$$x = \frac{\pi}{3}$$

(c) 다음을 알 수 있다.

$$\tan(\tan^{-1}(5)) = i(5)$$

그러므로 다음이 성립한다.

$$\tan(\tan^{-1}(4)) = 4$$

(d) 다음이 성립한다.

$$\tan^{-1}\left(\tan\left(\frac{13}{4}\pi\right)\right) = \tan^{-1}(1)$$

다음과 같이 놓자.

$$\tan^{-1}(1) = x$$

다음을 알 수 있다.

$$\tan x = 1$$

그리고 다음과 같다.

$$x = \frac{\pi}{4}$$

다음은 $f(x) = \sec x$에 대하여 알아보자. sec 함수 역시 정의역을 축소하면 역함수가 존재한다. $\sec : \left[0, \frac{\pi}{2}\right) \cup \left(\frac{\pi}{2}, \pi\right] \to (-\infty, -1] \cup [1, \infty)$ 에서 다음을 알 수 있다.

$$\sec^{-1} : (-\infty, -1] \cup [1, \infty) \to \left[0, \frac{\pi}{2}\right) \cup \left(\frac{\pi}{2}, \pi\right]$$

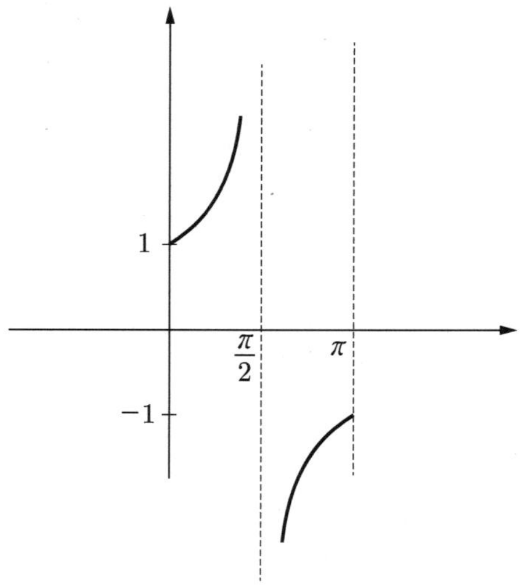

[그림 6-13] $\sec : \left[0,\ \frac{\pi}{2}\right) \cup \left(\frac{\pi}{2},\ \pi\right] \to (-\infty,\ -1] \cup [1,\ \infty)$

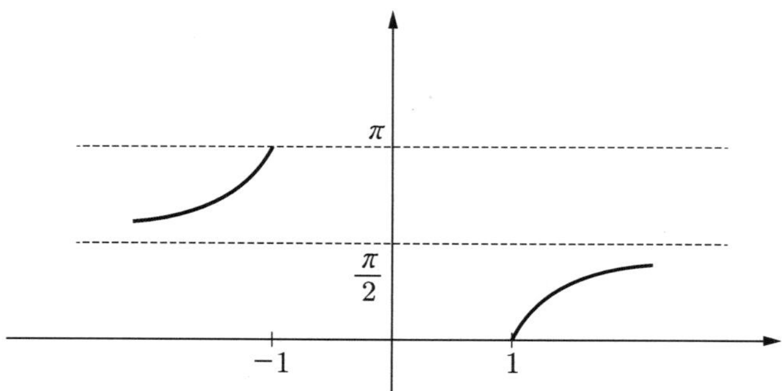

[그림 6-14] $\sec^{-1} : (-\infty,\ -1] \cup [1,\ \infty) \to \left[0,\ \frac{\pi}{2}\right) \cup \left(\frac{\pi}{2},\ \pi\right]$

정의

$\sec^{-1} : (-\infty, -1] \cup [1, \infty) \to \left(0, \frac{\pi}{2}\right] \cup \left(\frac{\pi}{2}, \pi\right]$ 이고 다음이 성립한다.

$$\sec^{-1} \circ \sec = i_{\left[0, \frac{\pi}{2}\right) \cup \left(\frac{\pi}{2}, \pi\right]}, \quad \sec \circ \sec^{-1} = i_{(-\infty, -1) \cup [1, \infty)}$$

즉, 모든 $x \in \left[0, \frac{\pi}{2}\right) \cup \left(\frac{\pi}{2}, \pi\right]$에 대해서 다음과 같다.

$$\begin{aligned} \sec^{-1} \circ \sec(x) &= x \\ &= i(x) \end{aligned}$$

모든 $y \in (-\infty, -1] \cup [1, \infty)$에 대해서 다음과 같다.

$$\begin{aligned} \sec \circ \sec^{-1}(y) &= y \\ &= i(y) \end{aligned}$$

예제 4 다음을 구하시오.

(a) $\sec^{-1}(1)$ (b) $\sec^{-1}(-\sqrt{2})$

풀이 (a) 다음과 같이 놓자.

$$\begin{aligned} y &= \sec x \\ &= \frac{1}{\cos x} \end{aligned}$$

다음이 성립한다.

$$x = \sec^{-1} y \quad \text{그리고} \quad x = \cos^{-1}\left(\frac{1}{y}\right)$$

그러므로 다음과 같다.

$$\sec^{-1} y = \cos^{-1}\left(\frac{1}{y}\right), \qquad \sec^{-1}(1) = \cos^{-1}(1)$$

그 결과 다음과 같이 놓자.

$$\cos^{-1}(1) = x$$

그러므로 다음과 같다.

$$\cos(x) = 1$$

다음을 알 수 있다.

$$x = 0$$

즉, 다음이 성립한다.

$$\sec^{-1}(1) = 0$$

(b) 다음이 성립한다.

$$\sec^{-1}(-\sqrt{2}) = \cos^{-1}\left(-\frac{1}{\sqrt{2}}\right)$$

다음과 같이 놓자.

$$\cos^{-1}\left(-\frac{1}{\sqrt{2}}\right) = x$$

다음을 알 수 있다.

$$\cos(x) = -\frac{1}{\sqrt{2}},\ x \in [0, \pi]$$

그리고 다음과 같다.

$$x = \frac{3}{4}\pi$$

예제 5 다음을 증명하시오.

(a) $\sin(\cos^{-1}x) = \sqrt{1-x^2}$ (b) $\cos(\sin^{-1}x) = \sqrt{1-x^2}$

(c) $\sec(\tan^{-1}x) = \sqrt{1+x^2}$ (d) $\tan(\sec^{-1}x) = \pm\sqrt{x^2-1}$

풀이 (a) $\sin^2\theta + \cos^2\theta = 1$에서 다음을 알 수 있다.

$$\sin^2\theta = 1 - \cos^2\theta$$

그리고 다음과 같다.

$$\sin\theta = \pm\sqrt{1-\cos^2\theta}$$

즉 θ가 제 1, 2상한이면 $\sin\theta$는 양수이고 θ가 3, 4상한이면 $\sin\theta$는 음수이다.

다음과 같이 놓자.

$$\theta = \cos^{-1}x$$

그러므로 다음이 성립한다.

$$0 \leq \cos^{-1}x \leq \pi$$

다음과 같다.

$$\begin{aligned}\sin(\cos^{-1}x) &= \sqrt{1-\cos^2(\cos^{-1}x)} \\ &= \sqrt{1-x^2}\end{aligned}$$

(b) $\sin^2\theta + \cos^2\theta = 1$ 에서 다음을 알 수 있다.

$$\cos^2\theta = 1 - \sin^2\theta$$

그리고 다음과 같다.

$$\cos\theta = \pm\sqrt{1-\sin^2\theta}$$

즉 θ가 제1, 4상한이면 $\cos\theta$는 양수이고 θ가 제 2, 3상한이면 $\cos\theta$는 음수이다.
다음과 같이 놓자.

$$\theta = \sin^{-1}x$$

그러므로 다음이 성립한다.

$$-\frac{\pi}{2} \leq \sin^{-1}x \leq \frac{\pi}{2}$$

다음과 같다.

$$\begin{aligned}\cos(\sin^{-1}x) &= \sqrt{1-\sin^2(\sin^{-1}x)} \\ &= \sqrt{1-x^2}\end{aligned}$$

(c) $\sec^2\theta = 1 + \tan^2\theta$ 에서 다음을 알 수 있다.

$$\sec\theta = \pm\sqrt{1+\tan^2\theta}$$

θ가 제1, 4상한이면 $\sec\theta$는 양수이고, θ가 제2, 3상한이면 $\sec\theta$는 음수이다.
다음과 같이 놓자.

$$\theta = \tan^{-1}x$$

그러므로 다음이 성립한다.

$$-\frac{\pi}{2} < \tan^{-1}x < \frac{\pi}{2}$$

다음과 같다.

$$\begin{aligned}\sec\theta &= \sqrt{1+\tan^2(\tan^{-1}x)} \\ &= \sqrt{1+x^2}\end{aligned}$$

(d) $\sec^2\theta = 1+\tan^2\theta$ 에서 다음을 알 수 있다.

$$\tan^2\theta = \sec^2\theta - 1$$

그리고 다음과 같다.

$$\tan\theta = \pm\sqrt{\sec^2\theta - 1}$$

θ 가 제1, 3상한이면 $\tan\theta$ 는 양수이고, θ 가 제2, 4상한이면 $\tan\theta$ 는 음수이다.

다음과 같이 놓자.

$$\theta = \sec^{-1}x$$

그러므로 다음이 성립한다.

$$\sec^{-1}x \in \left[0, \frac{\pi}{2}\right) \cup \left(\frac{\pi}{2}, \pi\right]$$

그 결과 $\sec^{-1}x \in \left[0, \frac{\pi}{2}\right)$ 이면 다음과 같다.

$$\tan(\sec^{-1}x) = \sqrt{x^2-1}$$

또한 $\sec^{-1}x \in \left(\frac{\pi}{2}, \pi\right]$ 이면 다음과 같다.

$$\tan(\sec^{-1}x) = -\sqrt{x^2-1}$$

그 결과 다음을 알 수 있다.

$$\tan(\sec^{-1}x) = \pm\sqrt{x^2-1}$$

예제 6 $\sin\left(2\cos^{-1}\left(\frac{1}{4}\right)\right)$ 을 구하시오.

풀이 다음과 같다.

$$\sin 2\theta = 2\sin\theta \cdot \cos\theta$$

그 결과 다음을 알 수 있다.

$$\begin{aligned}\sin\left(2\cos^{-1}\left(\frac{1}{4}\right)\right) &= 2\sin\left(\cos^{-1}\left(\frac{1}{4}\right)\right) \cdot \cos\left(\cos^{-1}\left(\frac{1}{4}\right)\right) \\ &= \frac{\sqrt{15}}{8}\end{aligned}$$

예제 7 $\cos(2\tan^{-1}x) = \dfrac{1-x^2}{1+x^2}$ 임을 증명하시오.

풀이 다음과 같다.

$$\cos 2\theta = 2\cos^2\theta - 1$$

그러므로 다음을 알 수 있다.

$$\begin{aligned}\cos(2\tan^{-1}x) &= 2\cos^2(\tan^{-1}x) - 1 \\ &= \frac{2}{\sec^2(\tan^{-1}x)} - 1 \\ &= \frac{2}{(\sqrt{1+x^2})^2} - 1 \\ &= \frac{2-1-x^2}{1+x^2} \\ &= \frac{1-x^2}{1+x^2}\end{aligned}$$

예제 8 $\sin^{-1}(-x) = -\sin^{-1}(x)$ 임을 증명하시오.

풀이 다음과 같이 놓자.

$$\sin^{-1}(-x) = u$$

그러므로 다음을 알 수 있다.

$$\sin u = -x,\ u \in \left[-\frac{\pi}{2}, \frac{\pi}{2}\right]$$

그리고 $-\sin u = x$ 이고 다음과 같다.

$$\sin(-u) = x$$

또한 다음이 성립한다.

$$-u = \sin^{-1}(x)$$

그 결과 다음을 알 수 있다.

$$u = -\sin^{-1}(x)$$

예제 9 $\cos^{-1}(-x) = \pi - \cos^{-1}(x)$ 임을 증명하시오.

풀이 다음과 같이 놓자.

$$\cos^{-1}(-x) = v$$

그러므로 다음을 알 수 있다.

$$\cos v = -x,\ v \in [0,\ \pi]$$

다음과 같다.

$$\begin{aligned} x &= -\cos v \\ &= \cos(\pi - v) \end{aligned}$$

그 결과 다음을 알 수 있다.

$$\cos^{-1}(x) = \pi - v \quad \text{또는} \quad v = \pi - \cos^{-1}(x)$$

예제 10 $\sin^{-1}x + \cos^{-1}x = \dfrac{\pi}{2}$ 임을 증명하시오.

풀이 다음과 같이 놓자.

$$\sin^{-1}(x) = u,\ \cos^{-1}x = v$$

그러므로 다음을 알 수 있다.

$$\sin u = x,\ \cos v = x,\ u \in \left[-\frac{\pi}{2},\ \frac{\pi}{2}\right],\ v \in [0,\ \pi]$$

즉, 다음이 성립한다.

$$\begin{aligned}\sin u &= x \\ &= \cos v \\ &= \sin\left(\frac{\pi}{2} - v\right)\end{aligned}$$

그리고 다음과 같다.

$$\sin^{-1}(\sin u) = \sin^{-1}\left(\sin\left(\frac{\pi}{2} - v\right)\right)$$

그 결과 다음을 알 수 있다.

$$u = \frac{\pi}{2} - v \quad \text{또는} \quad u + v = \frac{\pi}{2}$$

2. 삼각함수의 역함수의 미분

정리 1

삼각함수의 역함수에 대해서 다음이 성립한다.

(a) $D_x \sin^{-1} x = \dfrac{1}{\sqrt{1-x^2}}, \ -1 < x < 1$

(b) $D_x \cos^{-1} x = -\dfrac{1}{\sqrt{1-x^2}}, \ -1 < x < 1$

(c) $D_x \tan^{-1} x = \dfrac{1}{1+x^2}$

(d) $D_x \sec^{-1} x = \dfrac{1}{|x|\sqrt{x^2-1}}, \ |x| > 1$

(e) $D_x \cot^{-1} x = -\dfrac{1}{1+x^2}$

(f) $D_x \csc^{-1} x = -\dfrac{1}{x\sqrt{x^2-1}}$

증명 (a) 다음과 같이 놓자.

$$y = \sin^{-1}x$$

그러므로 다음과 같다.

$$\sin y = x$$

양변을 미분하면 다음을 알 수 있다.

$$\cos y \cdot y' = 1$$

그 결과 다음을 알 수 있다.

$$\begin{aligned} y' &= \frac{1}{\cos y} \\ &= \frac{1}{\cos(\sin^{-1}x)} \\ &= \frac{1}{\sqrt{1-x^2}} \end{aligned}$$

(b) 다음과 같이 놓자.

$$y = \cos^{-1}x$$

그러므로 다음과 같다.

$$\cos y = x$$

양변을 미분하면 다음을 알 수 있다.

$$-\sin y \cdot y' = 1$$

그 결과 다음을 알 수 있다.

$$\begin{aligned} y' &= -\frac{1}{\sin y} \\ &= -\frac{1}{\sin(\cos^{-1}x)} \\ &= -\frac{1}{\sqrt{1-x^2}} \end{aligned}$$

(c) 다음과 같이 놓자.

$$y = \tan^{-1}x$$

그러므로 다음과 같다.

$$\tan y = x$$

양변을 미분하면 다음을 알 수 있다.

$$\sec^2 y \cdot y' = 1$$

그 결과 다음을 알 수 있다.

$$\begin{aligned} y' &= \frac{1}{\sec^2 y} \\ &= \frac{1}{\sec^2(\tan^{-1}x)} \\ &= \frac{1}{1+x^2} \end{aligned}$$

(d) 다음과 같이 놓자.

$$y = \sec^{-1}x$$

그러므로 다음과 같다.

$$\sec y = x$$

양변을 미분하면 다음을 알 수 있다.

$$\sec y \cdot \tan y \cdot y' = 1$$

그 결과 다음을 알 수 있다.

$$\begin{aligned} y' &= \frac{1}{\sec y \tan y} \\ &= \frac{1}{\sec(\sec^{-1}x)\tan(\sec^{-1}x)} \\ &= \frac{1}{(x)(\pm\sqrt{x^2-1})} \\ &= \frac{1}{|x|\sqrt{x^2-1}} \end{aligned}$$

(e) 다음과 같이 놓자.

$$y = \cot^{-1}x$$

그러므로 다음과 같다.

$$\cot y = x$$

양변을 미분하면 다음을 알 수 있다.

$$-\csc^2 y \cdot y' = 1$$

그 결과 다음을 알 수 있다.

$$\begin{aligned} y' &= -\frac{1}{\csc^2 y} \\ &= -\frac{1}{\csc^2(\cot^{-1}x)} \\ &= -\frac{1}{\sqrt{1+x^2}} \end{aligned}$$

(f) 다음과 같이 놓자.

$$y = \csc^{-1}x$$

그러므로 다음과 같다.

$$\csc y = x$$

양변을 미분하면 다음을 알 수 있다.

$$-\csc y \cdot \cot y \cdot y' = 1$$

그 결과 다음을 알 수 있다.

$$\begin{aligned} y' &= -\frac{1}{\csc y \cdot \cot y} \\ &= -\frac{1}{\csc(\csc^{-1}x) \cdot \cot(\csc^{-1}x)} \\ &= -\frac{1}{|x|\sqrt{x^2-1}} \end{aligned}$$

예제 1 $D_x \tan^{-1}\sqrt{3x+1}$ 을 구하시오.

풀이 정리와 연쇄법칙에 의하여 다음을 알 수 있다.

$$D_x \tan^{-1}\sqrt{3x+1} = \frac{1}{1+(\sqrt{3x+1})^2}(\sqrt{3x+1})'$$

$$= \frac{1}{1+(3x+1)} \cdot \frac{3}{2}(3x+1)^{-\frac{1}{2}}$$

$$= \frac{3}{2(3x+2)\sqrt{3x+1}}$$

예제 2 $y = \sec^{-1}\left(\frac{x^2+1}{x^2-1}\right)$일 때 y'을 구하시오.

풀이 다음과 같이 놓자.

$$v = \frac{x^2+1}{x^2-1}$$

그러므로 다음을 알 수 있다.

$$\frac{dy}{dx} = \frac{dy}{dv} \cdot \frac{dv}{dx}$$

$$= (\sec^{-1}v)' \cdot \left(\frac{x^2+1}{x^2-1}\right)'$$

$$= \frac{1}{|v|\sqrt{v^2-1}} \cdot -\frac{4x}{(x^2-1)^2}$$

$$= \frac{1}{\frac{|x^2+1|}{|x^2-1|} \cdot \sqrt{\frac{(x^2+1)^2-(x^2-1)^2}{(x^2-1)^2}}} \cdot -\frac{4x}{(x^2-1)^2}$$

$$= -\frac{2x}{|x|(x^2-1)}$$

정리 2

다음과 같은 적분법칙이 성립한다.

(a) $\int \frac{1}{\sqrt{1-x^2}}dx = \sin^{-1}x + c$　　(b) $\int \frac{1}{1+x^2}dx = \tan^{-1}x + c$

(c) $\int \frac{1}{x\sqrt{x^2-1}}dx = \sec^{-1}x + c$

예제 3 $\int \frac{3x}{1+x^4}dx$ 를 구하시오.

풀이 다음과 같이 놓자.

$$x^2 = u$$

그러므로 다음과 같다.

$$2x \ \ dx = du$$

그 결과 다음을 알 수 있다.

$$\begin{aligned}\int \frac{3x}{1+x^4}dx &= \frac{3}{2}\int \frac{1}{1+u^2}du \\ &= \frac{3}{2}\tan^{-1}u + c \\ &= \frac{3}{2}\tan^{-1}(x^2) + c\end{aligned}$$

예제 4 $\int_0^{\sqrt{7}} \frac{dx}{\sqrt{7-x^2}}$ 를 구하시오.

풀이 $$\begin{aligned}\int \frac{1}{\sqrt{7-x^2}}dx &= \int \frac{1}{\sqrt{7}\sqrt{1-\left(\frac{x}{\sqrt{7}}\right)^2}}dx \\ &= \frac{1}{\sqrt{7}}\int \frac{dx}{\sqrt{1-\left(\frac{x}{\sqrt{7}}\right)^2}}\end{aligned}$$

다음과 같이 놓자.

$$\frac{x}{\sqrt{7}} = u$$

그러므로 다음과 같다.

$$dx = \sqrt{7}\,du$$

그 결과 다음을 알 수 있다.

$$\frac{1}{\sqrt{7}}\int\frac{dx}{\sqrt{1-\left(\frac{x}{\sqrt{7}}\right)^2}}=\frac{1}{\sqrt{7}}\int\frac{\sqrt{7}\,du}{\sqrt{1-u^2}}$$

$$=\sin^{-1}(u)+c$$

$$=\left[\sin^{-1}\left(\frac{x}{\sqrt{7}}\right)\right]_0^{\sqrt{7}}$$

$$=\sin^{-1}(1)-\sin^{-1}(0)$$

$$=\frac{\pi}{2}$$

예제 5 $\int_1^2(x^2-2x+4)^{-\frac{3}{2}}dx$ 를 구하시오.

풀이 다음이 성립한다.

$$x^2-2x+4=(x-1)^2+3$$

다음과 같이 놓자.

$$x-1=\sqrt{3}\tan t$$

그러므로 다음과 같다.

$$\int_1^2(x^2-2x+4)^{-\frac{3}{2}}dx=\int_0^{\frac{\pi}{6}}\frac{\sqrt{3}\sec^2 t}{(3+3\tan^2 t)^{\frac{3}{2}}}dt$$

$$=\int_0^{\frac{\pi}{6}}\frac{\sqrt{3}\sec^2 t}{(3\ \sec^2 t)^{\frac{3}{2}}}dt$$

$$=\frac{1}{3}\int_0^{\frac{\pi}{6}}\cos t\,dt$$

$$=\frac{1}{3}\cdot\frac{1}{2}=\frac{1}{6}$$

6.4 쌍곡선함수

e^x 와 e^{-x} 의 합과 차로 이루어진 쌍곡선함수의 특징과 그들의 도함수와 역도함수에 대해서 알아본다. 또한 쌍곡선함수의 역함수를 구하고 그들의 도함수에 대해서 공부한다.

1. 쌍곡선함수

정의

쌍곡선함수는 다음과 같이 정의한다.

(a) $\sinh x = \dfrac{e^x - e^{-x}}{2}$ (b) $\cosh x = \dfrac{e^x + e^{-x}}{2}$

(c) $\tanh x = \dfrac{\sinh x}{\cosh x}$ (d) $\coth x = \dfrac{\cosh x}{\sinh x}$

(e) $\operatorname{sech} x = \dfrac{1}{\cosh x}$ (f) $\operatorname{csch} x = \dfrac{1}{\sinh x}$

정리 1

쌍곡선함수에 대해서 다음이 성립한다.

$$\cosh^2 x - \sinh^2 x = 1$$

증명 $\cosh^2 x - \sinh^2 x = \left(\dfrac{e^x + e^{-x}}{2}\right)^2 - \left(\dfrac{e^x - e^{-x}}{2}\right)^2$

$$= \frac{1}{4}(e^{2x} + 2 + e^{-2x} - e^{2x} + 2 - e^{-2x}) = 1$$

그 결과 다음을 알 수 있다.

$x = \cosh t,\ y = \sinh t$로 놓으면 다음이 성립한다.

$$x^2 - y^2 = 1$$

$x \geq 0$이므로 그래프는 다음과 같다.

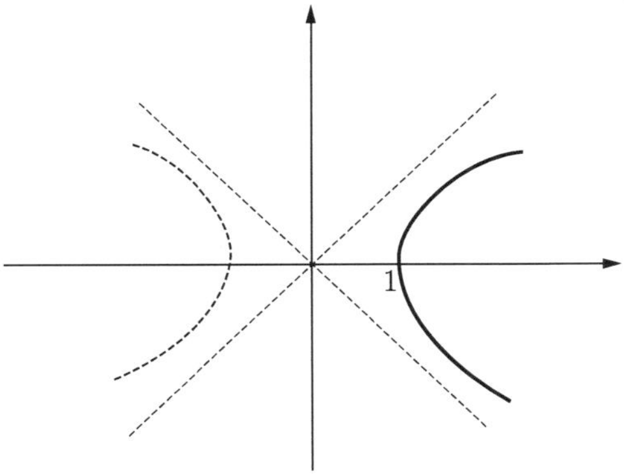

[그림 6-15] $x^2 - y^2 = 1 \ (x > 0)$

정리 2

(a) sinh는 기함수이다.

(b) cosh는 우함수이다.

(c) tanh는 기함수이다.

(d) cosec는 기함수이다.

(e) sech는 우함수이다.

(f) coth는 기함수이다.

증명 (a) 다음을 만족하므로 sinh는 기함수이다

$$\begin{aligned} \sinh(-x) &= \frac{e^{-x} - e^{x}}{2} \\ &= \frac{-(e^{x} - e^{-x})}{2} \\ &= -\sinh(x) \end{aligned}$$

(b) 다음을 만족하므로 cosh는 우함수이다.

$$\cosh(-x) = \frac{e^{x} + e^{-x}}{2}$$

$$= \cosh(x)$$

(c) 다음을 만족하므로 tanh 는 기함수이다.

$$\begin{aligned}\tanh(-x) &= \frac{\sinh(-x)}{\cosh(-x)} \\ &= -\frac{\sinh x}{\cosh x} \\ &= -\tanh x\end{aligned}$$

(d) 다음을 만족하므로 cosech는 기함수이다.

$$\begin{aligned}\operatorname{cosech}(-x) &= \frac{1}{\sinh(-x)} \\ &= -\frac{1}{\sinh x} \\ &= -\operatorname{cosech} x\end{aligned}$$

(e) 다음을 만족하므로 sech는 우함수이다.

$$\begin{aligned}\operatorname{sech}(-x) &= \frac{1}{\cosh(-x)} \\ &= -\frac{1}{\cosh x} \\ &= \operatorname{sech} x\end{aligned}$$

(f) 다음을 만족하므로 coth는 기함수이다.

$$\begin{aligned}\coth(-x) &= \frac{\cosh(-x)}{\sinh(-x)} \\ &= -\frac{\cosh x}{\sinh x} \\ &= -\coth x\end{aligned}$$

예제 1 쌍곡선함수의 그래프를 구하시오.

풀이

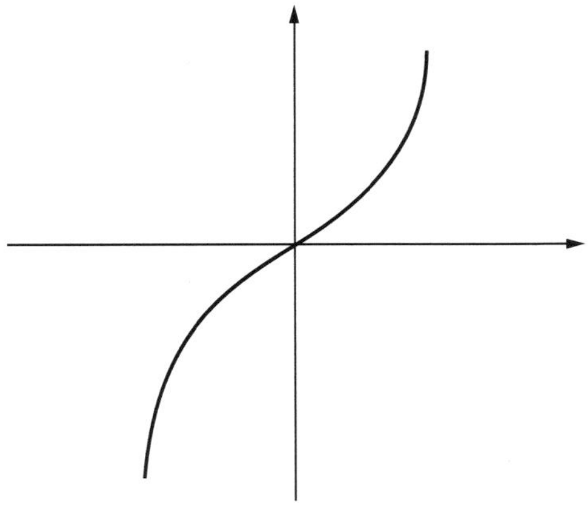

[그림 6-16] $\sinh : \mathbb{R} \to \mathbb{R}$

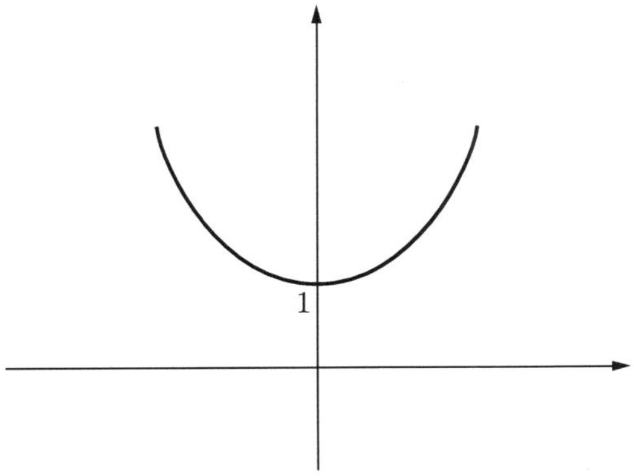

[그림 6-17] $\cosh : \mathbb{R} \to [1, \infty)$

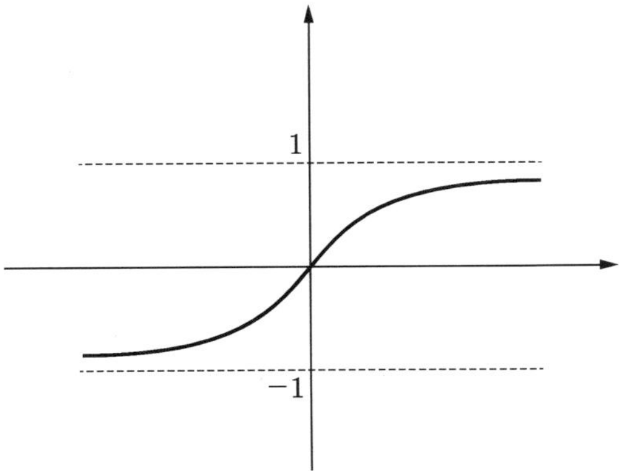

[그림 6-18] $\tanh : \mathbb{R} \to (-1, 1)$

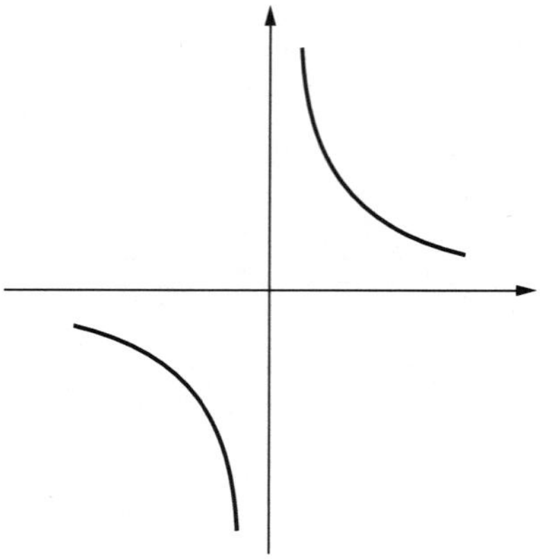

[그림 6-19] $\mathrm{csch} : (-\infty,\ 0) \cup (0,\ \infty) \to (-\infty,\ 0) \cup (0,\ \infty)$

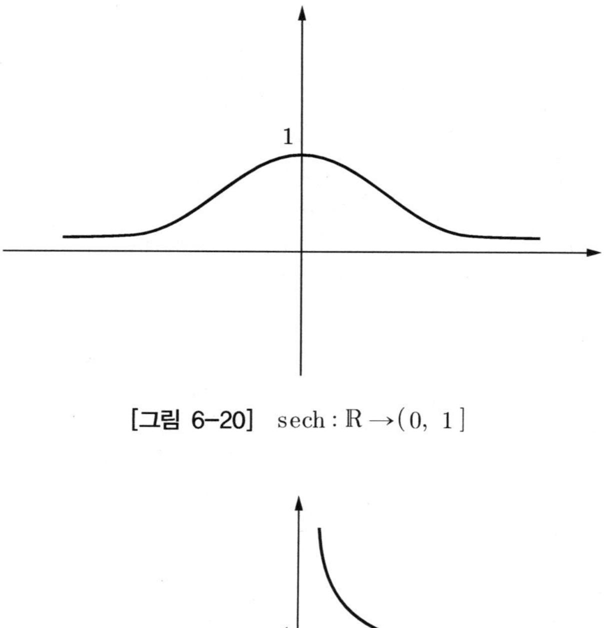

[그림 6-20] $\mathrm{sech} : \mathbb{R} \to (0,\ 1]$

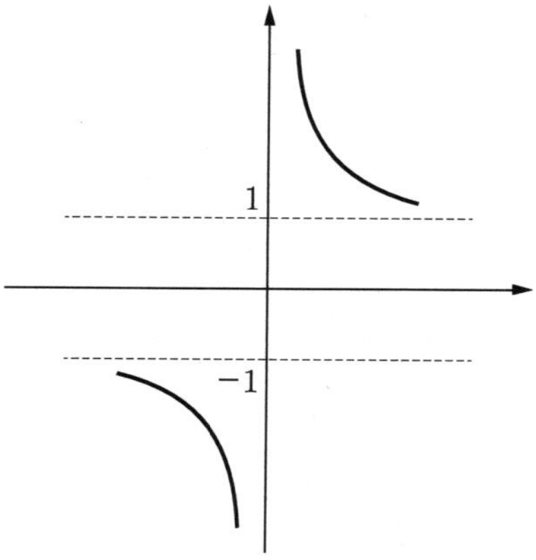

[그림 6-21] $\coth : (-\infty,\ 0) \cup (0,\ \infty) \to (-\infty,\ -1) \cup (1,\ \infty)$

정리 3

쌍곡선함수에 대해서 다음이 성립한다.

(a) $\sinh x + \cosh x = e^{x}$

(b) $-\sinh x + \cosh x = e^{-x}$

(c) $1 - \tanh^2 x = \operatorname{sech}^2 x$

(d) $\dfrac{1+\tanh x}{1-\tanh x} = e^{2x}$

(e) $\coth^2 x - 1 = \operatorname{csch}^2 x$

정리 4

쌍곡선함수에 대해서 다음이 성립한다.

(a) $\sinh(x \pm y) = \sinh x \cdot \cos y \pm \cosh x \cdot \sinh y$ (복호동순)

(b) $\cosh(x \pm y) = \cosh x \cdot \cosh y \pm \sinh x \cdot \sinh y$ (복호동순)

(c) $\tanh(x \pm y) = \dfrac{\tanh x \pm \tanh y}{1 \pm \tanh x \tanh y}$ (복호동순)

(d) $\sinh 2x = 2\sinh x \cdot \cosh x$

(e) $\cosh 2x = \cosh^2 x + \sinh^2 x$

$= 2\cosh^2 x - 1$

$= 2\sinh^2 x + 1$

(f) $\tanh 2x = \dfrac{2\tanh x}{1+\tanh^2 x}$

정리 5

쌍곡선함수에 대해서 다음이 성립한다.

(a) $\sinh^2 x = \dfrac{\cosh 2x - 1}{2}$

(b) $\cosh^2 x = \dfrac{\cosh 2x + 1}{2}$

(c) $\tanh^2 x = \dfrac{\cosh 2x - 1}{\cosh 2x + 1}$

정리 6

쌍곡선함수의 미분에 대해서 다음이 성립한다.

(a) $D_x(\sinh x) = \cosh x$

(b) $D_x(\cosh x) = \sinh x$

(c) $D_x(\tanh x) = \text{sech}^2 x$

(d) $D_x(\coth x) = -\text{csch}^2 x$

(e) $D_x(\text{sech} x) = -\text{sech} x \cdot \tanh x$

(f) $D_x(\text{csch} x) = -\text{csch} x \cdot \coth x$

증명 (a) $D_x(\sinh x) = D_x\left(\dfrac{e^x - e^{-x}}{2}\right)$

$$= \frac{1}{2}(e^x + e^{-x})$$

$$= \cosh x$$

(b) $D_x(\cosh x) = D_x\left(\dfrac{e^x + e^{-x}}{2}\right)$

$$= \frac{1}{2}(e^x - e^{-x})$$

$$= \sinh x$$

예제 2 $D_x \tanh(\sin x)$를 구하시오.

풀이 $D_x \tanh(\sin x) = \text{sech}^2(\sin x) D_x \sin x$

$$= \cos x \cdot \text{sech}^2(\sin x)$$

예제 3 $D_x \sinh^2(x^2+1)$를 구하시오.

풀이 $D_x(\sinh^2(x^2+1)) = 2\sinh(x^2+1) \cdot D_x(\sinh(x^2+1))$

$$= 2\sinh(x^2+1)\cosh(x^2+1) D_x(x^2+1)$$

$$= 4x \cdot \sinh(x^2+1) \cdot \cosh(x^2+1)$$

정리 7

쌍곡선함수의 적분에 대해서 다음이 성립한다.

(a) $\int \sinh x dx = \cosh x + c$

(b) $\int \cosh x dx = \sinh x + c$

(c) $\int \operatorname{sech}^2 x dx = \tanh x + c$

(d) $\int \operatorname{csch}^2 x dx = -\coth x + c$

(e) $\int \operatorname{sech} x \cdot \tanh x dx = -\operatorname{sech} x + c,$

(f) $\int \operatorname{csch} x \cdot \coth x dx = -\operatorname{csch} x + c$

예제 4 $\int \tanh x\, dx$ 를 구하시오.

풀이

$$\int \tanh x\, dx = \int \frac{\sinh x}{\cosh x} dx$$

$$= \ln(\cosh x) + c$$

예제 5 $\int -\frac{\sinh x}{4 - \cosh x} dx$ 를 구하시오.

풀이 다음과 같이 놓자.

$$4 - \cosh x = u$$

그러므로 다음과 같다.

$$-\sinh x\, dx = du$$

그 결과 다음을 알 수 있다.

$$\int \frac{-\sinh x}{4 - \cosh x} dx = \int \frac{du}{u}$$

$$= \ln|u| + c$$

$$= \ln|4 - \cosh x| + c$$

2. 쌍곡선함수의 역함수

쌍곡선함수의 역함수와 그들의 도함수에 대해서 알아보자.

정의

(a) $\sinh^{-1}: \mathbb{R} \to \mathbb{R}$ 이고 다음이 성립한다.

$$\sinh \circ \sinh^{-1} = i, \quad \sinh^{-1} \circ \sinh = i$$

(b) $\cosh^{-1}: [1, \infty) \to [0, \infty)$이고 다음이 성립한다.

$$\cosh \circ \cosh^{-1} = i, \quad \cosh^{-1} \circ \cosh = i$$

(c) $\tanh^{-1}: (-1, 1) \to \mathbb{R}$ 이고 다음이 성립한다.

$$\tanh \circ \tanh^{-1} = i, \quad \tanh^{-1} \circ \tanh = i$$

(d) $\operatorname{csch}^{-1}: \mathbb{R} \setminus \{0\} \to \mathbb{R} \setminus \{0\}$이고 다음이 성립한다.

$$\operatorname{csch} \circ \operatorname{csch}^{-1} = i, \quad \operatorname{csch}^{-1} \circ \operatorname{csch} = i$$

(e) $\operatorname{sech}^{-1}: (0, 1] \to [0, \infty)$이고 다음이 성립한다.

$$\operatorname{sech} \circ \operatorname{sech}^{-1} = i, \quad \operatorname{sech}^{-1} \circ \operatorname{sech} = i$$

(f) $\coth^{-1}: (-\infty, -1) \cup (1, \infty) \to \mathbb{R} \setminus \{0\}$이고 다음이 성립한다.

$$\coth \circ \coth^{-1} = i, \quad \coth^{-1} \circ \coth = i$$

예제 1 $f(x) = \sinh x$의 역함수를 구하시오.

풀이 다음과 같다.

$$y = \frac{e^x - e^{-x}}{2}$$

그러므로 다음을 알 수 있다.

$$2y = e^x - e^{-x}$$

양변에 e^x를 곱하면 다음과 같다.

$$e^{2x} - 2ye^{x} - 1 = 0$$

해를 구하면 다음과 같다.

$$e^{x} = y \pm \sqrt{1+y^2}$$

양변에 ln을 취하면 다음이 성립한다.

$$\begin{aligned} x &= \ln(y \pm \sqrt{1+y^2}) \\ &= f^{-1}(y) \end{aligned}$$

ln 함수의 정의에 의해서 다음과 같다.

$$f^{-1}(y) = \ln(y + \sqrt{1+y^2})$$

그 결과 다음을 알 수 있다.

$$\begin{aligned} f^{-1}(x) &= \ln(x + \sqrt{1+x^2}) \\ &= \sinh^{-1}x \end{aligned}$$

예제 2 $f(x) = \cosh x$ 의 역함수를 구하시오.

풀이 다음과 같다.

$$y = \frac{e^{x} + e^{-x}}{2}$$

그러므로 다음을 알 수 있다.

$$2y = e^{x} + e^{-x}, \ x \geq 0, \ y \geq 1$$

양변에 e^x를 곱하면 다음과 같다.

$$e^{2x} - 2ye^{x} + 1 = 0$$

해를 구하면 다음과 같다.

$$e^{x} = y \pm \sqrt{y^2 - 1}$$

양변에 ln을 취하면 다음이 성립한다.

$$x = \ln(y \pm \sqrt{y^2 - 1})$$

$x \geq 0$에서 다음과 같다.

$$x = \ln(y + \sqrt{y^2 - 1})$$

즉, 다음이 성립한다.

$$\begin{aligned} x &= \cosh^{-1}(y) \\ &= \ln(y + \sqrt{y^2 - 1}),\ y \geq 1 \end{aligned}$$

그 결과 다음을 알 수 있다.

$$\cosh^{-1}(x) = \ln(x + \sqrt{x^2 - 1}),\ x \geq 1$$

예제 3 $f(x) = \tanh x$ 의 역함수를 구하시오.

풀이 다음과 같다.

$$y = \frac{e^{2x} - 1}{e^{2x} + 1}, \quad -1 < y < 1$$

그러므로 다음을 알 수 있다.

$$(e^{2x} + 1)y = e^{2x} - 1$$

해를 구하면 다음과 같다.

$$e^{2x} = \frac{1+y}{1-y} \quad \text{또는} \quad e^x = \left(\frac{1+y}{1-y}\right)^{\frac{1}{2}}$$

양변에 ln을 취하면 다음이 성립한다.

$$\begin{aligned} x &= \ln\left(\frac{1+y}{1-y}\right)^{\frac{1}{2}} \\ &= \frac{1}{2}\ln\left(\frac{1+y}{1-y}\right) \end{aligned}$$

그러므로 다음과 같다.

$$\begin{aligned} x &= \tanh^{-1} y \\ &= \frac{1}{2}\ln\left(\frac{1+y}{1-y}\right),\ -1 < y < 1 \end{aligned}$$

그 결과 다음을 알 수 있다.

$$\tanh^{-1}x = \frac{1}{2}\ln\left(\frac{1+x}{1-x}\right), \ -1 < x < 1$$

예제 4 $f(x) = \text{sech}x$의 역함수를 구하시오.

풀이 다음과 같다.

$$y = \frac{2}{e^x + e^{-x}}$$

그러므로 다음을 알 수 있다.

$$\frac{2}{y} = e^x + e^{-x}, \ 0 < y \le 1$$

또한 다음과 같다.

$$ye^x + ye^{-x} = 2$$

해를 구하면 다음과 같다.

$$e^x = \frac{1 \pm \sqrt{1-y^2}}{y}$$

양변에 ln을 취하면 다음이 성립한다.

$$x = \ln\left(\frac{1 \pm \sqrt{1-y^2}}{y}\right)$$

ln 함수의 정의에 의해서 다음과 같다.

$$x = \left(\ln\frac{1+\sqrt{1-y^2}}{y}\right)$$

$$\text{sech}^{-1}(y) = \ln\left(\frac{1+\sqrt{1-y^2}}{y}\right), \ 0 < y \le 1$$

그 결과 다음을 알 수 있다.

$$\text{sech}^{-1}(x) = \ln\left(\frac{1+\sqrt{1-x^2}}{x}\right), \ 0 < x \le 1$$

예제 5 다음을 증명하시오.

(a) $\coth^{-1}(x) = \frac{1}{2}\ln\left(\frac{x+1}{x-1}\right), \ |x| > 1$

(b) $\operatorname{csch}^{-1}(x) = \ln\left(\frac{1}{x} + \frac{\sqrt{x^2+1}}{|x|}\right), \ x \neq 0$

예제 6 다음을 증명하시오.

(a) $\operatorname{sech}^{-1}x = \cosh^{-1}(\frac{1}{x})$

(b) $\operatorname{csch}^{-1}x = \sinh^{-1}(\frac{1}{x})$

(c) $\coth^{-1}x = \tanh^{-1}(\frac{1}{x})$

풀이 (a) $\operatorname{sech}(\cosh^{-1}(\frac{1}{x})) = \frac{1}{\cosh(\cosh^{-1}(\frac{1}{x}))}$

$$= \frac{1}{\frac{1}{x}} = x$$

그 결과 다음을 알 수 있다.

$$\operatorname{sech}^{-1}x = \cosh^{-1}(\frac{1}{x})$$

(b), (c) 같은 방법으로 증명한다.

정리 1

쌍곡선함수의 역함수의 미분에 대해서 다음이 성립한다.

(a) $D_x(\sinh^{-1}x) = \dfrac{1}{\sqrt{1+x^2}}$

(b) $D_x(\cosh^{-1}x) = \dfrac{1}{\sqrt{x^2-1}},\ x > 1$

(c) $D_x(\tanh^{-1}x) = \dfrac{1}{1-x^2},\ |x| < 1$

(d) $D_x(\text{sech}^{-1}x) = -\dfrac{1}{x\sqrt{1-x^2}},\ 0 < x < 1$

(e) $D_x(\coth^{-1}x) = \dfrac{1}{1-x^2},\ |x| > 1$

(f) $D_x(\text{csch}^{-1}x) = -\dfrac{1}{|x|\sqrt{1+x^2}},\ x \neq 0$

정리 2

다음의 적분법칙이 성립한다.

(a) $\displaystyle\int \frac{dx}{\sqrt{1+x^2}} = \sinh^{-1}x + c$

(b) $\displaystyle\int \frac{dx}{\sqrt{x^2-1}} = \cosh^{-1}x + c$

(c) $\displaystyle\int \frac{dx}{1-x^2} = \begin{cases} \tanh^{-1}x + c, & |x| < 1 \\ \coth^{-1}x + c, & |x| > 1 \end{cases}$

(d) $\displaystyle\int \frac{dx}{x\sqrt{1-x^2}} = -\text{sech}^{-1}|x| + c$

(e) $\displaystyle\int \frac{dx}{x\sqrt{1+x^2}} = -\text{csch}^{-1}|x| + c$

연습문제 6.1 역함수

※ 다음 함수의 역함수의 존재여부를 증명하시오.

01. $f(x) = 2x^3 + 5x - 1$

02. $f(x) = \tan \pi x,\ -\frac{1}{2} < x < \frac{1}{2}$

03. $f(x) = 3x - |2x|$

04. $f(x) = \ln|1 - 5x|$

05. $f(x) = \frac{1}{\sqrt{2x-9}},\ x > \frac{9}{2}$

※ 다음 함수의 $f^{-1}(x)$를 구하고 $f^{-1}(f(x)) = x$, $f(f^{-1}(y)) = y$ 임을 증명하시오.

06. $f(x) = 7x - 4$

07. $f(x) = \sqrt{2x+9},\ x \geq \frac{-9}{2}$

08. $f(x) = \frac{1}{7x+5}$

09. $f(x) = 5x^2 - 4,\ x > 0$

10. $f(x) = \frac{x}{x+7},\quad x > -7$

연습문제 6.2 자연 로그함수와 자연 지수함수

※ 다음 함수를 미분하시오.

01. $f(x) = \ln(x^2 + 6x + 6)$

02. $f(x) = (\ln x)^8$

03. $f(x) = \ln\ln(|4x|)$

04. $f(x) = \ln\left(\frac{5x}{x+2}\right)$

05. $f(x) = \frac{5x}{6 + \ln x}$

06. $f(x) = \tan(\ln x)$

※ 음함수 미분을 이용하여 y' 을 구하시오.

07. $x^2y^3 + \ln(xy^2) = -4$

08. $x = \ln(y^3 \cos y^2)$

※ 로그미분법을 이용하여 미분하시오.

09. $f(x)=\dfrac{\sqrt{3x+2}}{(x-2)^4\sqrt{x+7}}$

10. $f(x)=\sqrt[4]{\dfrac{x^2-7}{3x^2+1}}$

※ 다음 함수의 부정적분을 구하시오.

11. $\int \cot(-x)\,dx$

12. $\int \dfrac{9}{x\ln x}dx$

※ 다음을 간단히 하시오.

13. $\ln(x^{-8}\cdot e^{5x})$

14. $e^{\ln 5+\ln x^4}$

※ 다음 함수의 도함수를 구하시오.

15. $f(x)=e^{x^2+3x-5}$

16. $f(x)=e^{\sqrt{x+9}}$

17. $f(x)=e^{-\frac{7}{x}}$

18. $f(x)=\sqrt{e^{-x}}+e^{\sqrt{3x}}$

※ 음함수 미분을 이용하여 도함수를 구하시오.

19. $e^{xy}+y^5=-5xy^2$

20. $e^y=\ln(7x^2+4xy)$

※ 다음 함수의 도함수를 구하시오.

21. $f(x)=\sqrt{6}^{\cos x}$

22. $f(x)=\log_5 e^{7x}$

23. $f(x)=5^{9x}\ln(x^2-x+1)$

24. $f(x)=(5x^2-8x+1)^{\ln x}$

※ 다음의 적분을 구하시오.

25. $\int 8x\cdot 7^{x^2}dx$

26. $\int \dfrac{2^{\frac{1}{x}}}{x^2}dx$

27. $\int_1^{\sqrt{3x}} 5x\cdot 5^{x^2}dx$

28. $\int_4^{16} -\dfrac{7}{x\ln_2\sqrt{x}}dx$

※ $\lim_{h\to 0}(1+h)^{\frac{1}{h}} = e$ 를 이용하여 다음을 구하시오.

29. $\lim_{x\to 0}(1-x)^{\frac{3}{x}}$

30. $\lim_{x\to 0}(1+3x)^{\frac{4}{x}}$

연습문제 6.3 삼각함수의 역함수

※ 다음을 구하시오.

01. $\cos^{-1}(0)$

02. $\tan^{-1}(\sqrt{3})$

03. $\sin^{-1}\left(\sin\frac{-\pi}{9}\right)$

04. $\cos^{-1}(\cos 8\pi)$

05. $\sin^{-1}(1)=\theta$ 일 때 $\cos\theta, \tan\theta, \sec\theta, \cot\theta, \csc\theta$ 를 구하시오.

06. $\tan^{-1}(0)=\theta$ 일 때 $\sin\theta, \cos\theta, \sec\theta, \cot\theta, \csc\theta$ 를 구하시오.

※ 다음을 구하시오.

07. $\sec\left(\sin^{-1}\left(\frac{2}{3}\right)\right)$

08. $\sin\left(\sin^{-1}\left(\frac{1}{3}\right)+\cos^{-1}\left(\frac{2}{3}\right)\right)$

※ 다음 함수의 정의역을 제한하여 $f^{-1}(x)$ 를 구하시오.

09. $f(x)=\tan 5x$

10. $f(x)=\sin\left(-\frac{1}{x}\right)$

※ 다음 함수를 미분하시오.

11. $f(x)=\sin^{-1}(x^3+x^2-7)$

12. $f(x)=\cos^{-1}\sqrt{5x}$

13. $f(x)=\tan^{-1}(2x-7)$

14. $f(x)=\sec^{-1}(\sqrt{8x})$

※ 음함수 미분을 이용하여 다음을 미분하시오.

15. $x^{3+}x^{2}\tan^{-1}y = e^{xy}$

16. $\sin^{-1}(x^2y^3) = \cos^{-1}(x+y^3)$

※ 다음 적분을 구하시오.

17. $\int x^2 \sin(3x^3)dx$

18. $\int \frac{\sec^2(2x)}{\tan(2x)}dx$,

19. $\int_2^3 \frac{5dx}{x\sqrt{x^2+5}}$

20. $\int_0^{\sqrt{3}} \frac{5}{1+x^2}dx$

연습문제 | 6.4 쌍곡선함수

※ 다음 함수의 미분을 구하시오.

01. $f(x) = \cosh(2x^2+5x-8)$

02. $f(x) = \sinh(x^3+4x^2-5x+2)$

03. $f(x) = -(x^2-2x)\cosh x$

04. $f(x) = \sinh^4(-3x)$

05. $f(x) = \ln(\tanh 3x)$

06. $f(x) = \coth(\ln(x^2+3))$

07. $f(x) = \sinh(\sin(-3x))$

08. $f(x) = \mathrm{csch}(5x^3-2x-5)$

09. $f(x) = \mathrm{sech}(e^{-x})$

10. $f(x) = \sin(\cosh(3x-2))$

11. $f(x) = \sinh^{-1}\left(\frac{2x}{3}\right)$

12. $f(x) = \cosh^{-1}(x^2+2)$

13. $f(x) = \tanh^{-1}(x^2-3x+1)$

14. $f(x) = 5x^3\sinh^{-1}(2x)$

※ 다음 함수의 적분을 구하시오.

15. $\int \cosh(2x)\sinh(2x)dx$

16. $\int \frac{\cosh(3\sqrt{x})}{\sqrt{x}}dx$

17. $\int x^2\sinh(x^3)dx$

18. $\int \frac{-\cosh x}{\sinh x - 7}dx$

19. $\int e^{5x}\cdot\sinh(e^{5x})dx$

20. $\int -\frac{1}{x+3}\cosh(\ln(x+3))dx$

제 7 장

적분법

적분을 구하는 방법으로 치환을 이용한 적분방법에 대해서 알아본다. 일반 치환, 부분분수 분해, 삼각 치환 그리고 유리화 치환에 대해서 공부한다. 다음은 부분적분을 이용한 적분방법에 대해서 알아본다. 부분적분, 반복 부분적분 그리고 점화식에 대해서 공부한다.

7.1 치환적분

치환과 부분분수 분해를 이용하는 적분에 대해서 공부하고 삼각 치환 그리고 유리화 치환에 대해서 알아본다.

1. 치환

치환적분을 다루기 전에 간단한 적분공식을 알아보자.

적분공식 (1)

(a) $\int a\,dx = ax + c$

(b) $\int x^r\,dx = \begin{cases} \dfrac{x^{r+1}}{r+1} + c, & r \neq -1 \\ \ln|x| + c, & r = -1 \end{cases}$

(c) $\int e^x\,dx = e^x + c$

(d) $\int a^x\,dx = \dfrac{a^x}{\ln a} + c,\ a \neq 1,\ a > 0$

예제 1 $\int \dfrac{7^{\tan x}}{\cos^2 x}\,dx$를 구하시오.

풀이 다음과 같이 놓자.

$$\tan x = u$$

그러므로 다음과 같다.

$$\sec^2 x\, dx = du$$

그 결과 다음을 알 수 있다.

$$\begin{aligned}\int \frac{7^{\tan x}}{\cos^2 x} dx &= \int \frac{7^u}{\cos^2 x} \cdot \frac{du}{\sec^2 x} \\ &= \frac{1}{\ln 7} 7^u + c \\ &= \frac{1}{\ln 7} 7^{\tan x} + c\end{aligned}$$

예제 2 $\int \frac{x^3 + x}{x^2 + 2} dx$를 구하시오.

풀이

$$\begin{aligned}\int \frac{x^3 + x}{x^2 + 2} dx &= \int \frac{x^3 + 2x - x}{x^2 + 2} dx \\ &= \int \frac{x(x^2 + 2) - x}{x^2 + 2} dx \\ &= \int \left(x - \frac{x}{x^2 + 2}\right) dx \\ &= \frac{x^2}{2} - \frac{1}{2} ln(x^2 + 2) + c\end{aligned}$$

예제 3 $\int \sec x\, dx$를 구하시오.

풀이

$$\begin{aligned}\int \sec x\, dx &= \int \sec x \cdot \frac{\sec x + \tan x}{\sec x + \tan x} dx \\ &= \int \frac{\sec^2 x + \sec x \tan x}{\sec x + \tan x} dx \\ &= \ln|\sec x + \tan x| + c\end{aligned}$$

적분공식 (2)

(a) $\int \sin x\,dx = -\cos x + c$

(b) $\int \cos x\,dx = \sin x + c$

(c) $\int \sec^2 x\,dx = \tan x + c$

(d) $\int \csc^2 x\,dx = -\cot x + c$

(e) $\int \sec x \tan x\,dx = \sec x + c$

(f) $\int \csc x \cot x\,dx = -\csc x + c$

(g) $\int \tan x\,dx = -\ln|\cos x| + c$

(h) $\int \cot x\,dx = \ln|\sin x| + c$

예제 4 $\int \frac{x^4}{\cos^2(x^5)}dx$ 를 구하시오.

풀이 다음과 같이 놓자.

$$x^5 = u$$

그러므로 다음과 같다.

$$5x^4\,dx = du$$

그 결과 다음을 알 수 있다.

$$\begin{aligned}\int \frac{x^4}{\cos^2(x^5)}dx &= \int \frac{x^4}{\cos^2 u} \cdot \frac{1}{5x^4}du \\ &= \frac{1}{5}\int \sec^2 u\,du \\ &= \frac{1}{5}\tan u + c \\ &= \frac{1}{5}\tan(x^5) + c\end{aligned}$$

적분공식 (3)

(a) $\displaystyle\int \frac{dx}{\sqrt{a^2-x^2}} = \sin^{-1}\left(\frac{x}{a}\right) + c$

(b) $\displaystyle\int \frac{dx}{a^2+x^2} = \frac{1}{a}\tan^{-1}\frac{x}{a} + c$

(c) $\displaystyle\int \frac{dx}{x\sqrt{x^2-a^2}} = \frac{1}{a}\sec^{-1}\left(\frac{x}{a}\right) + c$

예제 5 $\displaystyle\int \frac{1}{\sqrt{25-9x^2}}\,dx$를 구하시오.

풀이 다음과 같이 놓자.

$$3x = u$$

그러므로 다음과 같다.

$$3dx = du$$

그 결과 다음을 알 수 있다.

$$\begin{aligned}\int \frac{1}{\sqrt{25-9x^2}}\,dx &= \frac{1}{3}\int \frac{du}{\sqrt{25-u^2}} \\ &= \frac{1}{3}\sin^{-1}\left(\frac{u}{5}\right) + c \\ &= \frac{1}{3}\sin^{-1}\left(\frac{3x}{5}\right) + c\end{aligned}$$

예제 6 $\displaystyle\int \frac{e^x}{7+e^{2x}}\,dx$를 구하시오.

풀이 다음과 같이 놓자.

$$e^x = u$$

그러므로 다음과 같다.

$$e^x\,dx = du$$

그 결과 다음을 알 수 있다.

$$\begin{aligned}\int \frac{e^x}{7+e^{2x}}dx &= \int \frac{e^x}{7+u^2}\cdot\frac{du}{e^x} \\ &= \int \frac{du}{7+u^2} \\ &= \left(\frac{1}{\sqrt{7}}\tan^{-1}\frac{u}{\sqrt{7}}\right)+c \\ &= \frac{1}{\sqrt{7}}\tan^{-1}\frac{e^x}{\sqrt{7}}+c\end{aligned}$$

예제 7 $\int \frac{2}{x^2-8x+18}dx$를 구하시오.

풀이 $$\begin{aligned}\int \frac{2}{x^2-8x+18}dx &= \int \frac{2}{(x-4)^2+2}dx \\ &= \sqrt{2}\tan^{-1}\frac{(x-4)}{\sqrt{2}}+c\end{aligned}$$

예제 8 $\int \frac{2x}{x^2-6x+10}dx$를 구하시오.

풀이 다음과 같이 변형한다.

$$\int \frac{2x}{x^2-6x+10}dx = \int \frac{2x}{(x-3)^2+1}dx$$

그리고 다음과 같이 놓자.

$$x-3=u$$

그러므로 다음과 같다.

$$dx=du$$

그 결과 다음을 알 수 있다.

$$\begin{aligned}\int \frac{2x}{x^2-6x+10}dx &= \int \frac{u+6}{u^2+1}du \\ &= \frac{1}{2}\int \frac{2u}{u^2+1}du+6\int \frac{du}{u^2+1}\end{aligned}$$

$$= \frac{1}{2}\ln|u^2+1| + 6\tan^{-1}u + c$$

$$= \frac{1}{2}\ln(x^2-6x+10) + 6\tan^{-1}(x-3) + c$$

2. 부분분수 분해

(1) 서로 다른 1차 인수인 경우

예제 1 $\int \frac{x-2}{x^2+x-12}dx$를 구하시오.

풀이 $\int \frac{x-2}{x^2+x-12}dx = \int \frac{x-2}{(x+4)(x-3)}dx$

$$= \int \left(\frac{A}{x+4} + \frac{B}{x-3}\right)dx$$

통분하면 다음이 성립한다.

$$A(x-3) + B(x+4) = x-2$$

계수를 비교하면 다음과 같다.

$$A + B = 1$$

$$-3A + 4B = -2$$

또는 다음과 같다.

$$A = \frac{6}{7},\ B = \frac{1}{7}$$

그 결과 다음을 알 수 있다.

$$\int \frac{x-2}{x^2+x-12}dx = \int \left(\frac{6}{7}\frac{1}{x+4} + \frac{1}{7}\frac{1}{x-3}\right)dx$$

$$= \frac{6}{7}\ln|x+4| + \frac{1}{7}\ln|x-3| + c$$

(2) 중복된 1차 인수인 경우

예제 2 $\int \frac{x-7}{(x+2)^2}dx$를 구하시오.

풀이 $\int \frac{x-7}{(x+2)^2}dx = \int\left(\frac{A}{x+2}+\frac{B}{(x+2)^2}\right)dx$

통분하면 다음이 성립한다.

$$A(x+2)+B = x-7$$

계수를 비교하면 다음과 같다.

$$A=1,\ B=-9$$

그 결과 다음을 알 수 있다.

$$\int \frac{x-3}{(x+2)^2}dx = \int\left(\frac{1}{x+2}-\frac{9}{(x+2)^2}\right)dx$$
$$= \ln|x+2|+\frac{9}{x+2}+c$$

(3) 서로 다른 2차 인수인 경우

예제 3 $\int \frac{5x^2+5x+19}{(4x+1)(x^2+1)}dx$를 구하시오.

풀이 $\int \frac{5x^2+5x+19}{(4x+1)(x^2+1)}dx = \int\left(\frac{A}{4x+1}+\frac{Bx+C}{x^2+1}\right)dx$

통분하면 다음이 성립한다.

$$5x^2+5x+2 = A(x^2+1)+(Bx+C)(4x+1)$$

계수를 비교하면 다음과 같다.

$$A=17,\ B=-3,\ C=2$$

그 결과 다음을 알 수 있다.

$$\int \frac{5x^2+5x+19}{(4x+1)(x^2+1)}dx = \int\left(\frac{17}{4x+1}+\frac{-3x+2}{x^2+1}\right)dx$$
$$= \int \frac{17}{4x+1}dx + \int \frac{-3x}{x^2+1}dx + \int \frac{2}{x^2+1}dx$$

$$= \frac{17}{4}\ln|4x+1| - \frac{3}{2}\ln(x^2+1) + 2\tan^{-1}x + c$$

(4) 중복된 2차 인수인 경우

예제 4 $\int \frac{x^3-5x}{(x^2+1)^2}dx$ 를 구하시오.

풀이 $\int \frac{x^3-5x}{(x^2+1)^2}dx = \int \left\{ \frac{Ax+B}{(x^2+1)} + \frac{Cx+D}{(x^2+1)^2} \right\} dx$

통분하면 다음을 알 수 있다.

$$x^3 - 5x = (Ax+B)(x^2+1) + Cx + D$$

계수를 비교하면 다음이 성립한다.

$$\begin{aligned} 1 &= A \\ 0 &= B \\ -5 &= A + C \\ 0 &= B + D \end{aligned}$$

또는 다음과 같다.

$$A=1,\ B=0,\ C=-6,\ D=0$$

그 결과 다음을 알 수 있다.

$$\begin{aligned} \int \frac{x^3-5x}{(x^2+1)^2}dx &= \int \frac{x}{x^2+1}dx - \int \frac{6x}{(x^2+1)^2}dx \\ &= \frac{1}{2}\ln(x^2+1) + \frac{3}{(x^2+1)} + c \end{aligned}$$

3. 삼각 치환적분

삼각함수와 관련된 치환적분에 대해서 다음의 다섯 가지 형태로 나누어 알아보자.

(a) $\int \sin^n x\,dx,\ \int \cos^n x\,dx$

(b) $\int \sin^n x \cdot \cos^m x\,dx$

(c) $\int \tan^n x\,dx$, $\int \cot^n x\,dx$

(d) $\int \tan^n x \cdot \sec^m x\,dx$, $\int \cot^n x \cdot \csc^m x\,dx$

(e) $\int \sin nx \cdot \cos mx\,dx$, $\int \sin nx \cdot \sin mx\,dx$, $\int \cos nx \cdot \cos mx\,dx$

(a) $\int \sin^n x\,dx$, $\int \cos^n x\,dx$

(1) **n이 홀수인 경우** 다음을 이용한다.

$$\sin^2 x + \cos^2 x = 1$$

예제 1 $\int \cos^3 x\,dx$를 구하시오.

풀이

$$\int \cos^3 x\,dx = \int \cos^2 x \cos x\,dx$$
$$= \int (1-\sin^2 x)\cos x\,dx$$

다음과 같이 놓자.

$$\sin x = u$$

그러므로 다음과 같다.

$$\cos x\,dx = du$$

그 결과 다음을 알 수 있다.

$$\int \cos^3 x\,dx = \int (1-u^2)du$$
$$= \left(u - \frac{1}{3}u^3\right) + c$$
$$= \sin x + \frac{1}{3}\sin^3 x + c$$

(2) n**이 짝수인 경우** 다음을 이용한다.

$$\sin^2 x = \frac{1-\cos 2x}{2}, \quad \cos^2 x = \frac{1+\cos 2x}{2}$$

예제 2 $\int \sin^2 x\, dx$를 구하시오.

풀이 $\int \sin^2 x\, dx = \int \frac{1-\cos 2x}{2} dx$

$$= \frac{1}{2}\left(x - \frac{1}{2}\sin 2x\right) + c$$

$$= \frac{x}{2} - \frac{1}{4}\sin 2x + c$$

(b) $\int \sin^n x \cdot \cos^m x\, dx$

(1) m **또는** n**이 홀수인 경우** 다음을 이용한다.

$$\sin^2 x + \cos^2 x = 1$$

예제 3 $\int \sin^6 x \cdot \cos^3 x\, dx$를 구하시오.

풀이 $\int \sin^6 x \cdot \cos^3 x\, dx = \int \sin^6 x \cdot \cos^2 x \cdot \cos x\, dx$

$$= \int \sin^6 x \cdot (1-\sin^2 x) \cdot \cos x\, dx$$

다음과 같이 놓자.

$$\sin x = u$$

그러므로 다음과 같다.

$$\cos x\, dx = du$$

그 결과 다음을 알 수 있다.

$$\int \sin^6 x \cdot \cos^3 x\, dx = \int u^6 (1-u^2)\, du$$

$$= \int (u^6 - u^8) du$$

$$= \frac{u^7}{7} - \frac{u^9}{9} + c$$

$$= \frac{\sin^7 x}{7} - \frac{\sin^9 x}{9} + c$$

(2) **m과 n이 짝수인 경우** 다음을 이용한다.

$$\sin^2 x = \frac{1-\cos 2x}{2}, \quad \cos^2 x = \frac{1+\cos 2x}{2}$$

예제 4 $\int \sin^2 x \cos^2 x\, dx$를 구하시오.

풀이

$$\int \sin^2 x \cos^2 x\, dx = \int \frac{1-\cos 2x}{2} \cdot \frac{1+\cos 2x}{2}\, dx$$

$$= \frac{1}{4}\int (1-\cos^2 2x)\, dx$$

$$= \frac{1}{4}\int \left\{1-\left(\frac{1+\cos 4x}{2}\right)\right\} dx$$

$$= \frac{x}{8} - \frac{1}{32}\sin 4x + c$$

(c) $\int \tan^n x\, dx$, $\int \cot^n x\, dx$

$\tan^2 x = \sec^2 x - 1$ 또는 $\cot^2 x = \csc^2 x - 1$을 이용한다.

예제 5 $\int \tan^4 x\, dx$를 구하시오.

풀이

$$\int \tan^4 x\, dx = \int \tan^2 x(\sec^2 x - 1)\, dx$$

$$= \int \{\tan^2 x \sec^2 x - (\sec^2 x - 1)\}\, dx$$

다음과 같이 놓자.

$$\tan x = u$$

그러므로 다음과 같다.

$$\sec^2 x\, dx = du$$

그 결과 다음을 알 수 있다.

$$\int \tan^4 x dx = \int u^2 du - \int \sec^2 x\, dx + \int dx$$
$$= \frac{1}{3}u^3 + \tan x + x + c$$
$$= \frac{1}{3}\tan^3 x + \tan x + x + c$$

(d) $\int \tan^n x \cdot \sec^m x\, dx$, $\int \cot^n x \cdot \csc^m x\, dx$

예제 6 $\int \tan^3 x \sec^3 x\, dx$를 구하시오.

풀이

$$\int \tan^3 x \sec^3 x\, dx = \int \tan^2 x \sec^2 x \sec x \tan x\, dx$$
$$= \int (\sec^2 x - 1)\sec^2 x \sec x \tan x\, dx$$

다음과 같이 놓자.

$$\sec x = u$$

그러므로 다음과 같다.

$$\sec x \tan x\, dx = du$$

그 결과 다음을 알 수 있다.

$$\int \tan^3 x \sec^3 x\, dx = \int (u^2 - 1)u^2 du$$
$$= \int (u^4 - u^2)\, du$$
$$= \frac{u^5}{5} - \frac{u^3}{3} + c$$
$$= \frac{\sec^5 x}{5} - \frac{\sec^3 x}{3} + c$$

(e) $\int \sin nx \cos mx\, dx$, $\int \sin nx \sin mx\, dx$, $\int \cos nx \cos mx\, dx$

삼각함수의 곱의 성질을 이용한다.

$$\sin nx \cdot \cos mx = \frac{1}{2}(\sin(n+m)x + \sin(n-m)x)$$

$$\sin nx \cdot \sin mx = -\frac{1}{2}(\cos(n+m)x - \cos(n-m)x)$$

$$\cos nx \cdot \cos mx = \frac{1}{2}(\cos(n+m)x + \cos(n-m)x)$$

예제 7 p, q가 자연수일 때 다음을 증명하시오.

$$\int_{-\pi}^{\pi} \sin px \cdot \sin qx \, dx = \begin{cases} 0, & p \neq q \\ \pi, & p = q \end{cases}$$

풀이 (1) $p \neq q$인 경우 다음과 같다.

$$\begin{aligned} &\int_{-\pi}^{\pi} \sin px \cdot \sin qx \, dx \\ &= -\frac{1}{2}\int_{-\pi}^{\pi} \{\cos(p+q)x - \cos(p-q)x\} \, dx \\ &= -\frac{1}{2}\left[\frac{1}{p+q}\sin(p+q)x - \frac{1}{p-q}\sin(p-q)x\right]_{-\pi}^{\pi} \\ &= 0 \end{aligned}$$

(2) $p = q$인 경우 다음과 같다.

$$\begin{aligned} \int_{-\pi}^{\pi} \sin px \cdot \sin qx \, dx &= \int_{-\pi}^{\pi} \sin^2 px \, dx \\ &= \int_{-\pi}^{\pi} \frac{1-\cos 2px}{2} \, dx \\ &= \frac{1}{2}\left[x - \frac{1}{2p}\sin 2px\right]_{-\pi}^{\pi} \\ &= \frac{1}{2}(\pi + \pi) = \pi \end{aligned}$$

4. 유리화 치환적분

(a) $\sqrt[n]{px+q}$ 를 포함하는 경우

예제 1 $\displaystyle\int \frac{1}{x+\sqrt{x}}\,dx$를 구하시오.

풀이 다음과 같이 놓자.

$$\sqrt{x}=u$$

그러므로 다음과 같다.

$$\frac{1}{2}x^{-\frac{1}{2}}dx=du$$

그 결과 다음을 알 수 있다.

$$\begin{aligned}\int \frac{1}{x+\sqrt{x}}\,dx &= \int \frac{1}{u^2+u}2udu\\ &= \int \frac{2du}{u+1}\\ &= 2\ln|u+1|+c\\ &= 2\ln|\sqrt{x}+1|+c\end{aligned}$$

예제 2 $\displaystyle\int x(x-1)^{\frac{5}{2}}\,dx$를 구하시오.

풀이 다음과 같이 놓자.

$$\sqrt{x-1}=u$$

다음이 성립한다.

$$x-1=u^2$$

그러므로 다음과 같다.

$$dx=2u\,du$$

그 결과 다음을 알 수 있다.

$$\int x(x-1)^{\frac{5}{2}}dx = \int 2(u^2+1)u^5 \cdot u\,du$$
$$= 2\int (u^8+u^6)du$$
$$= \frac{2}{9}(x-1)^{\frac{9}{2}} + \frac{2}{7}(x-1)^{\frac{7}{2}} + c$$

(b) $\sqrt{r^2-x^2}$ 를 포함하는 경우

다음과 같이 놓자.

$$x = r\sin t$$

그러므로 다음과 같다.

$$\sqrt{r^2-x^2} = \sqrt{r^2-r^2\sin^2 t} = r|\cos t|$$

다음이 성립한다.

$$\sin t = \frac{x}{r} \Rightarrow t = \sin^{-1}\left(\frac{x}{r}\right), \quad -\frac{\pi}{2} \le t \le \frac{\pi}{2}$$

그 결과 다음을 알 수 있다.

$$\sqrt{r^2-x^2} = r\cos t$$

예제 3 $\int \sqrt{r^2-x^2}\,dx$ 를 구하시오.

풀이 다음과 같이 놓자.

$$x = r\sin t, \ -\frac{\pi}{2} \le t \le \frac{\pi}{2}$$

그러므로 다음과 같다.

$$dx = r\cos t\,dt, \ \sqrt{r^2-x^2} = r\cos t$$

그 결과 다음이 성립한다.

$$\int \sqrt{r^2-x^2}\,dx = \int r\cos t \cdot r\cos t\,dt$$

$$= r^2 \int \cos^2 t \, dt$$

$$= \frac{r^2}{2} \int (1 + \cos 2t) \, dt$$

$$= \frac{r^2}{2} \left(t + \frac{1}{2} \sin 2t \right) + c$$

$$= \frac{r^2}{2} (t + \sin t \cos t) + c$$

다음이 성립한다.

$$x = r \sin t \quad \Rightarrow \quad \sin t = \frac{x}{r}, \ t = \sin^{-1} \frac{x}{r}$$

그리고 다음과 같다.

$$\cos t = \cos\left(\sin^{-1} \frac{x}{r} \right)$$

$$= \sqrt{1 - \left(\frac{x}{r} \right)^2}$$

$$= \frac{\sqrt{r^2 - x^2}}{r}$$

원식에 대입하면 다음을 알 수 있다.

$$\int \sqrt{r^2 - x^2} \, dx = \frac{r^2}{2} \left(\sin^{-1} \frac{x}{r} + \frac{x}{r} \cdot \frac{\sqrt{r^2 - x^2}}{r} \right) + c$$

그 결과 반지름 r인 원의 면적은 다음과 같다.

$$2 \int_{-r}^{r} \sqrt{r^2 - x^2} \, dx = 2 \left[\frac{r^2}{2} \left(\sin^{-1} \frac{x}{r} + \frac{x}{r} \cdot \frac{\sqrt{r^2 - x^2}}{r} \right) \right]_{-r}^{r}$$

$$= r^2 (\sin^{-1} 1) - r^2 (\sin^{-1}(-1))$$

$$= r^2 \cdot \frac{\pi}{2} - r^2 \left(-\frac{\pi}{2} \right)$$

$$= \pi r^2$$

예제 4 $\int \frac{\sqrt{1-x^2}}{x^2}dx$를 구하시오.

풀이 다음과 같이 놓자.

$$x = \sin t,\ -\frac{\pi}{2} \le t \le \frac{\pi}{2}$$

그러므로 다음과 같다.

$$dx = \cos t\,dt, \qquad \sqrt{1-x^2} = \cos t$$

그 결과 다음이 성립한다.

$$\begin{aligned}\int \frac{\sqrt{1-x^2}}{x^2}dx &= \int \frac{\cos t}{\sin^2 t}\cos t\,dt \\ &= \int \cot^2 t\,dt \\ &= \int (\csc^2 t - 1)\,dt \\ &= -\cot t - t + c\end{aligned}$$

다음이 성립한다.

$$\sin t = x \quad \Rightarrow \quad t = \sin^{-1}x$$

그 결과 다음을 알 수 있다.

$$\int \frac{\sqrt{1-x^2}}{x^2}dx = -\frac{\sqrt{1-x^2}}{x} - \sin^{-1}x + c$$

(c) $\sqrt{r^2+x^2}$ 을 포함하는 경우

다음과 같이 놓자.

$$x = r\tan t$$

그러므로 다음과 같다.

$$\begin{aligned}\sqrt{r^2+x^2} &= \sqrt{r^2+r^2\tan^2 t} \\ &= r|\sec t|\end{aligned}$$

다음이 성립한다.

$$\tan t = \frac{x}{r} \quad \Rightarrow \quad t = \tan^{-1}\left(\frac{x}{r}\right), \ -\frac{\pi}{2} < t < \frac{\pi}{2}$$

그 결과 다음을 알 수 있다.

$$\sqrt{r^2 + x^2} = r\sec t$$

예제 5 $\displaystyle\int \frac{dx}{\sqrt{x^2+r^2}}$를 구하시오($r > 0$).

풀이 다음과 같이 놓자.

$$x = r\tan t, \ -\frac{\pi}{2} < t < \frac{\pi}{2}$$

그러므로 다음과 같다.

$$dx = r\sec^2 t\, dt$$

그리고 다음을 알 수 있다.

$$\begin{aligned}\sqrt{x^2+r^2} &= \sqrt{r^2\tan^2 t + r^2}\\ &= r\sec t\end{aligned}$$

그 결과 다음이 성립한다.

$$\begin{aligned}\int \frac{dx}{\sqrt{x^2+r^2}} &= \int \frac{r\sec^2 t}{r\sec t}\, dt\\ &= \int \sec t\, dt\\ &= \ln|\sec t + \tan t| + c\end{aligned}$$

또한 다음이 성립한다.

$$\tan t = \frac{x}{r} \quad \Rightarrow \quad t = \tan^{-1}\frac{x}{r}$$

그리고 다음과 같다.

$$\sec t = \frac{\sqrt{x^2+r^2}}{r}$$

그 결과 다음을 알 수 있다.

$$\begin{aligned}\int \frac{dx}{\sqrt{x^2+r^2}} &= \ln\left|\frac{\sqrt{x^2+r^2}}{r}+\frac{x}{r}\right|+c \\ &= \ln\left|\frac{\sqrt{x^2+r^2}+x}{r}\right|+c \\ &= \ln\left|\sqrt{x^2+r^2}+x\right|+c\end{aligned}$$

예제 6 $\int \frac{dx}{\sqrt{x^2-4x+5}}$를 구하시오.

풀이 다음이 성립한다.

$$x^2-4x+5=(x-2)^2+1$$

다음과 같이 놓자.

$$x-2=u$$

그러므로 다음과 같다.

$$dx=du$$

그 결과 다음이 성립한다.

$$\int \frac{dx}{\sqrt{x^2-4x+5}}=\int \frac{du}{\sqrt{u^2+1}}$$

또한 다음과 같이 놓자.

$$u=\tan t,\ -\frac{\pi}{2}<t<\frac{\pi}{2}$$

그러므로 다음과 같다.

$$du=\sec^2 t\,dt$$

그리고 다음을 알 수 있다.

$$\begin{aligned}\sqrt{u^2+1} &= \sqrt{\tan^2 t+1} \\ &= \sec t\end{aligned}$$

그 결과 다음이 성립한다.

$$\int \frac{du}{\sqrt{u^2+1}} = \int \frac{\sec^2 t}{\sec t} dt$$
$$= \int \sec t \, dt$$
$$= \ln|\sec t + \tan t| + c$$

$\tan t = u$에서 다음과 같다.

$$\sec t = \sqrt{u^2+1}$$

그 결과 다음을 알 수 있다.

$$\int \frac{du}{\sqrt{u^2+1}} = \ln\left|\sqrt{u^2+1} + u\right| + c$$
$$= \ln\left|\sqrt{x^2-4x+5} + x - 2\right| + c$$

(d) $\sqrt{x^2-r^2}$ 를 포함하는 경우

다음과 같이 놓자.

$$x = r\sec t$$

그러므로 다음과 같다.

$$\sqrt{x^2-r^2} = \sqrt{r^2\sec^2 t - r^2}$$
$$= r|\tan t|$$

다음이 성립한다.

$$\sec t = \frac{x}{r} \quad \Rightarrow \quad t = \sec^{-1}\left(\frac{x}{r}\right), \quad 0 \le t < \frac{\pi}{2} \cup \frac{\pi}{2} < t \le \pi$$

그 결과 다음을 알 수 있다.

$$\sqrt{x^2-r^2} = \pm r\tan t$$

예제 7 $\displaystyle\int_2^{2\sqrt{2}} \frac{\sqrt{x^2-4}}{x} dx$ 를 구하시오.

풀이 다음과 같이 놓자.

$$x = 2\sec t,\ 0 \le t < \frac{\pi}{2},\ \frac{\pi}{2} < t \le \pi$$

그러므로 다음과 같다.

$$dx = 2\sec t \cdot \tan t\, dt$$

그리고 다음을 알 수 있다.

$$\begin{aligned}\sqrt{x^2-4} &= \sqrt{4\sec^2 t - 4}\\ &= 2|\tan t|\end{aligned}$$

그런데 $2 \le x \le 2\sqrt{2}$ 이므로 $2 \le 2\sec t \le 2\sqrt{2}$ 에서 다음이 성립한다.

$$0 \le t < \frac{\pi}{2}$$

또한 다음과 같다.

$$\begin{aligned}\sqrt{x^2-4} &= 2|\tan t|\\ &= 2\tan t\end{aligned}$$

그 결과 다음을 알 수 있다.

$$\begin{aligned}\int_2^{2\sqrt{2}} \frac{\sqrt{x^2-4}}{x}\,dx &= \int_0^{\frac{\pi}{4}} \frac{2\tan t}{2\sec t} 2\sec t \tan t\, dt\\ &= \int_0^{\frac{\pi}{4}} 2\tan^2 t\, dt\\ &= 2\int_0^{\frac{\pi}{4}} (\sec^2 t - 1)dt\\ &= 2\left[\tan t - t\right]_0^{\frac{\pi}{4}}\\ &= 2\left(1 - \frac{\pi}{4}\right)\end{aligned}$$

7.2 부분적분

부분적분은 두 함수의 곱의 도함수에서 유도된 적분법으로 치환적분으로 적분을 구할 수 없을 때 많이 사용된다. 또한 부분적분을 여러 번 시행하는 반복 부분적분에 대해서 공부하고 점화식에 대해서 알아본다.

1. 부분적분

정리 1

다음과 같이 놓자.

$$f(x)=u,\ g(x)=v$$

그 결과 다음이 성립한다.

$$\int u\,dv = u\cdot v-\int v\,du$$

증명 다음과 같이 놓자.

$$f(x)=u,\ g(x)=v$$

그러므로 다음과 같다.

$$\begin{aligned}D_x(f(x)g(x)) &= (D_xf(x))g(x)+f(x)(D_xg(x))\\ &= f(x)'g(x)+f(x)g(x)'\end{aligned}$$

양변을 다시 적분하면 다음을 알 수 있다.

$$f(x)g(x)=\int f(x)'g(x)dx+\int f(x)g'(x)dx$$

또는 다음과 같다.

$$\int f(x)g'(x)dx = f(x)g(x) - \int f'(x)g(x)dx$$

$f'(x)dx = du$이고 $g'(x)dx = dv$에서 다음을 알 수 있다.

$$\int u\,dv = u \cdot v - \int v\,du$$

따름정리 2

정적분에 대한 부분적분은 다음과 같다.

$$\int_a^b u\,dv = [u \cdot v]_a^b - \int_a^b v\,du$$

예제 1 $\int \ln x\,dx$를 구하시오.

풀이 $\int \ln x\,dx = \int \ln x \cdot 1\,dx$

$= \int u\,dv$

다음과 같이 놓자.

$$u = \ln x,\ dv = 1\,dx$$

그 결과 다음이 성립한다.

$$du = \frac{1}{x}dx \text{ 그리고 } \frac{dv}{dx} = 1$$

또한 다음을 알 수 있다.

$$v = x$$

그러므로 원식은 다음과 같다.

$$\begin{aligned}\int \ln x\,dx &= \int u\,dv \\ &= uv - \int v\,du\end{aligned}$$

대입하면 다음을 알 수 있다.

$$\begin{aligned}\int \ln x\,dx &= x\ln x - \int x\frac{1}{x}dx \\ &= x\ln x - \int dx \\ &= x\ln x - x + c\end{aligned}$$

예제 2 $\int \sin^{-1}x\,dx$를 구하시오.

풀이 $$\begin{aligned}\int \sin^{-1}x\,dx &= \int \sin^{-1}x \cdot 1\,dx \\ &= \int u\,dv\end{aligned}$$

다음과 같이 놓자.

$$u = \sin^{-1}x,\ \ 1dx = dv$$

그 결과 다음이 성립한다.

$$du = \frac{1}{\sqrt{1-x^2}}dx \ \text{ 그리고 } \ \frac{dv}{dx} = 1$$

또한 다음을 알 수 있다.

$$v = x$$

그러므로 원식은 다음과 같다.

$$\begin{aligned}\int \sin^{-1}x\,dx &= \int u\,dv \\ &= uv - \int v\,du \\ &= x\sin^{-1}x + \int \frac{-x}{\sqrt{1-x^2}}dx \\ &= x\sin^{-1}x + (\sqrt{1-x^2}) + c \\ &= x\sin^{-1}x + \sqrt{1-x^2} + c\end{aligned}$$

2. 반복 부분적분

부분적분을 반복 시행하여 적분값을 구하는 경우가 있다. 다음의 예제를 들어보자.

예제 1 $\int x^2 e^{-x}\,dx$ 를 구하시오.

풀이 $\int x^2 e^{-x} dx = \int u\,dv$

다음과 같이 놓자.

$$u = x^2,\ \ e^{-x}\,dx = dv$$

그 결과 다음이 성립한다.

$$du = 2x\,dx \ \ \text{그리고}\ \ \frac{dv}{dx} = e^{-x}$$

또한 다음을 알 수 있다.

$$v = -e^{-x}$$

그러므로 원식은 다음과 같다.

$$\begin{aligned}\int x^2 e^{-x}\,dx &= \int u\,dv \\ &= uv - \int v\,du\end{aligned}$$

대입하면 다음을 알 수 있다.

$$\int x^2 e^{-x}\,dx = x^2(-e^{-x}) + \int e^{-x}\,2x\,dx$$

또한 다음과 같다.

$$\int e^{-x} 2x\,dx = \int p\,dq$$

다음과 같이 놓자.

$$p = 2x,\ \ e^{-x}\,dx = dq$$

그 결과 다음이 성립한다.

$$dp = 2\,dx \quad \text{그리고} \quad \frac{dq}{dx} = e^{-x}$$

또한 다음을 알 수 있다.

$$q = -e^{-x}$$

그러므로 원식은 다음과 같다.

$$\begin{aligned}\int 2xe^{-x}dx &= \int p\,dq \\ &= pq - \int q\,dps\end{aligned}$$

대입하면 다음이 성립한다.

$$\begin{aligned}\int 2xe^{-x}\,dx &= -2xe^{-x} + 2\int e^{-x}\,dx \\ &= -2xe^{-x} - 2e^{-x} + c\end{aligned}$$

그 결과 다음을 알 수 있다.

$$\begin{aligned}\int x^2e^{-x}dx &= -x^2e^{-x} - 2xe^{-x} - 2e^{-x} + c \\ &= -e^{-x}(x^2 + 2x + 2) + c\end{aligned}$$

예제 2 $\int e^x \sin x\,dx$를 구하시오.

풀이 $\int e^x \sin x\,dx = \int u\,dv$

다음과 같이 놓자.

$$u = e^x, \ \sin x\,dx = dv$$

그 결과 다음이 성립한다.

$$du = e^x\,dx \quad \text{그리고} \quad \frac{dv}{dx} = \sin x$$

또한 다음을 알 수 있다.

$$v = -\cos x$$

그러므로 원식은 다음과 같다.

$$\begin{aligned}\int e^x \sin x dx &= \int u\,dv \\ &= uv - \int v\,du \\ &= -e^x \cos x + \int \cos x e^x dx\end{aligned}$$

또한 다음을 알 수 있다.

$$\int \cos x e^x\,dx = e^x \sin x - \int e^x \sin x\,dx$$

그 결과 다음과 같이 나타낼 수 있다.

$$\int e^x \sin x\,dx = -e^x \cos x + \left(e^x \sin x - \int e^x \sin x\,dx\right)$$

정돈하면 다음이 성립한다.

$$2\int e^x \sin x dx = e^x (\sin x - \cos x)$$

그 결과 다음을 알 수 있다.

$$\int e^x \sin x\,dx = \frac{e^x}{2}(\sin x - \cos x) + c$$

예제 3 $\int \sec^3 x\,dx$를 구하시오.

풀이 $$\begin{aligned}\int \sec^3 x\,dx &= \int \sec x \cdot \sec^2 x\,dx \\ &= \int u\,dv\end{aligned}$$

다음과 같이 놓자.

$$u = \sec x,\ \sec^2 x\,dx = dv$$

그 결과 다음이 성립한다.

$$du = \sec x \cdot \tan x\,dx \text{ 그리고 } \frac{dv}{dx} = \sec^2 x$$

또한 다음을 알 수 있다.

$$v = \tan x$$

그러므로 원식은 다음과 같다.

$$\begin{aligned}\int \sec^3 x\,dx &= \int u\,dv \\ &= uv - \int v\,du \\ &= \sec x \cdot \tan x - \int \tan x \cdot \sec x \cdot \tan x\,dx \\ &= \sec x \cdot \tan x - \int \sec x(\sec^2 - 1)\,dx\end{aligned}$$

그 결과 다음을 알 수 있다.

$$2\int \sec^3 x\,dx = \sec x \cdot \tan x + \ln|\sec x + \tan x| + c$$

$$\int \sec^3 x\,dx = \frac{1}{2}(\sec x \tan x + \ln|\sec x + \tan x|) + c$$

3. 점화식

부분적분을 이용하여 다음의 점화 공식을 유도할 수 있다.

$$\int f^n(x)dx = h(x) + \int f^k(x)dx,\ k < n$$

예제 1 $\int \sin^n x\,dx$의 점화공식을 구하시오.

풀이 $$\begin{aligned}\int \sin^n x\,dx &= \int \sin^{n-1} x \cdot \sin x\,dx \\ &= \int u\,dv\end{aligned}$$

다음과 같이 놓자

$$u = \sin^{n-1} x \text{ 그리고 } \sin x\,dx = dv$$

그 결과 다음이 성립한다.

$$du = (n-1)\sin^{n-2} x \cdot \cos x\,dx,\ v = -\cos x$$

그러므로 원식은 다음과 같다.

$$\int \sin^n x dx = \int u\, dv$$

$$= uv - \int v\, du$$

$$= \sin^{n-1}x \cdot (-\cos x) + (n-1)\int (\cos^2 x)\sin^{n-2}x\, dx$$

$$= -\sin^{n-1}x \cos x + (n-1)\int (1-\sin^2 x)\sin^{n-2}x\, dx$$

$$n \cdot \int \sin^n x\, dx = -\sin^{n-1}x \cdot \cos x + (n-1)\int \sin^{n-2}x\, dx$$

그 결과 다음을 알 수 있다.

$$\int \sin^n x\, dx = -\frac{\sin^{n-1}x \cdot \cos x}{n} + \frac{n-1}{n}\int \sin^{n-2}x\, dx,\ n \geq 2$$

연습문제 | 7.1 치환적분

※ 다음 적분을 구하시오.

01. $\int (x-2)^3 dx$

02. $\int -\frac{x^2}{3}(4x^3-5)^4 dx$

03. $\int -\frac{5}{x^2+3} dx$

04. $\int -\frac{7x}{x^2+8} dx$

05. $\int x\sqrt{2-7x^2}\, dx$

06. $\int \frac{\tan x}{\sin x} dx$

07. $\int \frac{\tan\sqrt{\pi x}}{\sqrt{\pi x}} dx$

08. $\int \frac{2\sin x}{9-\cos^2 x} dx$

09. $\int \frac{x^2+4x-9}{x+2} dx$

10. $\int \frac{\sqrt{\tan x}}{\sin^2 x} dx$

11. $\int \frac{\cos(\ln x^4)}{5x} dx$

12. $\int \frac{e^x}{\sqrt{7-e^{2x}}} dx$

13. $\int (6x^2)4^{x^3} dx$

14. $\int \frac{\cos x - 5\sin x}{\cos x} dx$

15. $\int \frac{-x}{\sqrt{16-x^4}} dx$

16. $\int \frac{3x^2-1}{\cot(x^3-x-1)} dx$

17. $\int e^{-x}\cdot\sec(e^{-x}) dx$

18. $\int \frac{\sec^2 x - e^{\sin x}}{\sec x} dx$

19. $\int \frac{\sec x\cdot\tan x}{5+\sec^2 x} dx$

20. $\int \frac{2}{x^2-6x+13} dx$

※ 다음 적분을 구하시오.

21. $\int \cos^{10} x\, dx$

22. $\int \sin^9 x\, dx$

23. $\int \sin^5(2x)\cos^4(2x) dx$

24. $\int \cos^3 x\cdot\sin^{-6} x\, dx$

25. $\int \sin^4(6x)\cdot\cos^4(6x) dx$

26. $\int \cos(5x)\cdot\sin(5x) dx$

27. $\int \sec^3(-3x)\cdot\tan^3(-3x) dx$

28. $\int \cot^3 x\cdot\csc^5 x\, dx$

29. $\int \sec^4(-9x)\,dx$

30. $\int (\tan 3x - \cot 3x)^2\,dx$

※ 다음 적분을 구하시오.

31. $\int x\sqrt{x-9}\,dx$

32. $\int \frac{dx}{\sqrt{x+8}}\,dx$

33. $\int \frac{\sqrt{2-7x^2}}{x}\,dx$

34. $\int \frac{x+3}{\sqrt{1-x^2}}\,dx$

35. $\int \frac{4}{2x^2+x}\,dx$

36. $\int \frac{2x-7}{x^2-5x+4}\,dx$

37. $\int \frac{x^3+3x}{x^2-x-2}\,dx$

38. $\int \frac{9x-2}{(x-4)^2}\,dx$

39. $\int \frac{-\sin x}{\cos^2 x - 3\cos x - 4}\,dx$

40. $\int \frac{x^2+4x+3}{(x^2+1)(x^2-3)}\,dx$

※ 다음을 치환적분으로 구하시오.

41. $\int \frac{1}{\sqrt{x^2-6x+11}}\,dx$

42. $\int \frac{-3x}{\sqrt{x^2-4x+20}}\,dx$

43. $\int \sqrt{18-6x-x^2}\,dx$

44. $\int \frac{5}{\sqrt{x-4x^2}}\,dx$

45. $\int -\frac{1}{(25x^2-1)^{\frac{3}{2}}}\,dx$

46. $\int \frac{3}{x^2\sqrt{2x^2-25}}\,dx$

47. $\int \frac{4}{x^2\sqrt{x^2+16}}\,dx$

48. $\int x^4\sqrt{1-x^2}\,dx$

49. $\int \frac{x}{x^2+16}\,dx$를 대수적치환과 삼각함수치환으로 구하여 값이 같음을 증명하시오.

50. $\int \frac{\sqrt{1-x^2}}{5x}\,dx$를 대수적치환과 삼각함수치환으로 구하여 값이 같음을 증명하시오.

연습문제 | 7.2 부분적분

※ 다음의 적분을 구하시오.

01. $\int -xe^{4x}\,dx$

02. $\int x\sin 4x\,dx$

03. $\int \sin^{-1}(-2x)\,dx$

04. $\int \tan^{-1}(7x)\,dx$

05. $\int x^3\ln x\,dx$

06. $\int 4x\sec^2(-x)\,dx$

※ 다음의 적분을 구하시오.

07. $\int x^3e^{3x}\,dx$

08. $\int e^x\cos x\,dx$

09. $\int x\sinh x\,dx$

10. $\int 3x\,4^x\,dx$

제 8 장

이상적분

리만 적분의 정의에 필수적 요인이 두 가지 있었다. 하나는 함수가 유계인 사실이고 다른 하나는 적분 구간이 유계인 사실이다. 그러나 실생활에서 필요한 적분이 위의 두 가지 형태만은 아님을 알 수 있다. 즉, 함수가 유계가 아닌 경우 또는 적분 구간이 유계가 아닌 경우의 적분에 대해서 알아보자.

8.1 여러 가지 부정형

부정형은 값이 정해져 있지 않은 형태를 말하고 다음과 같이 일곱 가지 형태가 있다.

$$\frac{0}{0},\ \frac{\infty}{\infty},\ 0\cdot\infty,\ \infty-\infty,\ 0^0,\ \infty^0,\ 1^\infty$$

극한을 구하는 방법은 다음과 같다.

(a) $\frac{0}{0}$과 $\frac{\infty}{\infty}$의 형태는 로피탈의 법칙을 이용하여 극한을 구한다.

(b) $0\cdot\infty$ 와 $\infty-\infty$ 는 변형하여 $\frac{0}{0}$과 $\frac{\infty}{\infty}$를 적용하여 극한을 구한다.

(c) 0^0, ∞^0, 1^∞는 로그함수를 이용하고 다시 $\frac{0}{0}$과 $\frac{\infty}{\infty}$를 적용하여 극한을 구한다.

1. $\frac{0}{0}$ 형태의 부정형

정리 1 $\frac{0}{0}$형태의 로피탈(L'Hôpital)의 법칙

기호 $\lim\limits_{x\to a}$, $\lim\limits_{x\to a^+}$, $\lim\limits_{x\to a^-}$를 모두 $\lim$으로 나타내자. 만약 $\lim f(x)=\lim g(x)=0$이고 $\lim\frac{f'}{g'}$이 존재하면 다음 식이 성립한다.

$$\lim\frac{f(x)}{g(x)}=\lim\frac{f'(x)}{g'(x)}$$

예제 1 다음을 증명하시오.

$$\lim_{x\to0}\frac{\sin x}{x}=1$$

증명 $\lim_{x\to0}\frac{\sin x}{x}$에서 다음을 알 수 있다.

$$\lim_{x\to0}x=0,\ \lim_{x\to0}\sin x=0$$

정리에 의해서 다음과 같다.

$$\begin{aligned}\lim_{x\to0}\frac{\sin x}{x}&=\lim_{x\to0}\frac{(\sin x)'}{(x)'}\\&=\lim_{x\to0}\frac{\cos x}{1}=1\end{aligned}$$

예제 2 다음을 증명하시오.

$$\lim_{x\to0}\frac{1-\cos x}{x}=0$$

증명 $\lim_{x\to0}\frac{1-\cos x}{x}$ 에서 다음을 알 수 있다.

$$\lim_{x\to0}x=0,\ \lim_{x\to0}(1-\cos x)=0$$

정리에 의해서 다음과 같다.

$$\lim_{x\to0}\frac{1-\cos x}{x}=\lim_{x\to0}\frac{\sin x}{1}=0$$

$\lim\frac{f(x)}{g(x)}$를 구하는 과정에서 $\lim\frac{f'(x)}{g'(x)}$가 $\frac{0}{0}$의 형태인 경우 다시 한 번 로피탈의 법칙을 적용하면 다음과 같다.

$$\begin{aligned}\lim\frac{f(x)}{g(x)}&=\lim\frac{f'(x)}{g'(x)}\\&=\lim\frac{f''(x)}{g''(x)}\end{aligned}$$

예제 3 $\lim_{x \to 0} \frac{\cos x - 1}{x^2}$ 를 구하시오

풀이 $g(x) = x^2$, $f(x) = \cos x - 1$ 에서 다음을 알 수 있다.

$$\lim_{x \to 0} g(x) = 0, \ \lim_{x \to 0} f(x) = 0$$

정리에 의해서 다음과 같다.

$$\lim_{x \to 0} \frac{\cos x - 1}{x^2} = \lim_{x \to 0} \left(-\frac{\sin x}{2x}\right)$$

$g'(x) = 2x$, $f'(x) = -\sin x$ 에서 다음을 알 수 있다.

$$\lim_{x \to 0} g'(x) = 0, \ \lim_{x \to 0} f'(x) = 0$$

정리에 의해서 다음과 같다.

$$\lim_{x \to 0} \frac{\cos x - 1}{x^2} = \lim_{x \to 0} \frac{-\sin x}{2x}$$

$$= \lim_{x \to 0} \frac{-\cos x}{2} = -\frac{1}{2}$$

2. $\frac{\infty}{\infty}$ 형태의 부정형

정리 2 $\frac{\infty}{\infty}$ **형태의 로피탈의 법칙**

$\lim_{x \to a}$, $\lim_{x \to a^+}$, $\lim_{x \to a^-}$ 를 모두 lim 으로 나타낸다. 만약 $\lim |f(x)| = \infty$, $\lim g(x) = \infty$ 이고 $\lim \frac{f'(x)}{g'(x)}$ 가 존재하면 다음 식이 성립한다.

$$\lim \frac{f(x)}{g(x)} = \lim \frac{f'(x)}{g'(x)}$$

예제 1 $\lim_{x\to\infty}\frac{x}{e^x}$ 를 구하시오.

풀이 $f(x)=x$, $g(x)=e^x$ 에서 다음을 알 수 있다.

$$\lim_{x\to\infty}|f(x)|=\infty,\quad \lim_{x\to\infty}g(x)=\infty$$

정리에 의해서 다음과 같다.

$$\lim_{x\to\infty}\frac{x}{e^x}=\lim_{x\to\infty}\frac{1}{e^x}=0$$

이 식을 일반화시키면 다음을 얻을 수 있다.

$$\lim_{x\to\infty}\frac{x^n}{e^x}=0$$

예제 2 다음을 증명하시오.

$$\lim_{x\to\infty}\frac{\ln x}{x^2}=0$$

풀이 $f(x)=\ln x$, $g(x)=x^2$에서 다음을 알 수 있다.

$$\lim_{x\to\infty}f(x)=\infty,\quad \lim_{x\to\infty}g(x)=\infty$$

정리에 의해서 다음과 같다.

$$\lim_{x\to\infty}\frac{\ln x}{x^2}=\lim_{x\to\infty}\frac{\frac{1}{x}}{2x}$$
$$=\lim_{x\to\infty}\frac{1}{2x^2}=0$$

이 식을 일반화시키면 다음을 얻을 수 있다.

$$n>0\text{일 때 }\lim_{x\to\infty}\frac{\ln x}{x^n}=0$$

3. $0 \cdot \infty$ 와 $\infty - \infty$ 형태의 부정형

$0 \cdot \infty$ 는 다음의 형태로 변환하여 얻을 수 있다.

$$0 \cdot \infty = \frac{0}{\frac{1}{\infty}} = \frac{0}{0},$$

$$0 \cdot (-\infty) = \frac{0}{-\frac{1}{\infty}} = \frac{0}{0}$$

또는

$$0 \cdot \infty = \frac{\infty}{\frac{1}{0}} = \frac{\infty}{\infty},$$

$$0 \cdot (-\infty) = \frac{-\infty}{\frac{1}{0}} = \frac{\infty}{\infty}$$

예제 1 $\lim_{x \to 0} x \ln(x^2)$를 구하시오.

풀이 $\lim_{x \to 0} x = 0$, $\lim_{x \to 0} \ln(x^2) = -\infty$ 에서 다음이 성립한다.

$$\lim_{x \to 0} x \ln(x^2) = \lim_{x \to 0} \frac{\ln(x^2)}{\frac{1}{x}} = \frac{\infty}{\infty}$$

정리에 의해서 다음과 같다.

$$\lim_{x \to 0} x(\ln x^2) = \lim_{x \to 0} \frac{\frac{2x}{x^2}}{-\frac{1}{x^2}}$$

$$= \lim_{x \to 0}(-2x) = 0$$

예제 2 $\lim_{x \to 1^+} \left(\frac{x}{x-1} - \frac{1}{\ln x} \right)$를 구하시오.

풀이 $\lim_{x\to1^+}\frac{x}{x-1}=\infty$, $\lim_{x\to1^+}\frac{1}{\ln x}=\infty$에서 다음이 성립한다.

$$\lim_{x\to1^+}\left(\frac{x}{x-1}-\frac{1}{\ln x}\right)=\lim_{x\to1^+}\frac{x\ln x-1(x-1)}{(x-1)\ln x}=\frac{0}{0}$$

정리에 의해서 다음과 같다.

$$\begin{aligned}\lim_{x\to1^+}\left(\frac{x}{x-1}-\frac{1}{\ln x}\right)&=\lim_{x\to1^+}\frac{\ln x+1-1}{\ln x+(x-1)\frac{1}{x}}\\&=\lim_{x\to1^+}\frac{x\ln x}{x\ln x+(x-1)}\\&=\lim_{x\to1^+}\frac{\ln x+1}{\ln x+1+1}\\&=\frac{1}{2}\end{aligned}$$

4. 1^∞, ∞^0, 0^0 형태의 부정형

로그함수를 이용하여 $\frac{0}{0}$ 또는 $\frac{\infty}{\infty}$ 형태로 변환하여 극한을 구할 수 있다.

예제 1 $\lim_{x\to0^+}(1+x)^{\cot x}$를 구하시오.

풀이 $\lim_{x\to0^+}(1+x)=1$, $\lim_{x\to0^+}\cot x=\infty$에서 1^∞ 형태이다.
다음과 같이 놓자.

$$(1+x)^{\cot x}=y$$

그러므로 다음과 같다.

$$\begin{aligned}\ln y&=\cot x\ln(1+x)\\&=\frac{\ln(1+x)}{\tan x}\end{aligned}$$

양변에 극한을 취하면 다음이 성립한다.

$$\lim_{x\to0^+}\ln y=\lim_{x\to0^+}\frac{\ln(1+x)}{\tan x}=\frac{0}{0}$$

정리에 의해서 다음과 같다.

$$\lim_{x\to0^+}\frac{\ln(1+x)}{\tan x}=\lim_{x\to0}\frac{\frac{1}{1+x}}{\sec^2 x}$$

$$=\lim_{x\to0}\frac{\cos^2 x}{x+1}=1$$

그 결과 다음을 알 수 있다.

$$\lim_{x\to0^+}(1+x)^{\cot x}=\lim_{x\to0^+}\exp\ln(1+x)^{\cot x}$$

$$=\exp\left(\lim_{x\to0^+}\ln(1+x)^{\cot x}\right)$$

$$=\exp(1)=e$$

예제 2 $\lim_{x\to\frac{\pi}{2}^-}(\tan x)^{\cos x}$를 구하시오.

풀이 $\lim_{x\to\frac{\pi}{2}^-}\tan x=\infty$, $\lim_{x\to\frac{\pi}{2}^-}\cos x=0$에서 ∞^0의 형태이다.

다음과 같이 놓자.

$$(\tan x)^{\cos x}=y$$

그러므로 다음과 같다.

$$\ln y=\ln(\tan x)^{\cos x}$$

$$=\cos x\ln\tan x$$

$$=\frac{\ln\tan x}{\sec x}$$

양변에 극한을 취하면 다음이 성립한다.

$$\lim_{x\to\frac{\pi}{2}^-} \ln y = \lim_{x\to\frac{\pi}{2}^-} \frac{\ln\tan x}{\sec x} = \frac{\infty}{\infty}$$

정리에 의해서 다음과 같다.

$$\lim_{x\to\frac{\pi}{2}^-} \frac{\ln\tan x}{\sec x} = \lim_{x\to\frac{\pi}{2}^-} \frac{\frac{\sec^2 x}{\tan x}}{\sec x \cdot \tan x}$$

$$= \lim_{x\to\frac{\pi}{2}^-} \frac{\cos x}{\sin^2 x} = 0$$

그 결과 다음을 알 수 있다.

$$\lim_{x\to\frac{\pi}{2}^-} (\tan x)^{\cos x} = \lim_{x\to\frac{\pi}{2}^-} \exp\ln(\tan x)^{\cos x}$$

$$= \exp\lim_{x\to\frac{\pi}{2}^-} \ln\tan x^{\cos x}$$

$$= \exp(0) = 1$$

예제 3 $\lim_{x\to 0^+} (x)^{x^2}$를 구하시오.

풀이 $\lim_{x\to 0^+} x = 0$, $\lim_{x\to 0} x^2 = 0$에서 0^0의 형태이다.

다음과 같이 놓자.

$$(x)^{x^2} = y$$

그러므로 다음과 같다.

$$\ln y = x^2 \ln x$$

$$= \frac{\ln x}{x^{-2}}$$

양변에 극한을 취하면 다음이 성립한다.

$$\lim_{x\to 0^+} \ln y = \lim_{x\to 0^+} \frac{\ln x}{x^{-2}} = \frac{\infty}{\infty}$$

정리에 의해서 다음과 같다.

$$\lim_{x \to 0^+} \frac{\ln x}{x^{-2}} = \lim_{x \to 0^+} \frac{\frac{1}{x}}{-2x^{-3}}$$

$$= \lim_{x \to 0^+} \frac{x^2}{-2} = 0$$

그 결과 다음을 알 수 있다.

$$\lim_{x \to 0^+} (x)^{x^2} = \lim_{x \to 0^+} \exp\ln(x)^{x^2}$$

$$= \exp\lim_{x \to 0^+} \ln(x)^{x^2}$$

$$= \exp(0) = 1$$

8.2 적분구간이 무한대인 이상적분

앞에서 배운 적분 $\int_a^b f(x)dx$는 다음 조건을 만족한다.

$$a,\ b \in \mathbb{R} \quad \text{그리고} \quad |f(x)| < \infty$$

일반적으로 응용분야에서는 다음과 같은 형태의 적분은 더 많이 다루게 된다.

$$\int_a^{\infty} f(x)dx,\quad \int_{-\infty}^{b} g(x)dx,\quad \int_{-\infty}^{\infty} h(x)dx$$

먼저 적분 구간이 유계가 아닌 적분에 대해서 알아보자.

1. $\int_a^{\infty} f(x)dx,\ \int_{-\infty}^{b} g(x)dx$ 형태의 적분

정의

(a) $\int_a^{\infty} f(x)dx = \lim_{b\to\infty}\int_a^b f(x)dx$

(b) $\int_{-\infty}^{b} f(x)dx = \lim_{a\to-\infty}\int_a^b f(x)dx$

오른쪽 극한이 유한값으로 존재할 때 적분은 수렴(converge)한다고 말하고 극한값을 적분값으로 정의한다. 그렇지 않으면 적분은 발산(diverge)한다고 한다.

예제 1 $\int_0^{\infty} e^{-x}dx$를 구하시오.

$f(x)=e^{-x}$의 그래프는 다음과 같다.

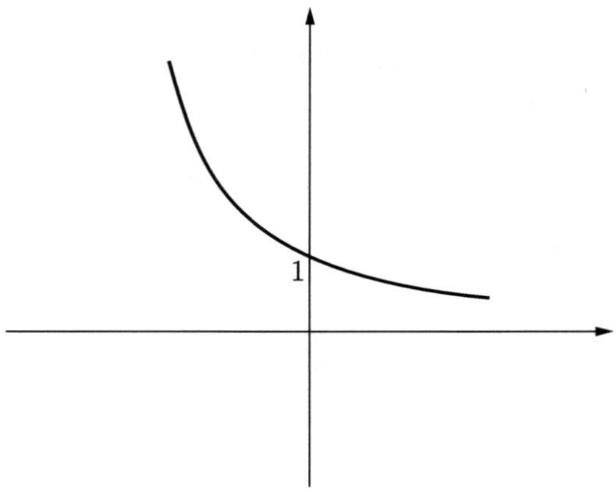

[그림 8-1] $f(x)=e^{-x}$

풀이 정의에 의해 다음이 성립한다.

$$\int_0^b e^{-x}\,dx = -\left[e^{-x}\right]_0^b$$
$$= -e^{-b} + 1$$

위의 식에서 $b \to \infty$ 이면 다음과 같다.

$$\lim_{b\to\infty}(1-e^{-b}) = 1$$

그 결과 다음과 같이 정의할 수 있다.

$$\int_0^\infty e^{-x}\,dx = 1$$

그러므로 $f(x)=e^{-x},\ x \geq 0$이 확률밀도함수임을 알 수 있다. 그리고 다음과 같은 확률밀도함수로 가지는 확률분포를 지수분포라고 한다.

$$f(x)=e^{-x},\quad x \geq 0$$

예제 2 $\int_1^\infty xe^{-x^2}\,dx$ 를 구하시오.

풀이 정의에 의해 다음이 성립한다.

$$\int_1^{\infty} xe^{-x^2}dx = \lim_{b\to\infty}\int_1^b xe^{-x^2}dx$$

그리고 다음을 알 수 있다.

$$\begin{aligned}\int_1^b xe^{-x^2}dx &= -\frac{1}{2}\left[e^{-x^2}\right]_2^b \\ &= \frac{e^{-4}-e^{-b^2}}{2}\end{aligned}$$

위의 식에서 $b\to\infty$ 이면 다음과 같다.

$$\begin{aligned}\int_1^{\infty} xe^{-x^2}dx &= \lim_{b\to\infty} -\frac{1}{2}(e^{-b^2}-e^{-4}) \\ &= \frac{1}{2e^4}\end{aligned}$$

예제 3 $\int_e^{\infty}\frac{7}{x\ln x}dx$를 구하시오.

풀이 정의에 의해 다음이 성립한다.

$$\int_e^{\infty}\frac{7}{x\ln x}dx = \lim_{b\to\infty}\int_e^b \frac{7}{x\ln x}dx$$

그리고 다음을 알 수 있다.

$$\begin{aligned}\int_e^b \frac{7}{x\ln x}dx &= 7\left[\ln(\ln x)\right]_e^b \\ &= 7(\ln(\ln b)-\ln(\ln e))\end{aligned}$$

위의 식에서 $b\to\infty$ 이면 다음과 같다.

$$\int_e^{\infty}\frac{7}{x\ln x}dx = \lim_{b\to\infty}7\{\ln(\ln b)-\ln(\ln e)\} = \infty$$

즉, 발산한다.

예제 4 곡선 $y=\frac{1}{x}$을 $[1, \infty)$에서 x축을 회전축으로 하여 회전할 때 생기는 회전체를 생각해 보자. 이때 다음을 증명하시오.

(a) 회전체의 부피 V는 유한하다.

(b) 회전체의 겉넓이 A는 무한하다.

증명 (a)

$$\begin{aligned} V &= \int_1^\infty \pi\left(\frac{1}{x}\right)^2 dx \\ &= \lim_{b\to\infty}\int_1^b \pi\left(\frac{1}{x}\right)^2 dx \\ &= \lim_{b\to\infty}\left[-\frac{\pi}{x}\right]_1^b \\ &= \lim_{b\to\infty} -\pi\left(\frac{1}{b}-1\right) = \pi \end{aligned}$$

(b)

$$\begin{aligned} A &= \int_1^\infty 2\pi y\, ds \\ &= \int_1^\infty 2\pi\frac{1}{x}\sqrt{1+(y')^2}\,dx \\ &= \int_1^\infty 2\pi\frac{1}{x}\sqrt{1+\left(-\frac{1}{x^2}\right)^2}\,dx \\ &= \int_1^\infty 2\pi\frac{1}{x}\frac{\sqrt{x^4+1}}{x^2}\,dx \\ &= \lim_{b\to\infty}\int_1^b 2\pi\frac{\sqrt{x^4+1}}{x^3}\,dx \end{aligned}$$

그런데 $\frac{\sqrt{x^4+1}}{x^3} > \frac{\sqrt{x^4}}{x^3} = \frac{1}{x}$에서 다음이 성립한다.

$$\int_1^b \frac{\sqrt{x^4+1}}{x^3}\,dx > \int_1^b \frac{1}{x}\,dx$$

그리고 $\int_1^b \frac{1}{x}dx = \ln b$에서 다음과 같다.

$$\lim_{b\to\infty}\int_1^b \frac{1}{x}dx = \lim_{b\to\infty}\ln b = \infty$$

그 결과 다음을 알 수 있다.

$$\int_1^b \frac{\sqrt{x^4+1}}{x^3}dx \to \infty$$

예제 5 $\int_1^\infty \frac{1}{x^r}dx$는 $r \le 1$일 때 발산하고 $r > 1$일 때 수렴한다.

풀이 (1) $r = 1$일 때 $\int_1^\infty \frac{1}{x}dx$가 발산함은 이미 앞에서 보였다.

(2) $r \neq 1$일 때 다음과 같다.

$$\begin{aligned}\int_1^\infty \frac{1}{x^r}dx &= \lim_{b\to\infty}\int_1^b \frac{1}{x^r}dx \\ &= \lim_{b\to\infty}\left[\frac{x^{-r+1}}{-r+1}\right]_1^b \\ &= \lim_{b\to\infty}\left(\frac{1}{1-r}\right)\left(\frac{1}{b^{r-1}}-1\right) \\ &= \begin{cases}\infty, & r<1 \\ \frac{1}{r-1}, & r>1\end{cases}\end{aligned}$$

예제 6 $\int_0^\infty \frac{dx}{1+x^2}$를 구하시오.

풀이

$$\begin{aligned}\int_0^\infty \frac{dx}{1+x^2} &= \lim_{b\to\infty}\int_0^b \frac{dx}{1+x^2} \\ &= \lim_{b\to\infty}(F(b)-F(0)),\ \text{단, } F(x)=\tan^{-1}(x) \\ &= \lim_{b\to\infty}\tan^{-1}(b) \\ &= \frac{\pi}{2}\end{aligned}$$

정의

다음과 같은 함수를 감마함수라고 한다.

$$\Gamma(n) = \int_0^\infty x^{n-1}e^{-x}dx, \quad n>0$$

정리 1

감마함수는 다음과 같은 성질을 만족한다.

(a) $\Gamma(1)=1$

(b) $\Gamma(n+1)=n\Gamma(n)$

(c) $\Gamma(n+1)=n!$ (단, n은 자연수)

증명 (a) $\Gamma(1)=\int_0^\infty e^{-x}dx$

$$=\lim_{b\to\infty}\int_0^b e^{-x}dx$$

$$=\lim_{b\to\infty}[-e^{-x}]_0^b$$

$$=\lim_{b\to\infty}(-e^{-b}+1)=1$$

(b) $\Gamma(n+1)=\int_0^\infty x^n e^{-x}dx$

$$=\lim_{b\to\infty}\int_0^b x^n e^{-x}dx$$

부분적분의 공식에 의해서 다음이 성립한다.

$$\Gamma(n+1)=\lim_{b\to\infty}\left\{[-x^n e^{-x}]_0^b+n\int_0^b x^{n-1}e^{-x}dx\right\}$$

$$=0+\lim_{b\to\infty}n\int_0^b x^{n-1}e^{-x}dx$$

$$=n\int_0^\infty x^{n-1}e^{-x}dx=n\Gamma(n)$$

(c) $\Gamma(n+1)=n\Gamma(n)$

$$=n(n-1)\Gamma(n-1)$$

$$=n(n-1)\cdots 1\Gamma(1)$$

$$=n(n-1)\cdots 1$$

$$=n!$$

예제 7 $\Gamma(\frac{1}{2})$을 구하시오.

풀이 $\Gamma(\frac{1}{2})=\int_0^{\infty} e^{-x}x^{-\frac{1}{2}}dx$

$=\lim_{b\to\infty}\int_0^b e^{-x}x^{-\frac{1}{2}}dx$

그리고 다음과 같이 놓자.

$$x=t^2,\ t\geq 0$$

그러므로 다음과 같다.

$$dx=2dt$$

또한 다음을 알 수 있다.

$$\begin{aligned}\Gamma(\frac{1}{2})&=\int_0^{\infty} e^{-x}x^{-\frac{1}{2}}dx\\&=\lim_{b\to\infty}\int_0^b e^{-x}x^{-\frac{1}{2}}dx\\&=\lim_{b\to\infty}\int_0^b e^{-t^2}t^{-1}2tdt\\&=2\lim_{b\to\infty}\int_0^b e^{-t^2}dt\\&=2\frac{\sqrt{\pi}}{2}=\pi\end{aligned}$$

또한 베타함수는 다음과 같이 정의한다.

$$B(m,n)=\int_0^1 x^{m-1}(1-x)^{n-1}dx$$

그 결과 베타함수는 다음과 같이 나타낼 수 있다.

$$B(m,n)=\frac{\Gamma(m)\Gamma(n)}{\Gamma(m+n)}$$

2. $\int_{-\infty}^{\infty} f(x)dx$ 형태의 적분

정의

$\int_{-\infty}^{0} f(x)dx$, $\int_{0}^{\infty} f(x)dx$가 수렴하면 다음은 수렴한다고 말한다.

$$\int_{-\infty}^{\infty} f(x)dx$$

그리고 그 값은 다음과 같이 정의한다.

$$\int_{-\infty}^{\infty} f(x)dx = \int_{-\infty}^{0} f(x)dx + \int_{0}^{\infty} f(x)dx$$

그렇지 않으면 $\int_{-\infty}^{\infty} f(x)dx$는 발산한다고 말한다.

예제 1 $\int_{-\infty}^{\infty} \frac{r}{1+x^2}dx = 1$ 이 되도록 양수 r를 구하시오.

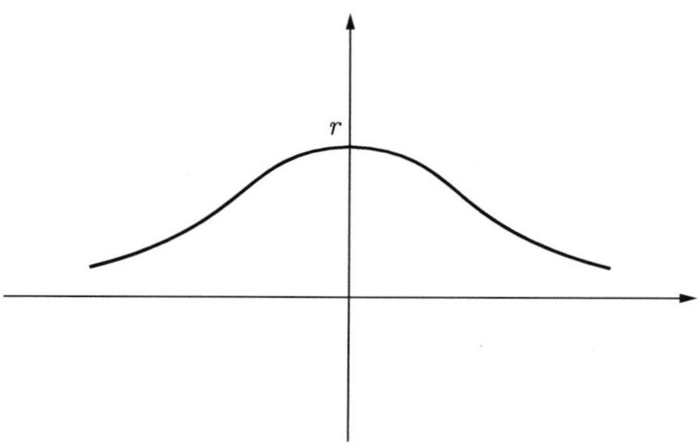

[그림 8-2] $f(x)=\frac{r}{1+x^2}$

풀이 $\int_{-\infty}^{\infty} \frac{r}{1+x^2}dx$에서 $\frac{r}{1+x^2}$는 우함수이므로 다음이 성립한다.

$$\begin{aligned}\int_{-\infty}^{\infty}\frac{r}{1+x^2}dx &= 2\int_{0}^{\infty}\frac{r}{1+x^2}dx\\ &= 2\lim_{b\to\infty}\int_{0}^{b}\frac{r}{1+x^2}dx\\ &= 2r\lim_{b\to\infty}\left[\tan^{-1}x\right]_0^b\\ &= 2r\lim_{b\to\infty}(\tan^{-1}(b)-\tan^{-1}(0))\\ &= 2r\left(\frac{\pi}{2}-0\right)=r\pi\end{aligned}$$

$r\pi=1$에서 다음을 알 수 있다.

$$r=\frac{1}{\pi}$$

그러므로 다음과 같다.

$$\int_{-\infty}^{\infty}\frac{1}{\pi}\cdot\frac{1}{1+x^2}dx=1$$

그 결과 다음이 확률밀도함수임을 알 수 있다.

$$f(x)=\frac{1}{\pi}\cdot\frac{1}{1+x^2},\ x\in R$$

그리고 다음의 확률밀도함수로 가지는 확률분포를 Cauchy분포라고 한다.

$$f(x)=\frac{1}{\pi}\cdot\frac{1}{1+x^2},\ x\in R$$

예제 2 다음은 정규분포에서 사용하는 표준정규밀도함수이다.

$$f(x)=\frac{1}{\sqrt{2\pi}}e^{-\frac{x^2}{2}}$$

표준정규밀도함수가 확률밀도함수임을 설명하시오.

풀이 다음이 성립한다.

$$\int_{-\infty}^{\infty} \frac{1}{\sqrt{2\pi}} e^{-\frac{x^2}{2}} dx = 1$$

그 결과 다음은 확률밀도함수이다.

$$f(x) = \frac{1}{\sqrt{2\pi}} e^{-\frac{x^2}{2}}$$

예제 3 다음을 구하시오.

(a) $\frac{1}{\sqrt{2\pi}} \int_{-\infty}^{\infty} x e^{-\frac{x^2}{2}} dx$ (b) $\frac{1}{\sqrt{2\pi}} \int_{-\infty}^{\infty} x^2 e^{-\frac{x^2}{2}} dx$

풀이 (a) $\int_{-\infty}^{\infty} \frac{1}{\sqrt{2\pi}} x e^{-\frac{x^2}{2}} dx$ 에서 다음과 같이 놓자.

$$f(x) = x e^{-\frac{x^2}{2}}$$

그러므로 다음을 알 수 있다.

$$f(-x) = -x e^{-\frac{x^2}{2}}$$

그 결과 다음을 만족한다.

$$f(x) = -f(-x)$$

즉, $f(x)$는 기함수이므로 정리에 의해서 다음과 같다.

$$\int_{-\infty}^{\infty} \frac{1}{\sqrt{2\pi}} x e^{-\frac{x^2}{2}} dx = 0$$

(b) $\int_{-\infty}^{\infty} \frac{1}{\sqrt{2\pi}} x^2 e^{-\frac{x^2}{2}} dx$에서 다음과 같다.

$$\frac{1}{\sqrt{2\pi}} x^2 e^{-\frac{x^2}{2}} \ : \text{우함수}$$

그러므로 다음을 알 수 있다.

$$A=\int_{-\infty}^{\infty}\frac{1}{\sqrt{2\pi}}x^2e^{-\frac{x^2}{2}}dx$$

$$=2\int_{0}^{\infty}\frac{1}{\sqrt{2\pi}}x^2e^{-\frac{x^2}{2}}dx$$

$$=\frac{2}{\sqrt{2\pi}}\lim_{b\to\infty}\int_{0}^{b}x^2e^{-\frac{x^2}{2}}dx$$

부분적분을 이용하기 위해서 다음과 같이 놓는다.

$$u=-x,\ \frac{dv}{dx}=v'=-xe^{-\frac{x^2}{2}}$$

그러므로 다음과 같다.

$$\frac{du}{dx}=-1,\ v=e^{-\frac{x^2}{2}}$$

그 결과 다음을 알 수 있다.

$$A=\frac{2}{\sqrt{2\pi}}\lim_{b\to\infty}\left\{\left[-xe^{-\frac{x^2}{2}}\right]_0^b+\int_0^b e^{-\frac{x^2}{2}}dx\right\}$$

$$=\frac{2}{\sqrt{2\pi}}\left(0+\frac{\sqrt{\pi}}{\sqrt{2}}\right)=\frac{2\sqrt{\pi}}{2\sqrt{\pi}}=1$$

8.3 피적분함수가 무한대인 이상적분

지금까지 공부한 적분 $\int_a^b f(x)dx$의 조건은 다음과 같다.

$a, b \in \mathbb{R}$ 그리고 모든 $x \in [a, b]$에 대해서 $|f(x)| < \infty$이었다.

앞 절에서는 $a, b \in \mathbb{R} \cup \{-\infty, \infty\}$인 경우를 공부했다. 이번에는 $|f(x)| \leq \infty$인 경우에 대해서 공부하자. 즉, 함수가 유계가 아닌 경우의 적분에 대해서 알아보자.

1. 끝점에서 피적분함수가 무한대인 경우

정의

$f(x)$가 $[a, b)$에서 연속이고 $\lim_{x \to b^-} |f(x)| = \infty$일 때 다음과 같이 정의한다.

$$\int_a^b f(x)dx = \lim_{t \to b^-} \int_a^t f(x)dx$$

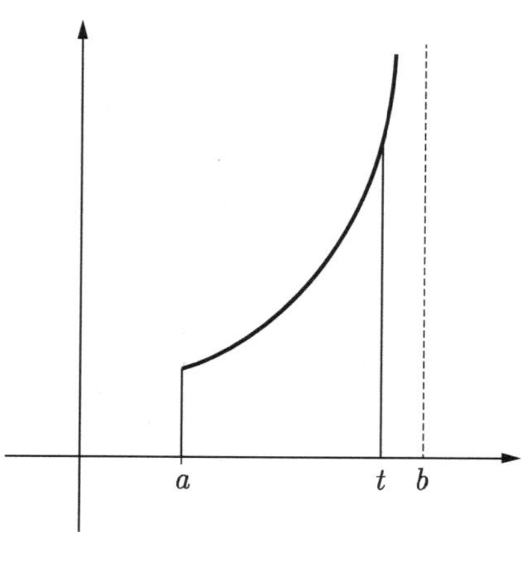

[그림 8-3] $\int_a^b f(x)dx = \lim_{t \to b^-} f(x)dx$

정의

$f(x)$가 $(c, d]$에서 연속이고 $\lim_{x \to c^+} |f(x)| = \infty$일 때 다음과 같이 정의한다.

$$\int_c^d f(x)dx = \lim_{s \to c^+} \int_s^d f(x)dx$$

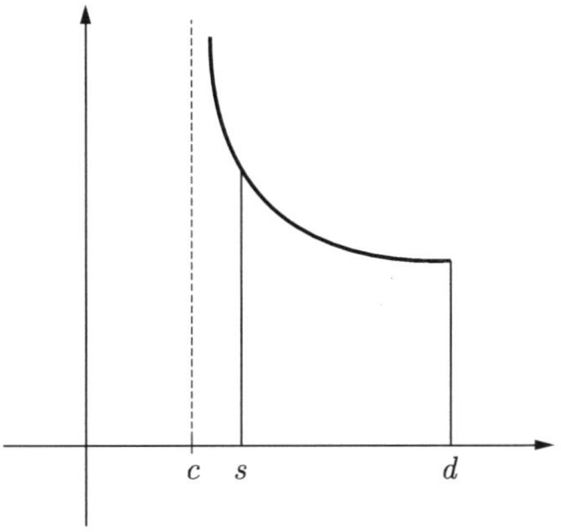

[그림 8-4] $\int_c^d f(x)dx = \lim_{s \to c^+} \int_s^d f(x)dx$

예제 1 $\int_0^1 \frac{1}{\sqrt{1-x^2}} dx$를 구하시오.

풀이 $x \to 1^-$일 때 다음을 알 수 있다.

$$\frac{1}{\sqrt{1-x^2}} \to \infty$$

정의에 의해서 다음과 같다.

$$\begin{aligned}\int_0^1 \frac{1}{\sqrt{1-x^2}} dx &= \lim_{t \to 1^-} \int_0^t \frac{1}{\sqrt{1-x^2}} dx \\ &= \lim_{t \to 1^-} \left[\sin^{-1}(x)\right]_0^t \\ &= \lim_{t \to 1^-} \left(\sin^{-1}(t) - \sin^{-1}(0)\right) = \frac{\pi}{2}\end{aligned}$$

예제 2 $\int_0^{e^5} \frac{1}{x} dx$를 구하시오.

풀이 $x \to 0^+$일 때 다음을 알 수 있다.

$$\frac{1}{x} \to \infty$$

정의에 의해서 다음과 같다.

$$\begin{aligned}\int_0^{e^5} \frac{1}{x} dx &= \lim_{s \to 0^+} \int_s^{e^5} \frac{1}{x} dx \\ &= \lim_{s \to 0^+} [\ln x]_s^{e^5} \\ &= \lim_{s \to 0^+} (\ln e^5 - \ln s) = \infty\end{aligned}$$

예제 3 $\int_0^1 \frac{1}{x^r} dx$는 $r < 1$이면 수렴하고 $r \geq 1$이면 발산임을 증명하시오.

풀이 (1) $r = 1$인 경우 다음과 같다.

$$\begin{aligned}\int_0^1 \frac{1}{x} dx &= \lim_{a \to 0^+} \int_a^1 \frac{1}{x} dx \\ &= \lim_{a \to 0^+} [\ln x]_a^1 \\ &= \lim_{a \to 0^+} (\ln 1 - \ln a) = \infty\end{aligned}$$

(2) $r \neq 1$인 경우 다음과 같다.

$$\begin{aligned}\int_0^1 \frac{1}{x^r} dx &= \lim_{s \to 0^+} \int_s^1 \frac{1}{x^r} dx \\ &= \lim_{s \to 0^+} \left[\frac{x^{-r+1}}{-r+1} \right]_s^1 \\ &= \lim_{s \to 0^+} \frac{1}{1-r} \left(1 - \frac{1}{s^{r-1}} \right) \\ &= \begin{cases} \dfrac{1}{1-r}, & r < 1 \\ \infty, & r > 1 \end{cases}\end{aligned}$$

예제 4 곡선 $x^{\frac{2}{3}}+y^{\frac{2}{3}}=1$ 의 둘레의 길이를 구하시오.

풀이 제 1 상한의 길이를 구하여 4배하여 전체의 길이를 구하자. 다음과 같다.

$$L=\int_0^1 \sqrt{1+(y')^2}\,dx,\ x^{\frac{2}{3}}+y^{\frac{2}{3}}=1$$

음함수의 미분에 의해서 다음을 알 수 있다.

$$\frac{2}{3}x^{-\frac{1}{3}}+\frac{2}{3}y^{-\frac{1}{3}}y'=0$$

또는 다음과 같은 식을 얻을 수 있다.

$$y'=-\frac{y^{\frac{1}{3}}}{x^{\frac{1}{3}}}$$

대입하면 다음과 같다.

$$\begin{aligned}1+(y')^2&=1+\frac{y^{\frac{2}{3}}}{x^{\frac{2}{3}}}\\&=1+\frac{(1-x^{\frac{2}{3}})}{y^{\frac{2}{3}}}\\&=\frac{1}{x^{\frac{2}{3}}}\end{aligned}$$

그러므로 다음이 성립한다.

$$L=\int_0^1 \sqrt{1+(y')^2}\,dx=\int_0^1 \frac{1}{x^{\frac{1}{3}}}dx$$

그 결과 다음을 알 수 있다.

$$L=\frac{1}{1-\left(\frac{1}{3}\right)}=\frac{3}{2}$$

$$4L=6$$

2. 내점에서 피적분함수가 무한대인 경우

정의

f는 $[a,\ c) \cup (c,\ b]$에서 연속이며 $\lim_{x \to c} |f(x)| = \infty$라 하자. 이때 다음과 같이 정의한다.

$$\begin{aligned}\int_a^b f(x)dx &= \int_a^c f(x)dx + \int_c^b f(x)dx \\ &= \lim_{t \to c^-} \int_a^t f(x)dx + \lim_{s \to c^+} \int_s^b f(x)dx\end{aligned}$$

예제 1 $\int_{-1}^{3} \frac{1}{x^2}dx$를 구하시오.

풀이

$$\begin{aligned}\int_{-1}^{3} \frac{1}{x^2}dx &= \int_{-1}^{0} \frac{1}{x^2}dx + \int_{0}^{3} \frac{1}{x^2}dx \\ &= \int_{-1}^{0} \frac{1}{x^2}dx + \int_{0}^{1} \frac{1}{x^2}dx + \int_{1}^{3} \frac{1}{x^2}dx\end{aligned}$$

그리고 다음과 같다.

$$\int_{0}^{1} \frac{1}{x^2}dx \to \infty$$

그 결과 다음을 알 수 있다.

$$\int_{-1}^{3} \frac{1}{x^2}dx \to \infty$$

연습문제 | 8.1 여러 가지 부정형

※ 로피탈의 법칙을 사용하여 극한을 구하시오.

01. $\lim\limits_{x \to 0} \dfrac{\sin x - 5x}{3x}$

02. $\lim\limits_{x \to -2} \dfrac{x^2 - 3x + 10}{x^2 + x - 2}$

03. $\lim\limits_{x \to 1} \dfrac{3x - \sqrt{x} - 2}{\ln x}$

04. $\lim\limits_{x \to 0} \dfrac{\cos x - 1}{5x + 2\sin x}$

05. $\lim\limits_{x \to 0^+} \dfrac{1 - \cos x}{-3x^4}$

※ 다음의 극한을 구하시오.

06. $\lim\limits_{x \to \infty} \dfrac{\ln x^8}{x}$

07. $\lim\limits_{x \to \infty} \dfrac{x^3}{e^{2x}}$

08. $\lim\limits_{x \to 0} \dfrac{1 - \sec x}{7\tan x}$

09. $\lim\limits_{x \to 0^+} \tan x \cdot \ln x^2$

10. $\lim\limits_{x \to 0^+} x^x$

11. $\lim\limits_{x \to 0^+} x^{\sin 9x}$

12. $\lim\limits_{x \to \frac{\pi}{2}^-} (\cos x)^{\tan x}$

13. $\lim\limits_{x \to \infty} (\ln x)^{-\frac{4}{x}}$

14. $\lim\limits_{x \to \infty} x^{\frac{2}{x}}$

15. $\lim\limits_{x \to 0} (\cos x)^{1-x}$

16. $\lim\limits_{x \to 0^+} (\sin x)^{8x}$

17. $\lim\limits_{x \to 0^+} -\dfrac{x}{\ln 2x}$

18. $\lim\limits_{x \to \infty} \sqrt{5}^{\cos x}$

19. $\lim\limits_{x \to \infty} \dfrac{x^2}{e^{-5x}}$

20. $\lim\limits_{x \to 0^+} \left(\dfrac{5}{x} - \ln 5x\right)$

연습문제 | 8.2 적분구간이 무한대인 이상적분

※ 다음 적분을 구하시오.

01. $\int_{0}^{\infty} e^{7x}dx$

02. $\int_{10}^{\infty} \frac{1}{x^2}dx$

03. $\int_{1}^{\infty} \frac{2}{\sqrt{5x}}dx$

04. $\int_{4}^{\infty} \frac{1}{x^2-1}dx$

05. $\int_{e}^{\infty} \frac{1}{x(\ln x)^2}dx$

06. $\int_{4}^{16} \frac{1}{9\sqrt{x}}dx$

07. $\int_{-\infty}^{\infty} \frac{x}{(x^2-5)^2}dx$

08. $\int_{-2}^{2} \frac{1}{x^2}dx$

09. $\int_{0}^{\frac{\pi}{2}} \frac{-\cos x}{\sqrt{1-\sin x}}dx$

10. $\int_{5\pi}^{\infty} \cos x\,dx$

연습문제 | 8.3 피적분함수가 무한대인 이상적분

※ 다음 적분을 구하시오.

01. $\int_{1}^{2} \frac{6}{(x-1)^{\frac{2}{3}}}dx$

02. $\int_{0}^{1} \frac{9}{\sqrt{1-x^2}}dx$

03. $\int_{-2}^{1} \frac{7}{x^4}dx$

04. $\int_{0}^{3} \frac{1}{(1-x)^{\frac{1}{3}}}dx$

05. $\int_{-3}^{0} \frac{2}{(x^2-3)^{\frac{2}{3}}}dx$

06. $\int_{-2}^{0} \frac{8}{x^{\frac{4}{3}}}dx$

07. $\int_{0}^{\frac{\pi}{2}} \frac{-5}{\sin x}dx$

08. $\int_{0}^{1} \frac{\ln x}{3x}dx$

09. $\int_{0}^{\infty} \frac{1}{x^r}dx$는 모든 r에 대해서 발산함을 증명하시오.

10. $\int_{0}^{1} \frac{\sin x}{x}dx$를 구하시오.

제 9 장

편도함수

일변수함수의 도함수는 이미 공부했다. 이변수 이상의 함수의 도함수에 대해서 알아보자. 이변수 이상의 함수의 도함수를 편도함수라고 하고 구하고자 하는 변수의 편도함수에서 나머지 변수를 일변수함수에서 상수로 취급하는 방법으로 편도함수를 구한다. 일변수함수와 유사한 방법으로 극한과 연속, 편도함수, 그래디언트, 연쇄법칙, 방향도함수 그리고 극값에 대해서 공부한다.

9.1 다변수함수

지금까지 공부한 함수는 일변수함수이다. 예를 들면 $f(x) = x + \cos 2x - 3$은 일변수함수이고 실숫값(real valued)함수이다. 또한 $f(x) = (2x+3,\ x^2+2)$는 일변수함수이고 벡터값(vector valued)함수이다. 먼저 다변수함수와 벡터의 성질에 대해서 공부한다.

1. 이변수 함수

다음은 이변수함수에 대해서 알아보자. 정의역이 실수의 순서쌍 (x, y)의 집합이고 정의역이 모든 원소에 대해서 $f(x,\ y)$가 유일하게 대응할 때 $f(x,\ y)$를 두 개의 변수 x, y의 이변수함수라고 하며 $f(x,\ y)$ 또는 $z = f(x,\ y)$로 나타낸다. 예를 들면 다음과 같다.

$$f(x,\ y) = x^2 + y^2 \ \text{또는}\ g(x,\ y) = \sqrt{xy} + x - \ln y$$

위와 같은 방법으로 삼변수함수도 정의할 수 있다. 예를 들면 다음과 같다.

$$f(x,\ y,\ z) = x^2 + y^2 + z^2 - xyz + xy + z$$

$\{(x, y, z) \mid z = f(x, y)\}$는 이변수함수의 그래프라고 하고 이 그래프는 일반적으로 곡면 형태로 나타난다.

예제 1 $f(x,\ y) = x^2 - y^2$일 때 $f(2,\ -2)$의 값을 구하시오.

풀이 $f(2,\ -2) = 2^2 - (-2)^2 = 0$

예제 2 $f(x,\ y) = \sqrt{y^2 - 7x}$ 의 정의역을 구하시오.

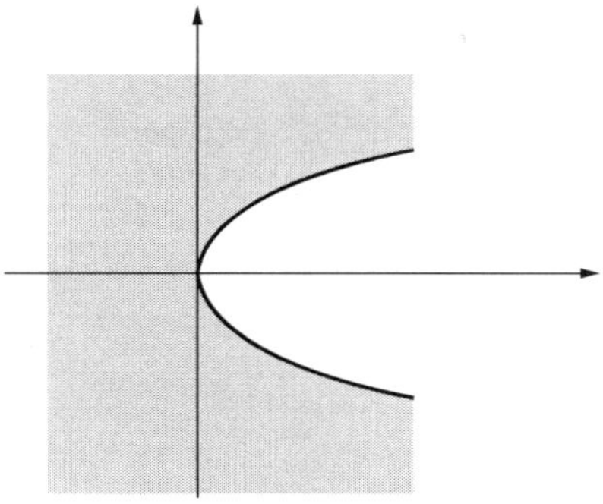

[그림 9-1] $y^2 - 7x \geq 0$

풀이 다음과 같다.

$$f(x,\ y) \geq 0$$

그 결과 다음을 알 수 있다.

$$y^2 - 7x \geq 0, \text{ 즉 } x \leq \frac{y^2}{7}$$

곡면 $z = f(x,\ y)$는 xy 평면에 평행한 $z = c$(c는 상수)로 잘랐을 때 생기는 공간곡선을 xy 평면에 투영시키면 한 평면곡선이 생긴다. 이 곡선을 등고선(level curve)이라 하고 이러한 등고선의 집합을 등고선지도라 한다.

이변수함수 $z = f(x,\ y)$의 그래프는 등고선지도를 이용한다.

예제 3 $z = x^2 + y^2$ 의 등고선지도를 구하시오.

풀이

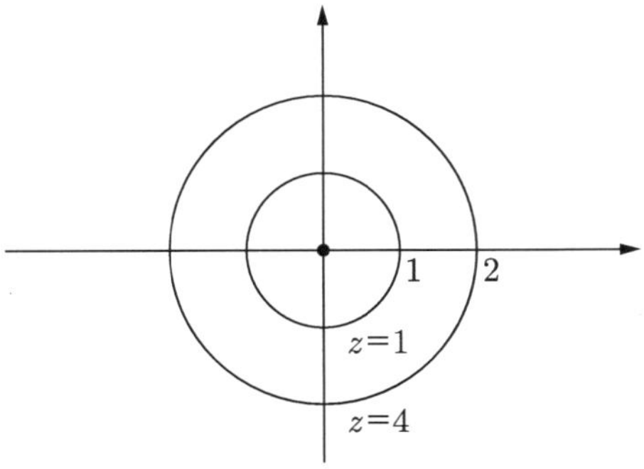

[그림 9-2] $z = x^2 + y^2$의 등고선지도

예제 4 $z = xy$ 의 등고선지도를 구하시오.

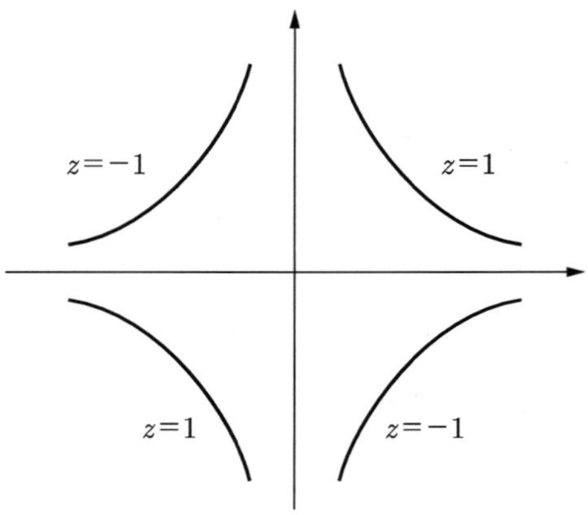

[그림 9-3] $z = xy$의 등고선지도

풀이 $z = 0$일 때 다음과 같다.

$$x = 0 \text{ 또는 } y = 0$$

$z = 1$일 때 다음과 같다.

$$y = \frac{1}{x}$$

$z = -1$일 때 다음과 같다.

$$y = -\frac{1}{x}$$

$z = 2$일 때 다음과 같다.

$$y = \frac{2}{x}$$

$z = -2$일 때 다음과 같다.

$$y = -\frac{2}{x}$$

2. 벡터의 성질

다음은 편도함수를 공부하는 데 필요한 벡터의 성질에 대해서 알아보자.

점 $P(x_1,\ y_1,\ z_1)$을 시점으로 점 $Q(x_2,\ y_2,\ z_2)$를 종점으로 하는 벡터 $\overline{PQ}$를 $\mathbf{a}$라 하면 다음과 같다.

$$\mathbf{a} = (a,\ b,\ c)$$
$$(\text{단},\ a = x_2 - x_1,\ b = y_2 - y_1,\ c = z_2 - z_1)$$

그리고 $\mathbf{a}$의 크기는 다음과 같이 정의한다.

$$\|\mathbf{a}\| = \sqrt{a^2 + b^2 + c^2}$$

두 벡터 $\mathbf{a} = (a,\ b,\ c)$, $\mathbf{x} = (x,\ y,\ z)$에 대해서 $\mathbf{a}$와 $\mathbf{x}$의 합 $\mathbf{a} + \mathbf{x}$는 다음과 같이 정의한다.

$$\begin{aligned} \mathbf{a} + \mathbf{x} &= (a,\ b,\ c) + (x,\ y,\ z) \\ &= (a + x,\ b + y,\ c + z) \end{aligned}$$

다음을 만족하는 $\mathbf{0}$을 영(zero) 벡터라 하고 $\mathbf{0} = (0,\ 0,\ 0)$을 나타낸다.

$$\mathbf{a} + \mathbf{0} = \mathbf{a}$$

다음을 만족하는 $\mathbf{v}$를 $\mathbf{a}$의 역벡터라 하고 $\mathbf{v} = -(a,\ b,\ c) = (-a,\ -b,\ -c)$로 나타낸다.

$$\mathbf{a} + \mathbf{v} = \mathbf{0}$$

다음을 만족하는 벡터 $\mathbf{a}$를 단위(unit)벡터라 한다.

$$\|\mathbf{a}\| = 1$$

즉, 크기가 1인 벡터 $\mathbf{a}$를 단위(unit)벡터라 한다. 특히 모든 벡터 $\mathbf{x} = (x,\ y,\ z)$에 대해서 다음은 단위벡터이다.

$$\frac{\mathbf{x}}{\|\mathbf{x}\|} = \left(\frac{x}{\|\mathbf{x}\|},\ \frac{y}{\|\mathbf{x}\|},\ \frac{z}{\|\mathbf{x}\|}\right)$$

세 개의 단위벡터 $i = (1,\ 0,\ 0)$, $j = (0,\ 1,\ 0)$, $k = (0,\ 0,\ 1)$에 대해서 벡터 $\mathbf{a}$를 다음과 같이 나타낼 수 있다.

$$\begin{aligned} \mathbf{a} &= (a,\ b,\ c) \\ &= (a,\ 0,\ 0) + (0,\ b,\ 0) + (0,\ 0,\ c) \\ &= a(1,\ 0,\ 0) + b(0,\ 1,\ 0) + c(0,\ 0,\ 1) \\ &= ai + bj + ck \end{aligned}$$

3. 벡터의 내적

$\mathbf{a} = (a, b, c)$, $\mathbf{x} = (x, y, z)$일 때 $\mathbf{a}$와 $\mathbf{x}$의 내적(inner product) $\mathbf{a} \circ \mathbf{x}$는 다음과 같이 정의한다.

$$\mathbf{a} \circ \mathbf{x} = ax + by + cz$$

내적의 성질

벡터 $\mathbf{a}, \mathbf{x}, \mathbf{y}$와 스칼라 c에 대해서 다음이 성립한다.

① $\mathbf{a} \circ \mathbf{x} = \mathbf{x} \circ \mathbf{a}$

② $(\mathbf{x} + \mathbf{y}) \circ \mathbf{a} = \mathbf{x} \circ \mathbf{a} + \mathbf{y} \circ \mathbf{a}$

③ $c(\mathbf{a} \circ \mathbf{x}) = (c\mathbf{a}) \circ \mathbf{x} = \mathbf{a} \circ (c\mathbf{x})$

④ $\mathbf{a} \circ \mathbf{a} = \|\mathbf{a}\|^2$

⑤ $\mathbf{a} \circ \mathbf{a} \geq 0$

또한 두 벡터 $\mathbf{a}, \mathbf{x}$와 교각 θ에 대해서

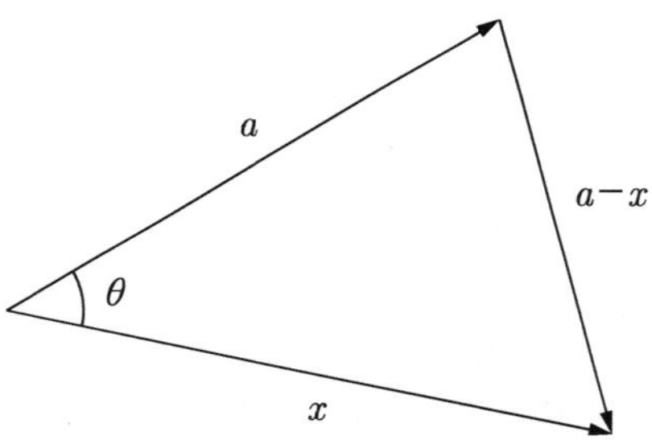

[그림 9-4] 두 벡터 a, x의 교각 θ

$\mathbf{a} \circ \mathbf{x} = \|\mathbf{a}\| \cdot \|\mathbf{x}\| \cos\theta$를 만족하므로 영이 아닌 두 벡터의 내적이 0이면 두 벡터는 직교한다.

4. 벡터의 외적

$\mathbf{a}=(a,\ b,\ c)$, $\mathbf{x}=(x,\ y,\ z)$일 때 $\mathbf{a}$와 $\mathbf{x}$의 외적(outer product) $\mathbf{a}\times\mathbf{x}$는 다음과 같이 정의한다.

$$\begin{aligned}\mathbf{a}\times\mathbf{x}&=\begin{vmatrix} i & j & k \\ a & b & c \\ x & y & z \end{vmatrix}\\ &=(bz-cy)i+(cx-az)j+(ay-bx)k\end{aligned}$$

외적의 성질

벡터 $\mathbf{a}$, $\mathbf{x}$, $\mathbf{y}$와 스칼라 c에 대해서 다음이 성립한다.

① $\mathbf{a}\times\mathbf{x}$는 $\mathbf{a}$와 $\mathbf{x}$에 수직이다.

② $\|\mathbf{a}\times\mathbf{x}\|=\|\mathbf{a}\|\cdot\|\mathbf{x}\|\cdot\sin\theta$, θ는 두 벡터의 교각

③ $\mathbf{a}\times(\mathbf{x}+\mathbf{y})=\mathbf{a}\times\mathbf{x}+\mathbf{a}\times\mathbf{y}$

④ $(c\mathbf{a})\times\mathbf{x}=c(\mathbf{a}\times\mathbf{x})=\mathbf{a}\times(c\mathbf{x})$

⑤ $\mathbf{a}\times\mathbf{x}=-(\mathbf{x}\times\mathbf{a})$

9.2 극한과 연속

일변수함수의 극한의 개념을 다변수함수의 극한으로 확장해 보자. 즉, 다음의 의미를 알아보자.

$$\lim_{(x,\, y) \to (a,\, b)} f(x,\, y) = L$$

$\lim_{x \to c} f(x) = M$에서 $x \to c$의 의미는 다음과 같다.

$$0 < |x - c| < \delta, \text{ 즉 } c - \delta < x < c + \delta, \text{ 단 } x \neq c$$

$\lim_{(x,\, y) \to (a,\, b)} f(x,\, y) = L$에서 $(x,\, y) \to (a,\, b)$의 의미는 다음과 같다. 여러 방향에서 $(x,\, y)$가 $(a,\, b)$로 접근할 수 있음을 말한다. 구체적으로 $(a,\, b)$의 근방을 생각해 보자. 물론 일변수함수에서 $x = c$의 근방은 다음과 같다.

$$\{x \mid |x - c| < \delta\}, \text{ 즉 } c - \delta < x < c + \delta, x \neq c$$

정의

$\delta > 0$에 대해서 다음을 점 $(a,\, b)$의 δ-근방 (δ-neighborhood)이라 한다.

$$U_\delta(a,\, b) = \{(x,\, y) \mid |x - a| < \delta,\ |y - b| < \delta\}$$

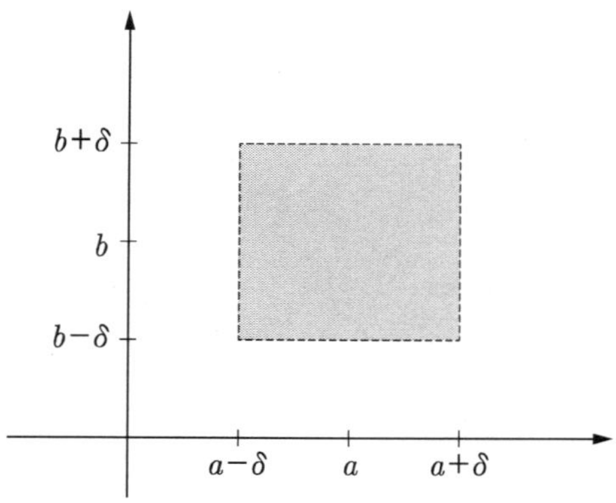

[그림 9-5] $(a,\, b)$의 δ-근방

또는 (x, y)와 (a, b)를 벡터공간 $\mathbb{R}^2$의 원소로 간주하여 다음과 같이 정의한다.

정의

$\delta > 0$에 대해서 다음을 점 (a, b)의 **δ-근방(δ-neighborhood)**이라 한다.

$$U_\delta(a, b) = \{(x, y) \mid |(x, y) - (a, b)| < \delta\}$$
$$= \{(x, y) \mid \sqrt{(x-a)^2 + (y-b)^2} < \delta\}$$

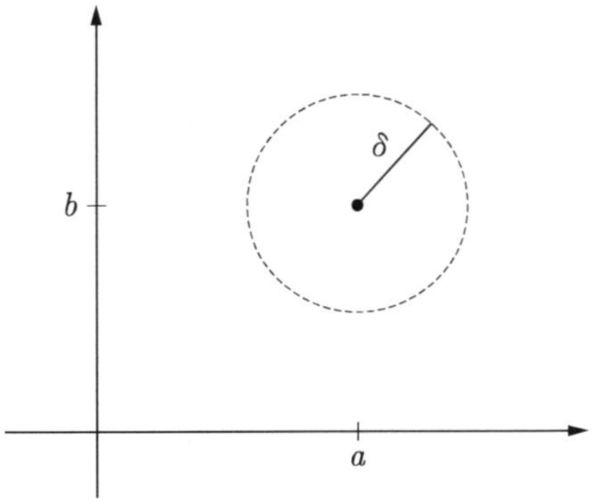

[그림 9–6] (a, b)의 δ–근방

정의

모든 $\epsilon > 0$에 대해서 $\delta > 0$가 존재하여

$$0 < |x - a| < \delta, \quad 0 < |y - b| < \delta$$

이면 다음이 성립할 때 L을 점 (a, b)에서 $f(x, y)$의 극한이라 한다.

$$|f(x, y) - L| < \epsilon$$

그리고 다음과 같이 나타낸다.

$$\lim_{(x, y) \to (a, b)} f(x, y) = L$$

정리 1

다음이 성립한다.

(a) $\lim_{(x,\ y)\to(a,\ b)} x = a$

(b) $\lim_{(x,\ y)\to(a,\ b)} y = b$

(c) $\lim_{(x,\ y)\to(a,\ b)} c = c$

(d) $\lim_{(x,\ y)\to(a,\ b)} xy = ab$

예제 1 $\lim_{(x,y)\to(0,0)} \frac{2x^2-5y^2}{3x^2+y^2}$은 존재하지 않음을 증명하시오.

풀이 다음을 알 수 있다.

$$f(x,\ 0)=\frac{2x^2}{3x^2}$$

점 $(x,\ y)$가 X축을 따라 $(0,\ 0)$에 가까워지면 다음과 같다.

$$\lim_{(x,0)\to(0,0)} f(x,\ 0)=\lim_{(x,\ 0)\to(0,\ 0)} \frac{2x^2}{3x^2}=\frac{2}{3}$$

또한 다음을 알 수 있다.

$$f(0,\ y)=-\frac{5y^2}{y^2}$$

점 $(x,\ y)$가 Y축을 따라 $(0,\ 0)$에 가까워지면 다음과 같다.

$$\lim_{(0,y)\to(0,0)} f(0,\ y)=\lim_{(0,y)\to(0,0)} -\frac{5y^2}{y^2}=-5$$

그 결과로 다음을 알 수 있다.

$$\lim_{(x,y)\to(x,0)} f(x,\ y)\neq\lim_{(x,y)\to(0,y)} f(x,\ y)$$

정리 2

$\lim_{(x,\ y)\to(a,\ b)} f(x,\ y) = L,\ \lim_{(x,\ y)\to(a,\ b)} g(x,\ y) = M$일 때 다음이 성립한다.

(a) $\lim_{(x,y)\to(a,b)} (f+g)(x,\ y) = L+M$

(b) $\lim_{(x,y)\to(a,b)} (kf)(x,\ y) = kL$

(c) $\lim_{(x,y)\to(a,b)} (f\cdot g)(x,\ y) = L\cdot M$

(d) $\lim_{(x,y)\to(a,b)} \left(\frac{f}{g}\right)(x,\ y) = \frac{L}{M}$, 단 $M \neq 0$

예제 2 $\lim_{(x,y)\to(0,0)} \frac{4x^3}{x^2+y^2}$을 구하시오.

풀이 다음의 형태이다.

$$\lim_{(x,y)\to(0,0)} \frac{4x^3}{x^2+y^2} \to \frac{0}{0}$$

그리고 다음과 같다.

$$0 \le \left|\frac{4x^3}{x^2+y^2}\right|$$

그러므로 다음이 성립한다.

$$\lim_{(x,\ y)\to(0,0)} 0 \le \lim_{(x,\ y)\to(0,0)} \left|\frac{4x^3}{x^2+y^2}\right|$$

그리고 다음과 같다.

$$\left|\frac{4x^3}{x^2+y^2}\right| = \left|\frac{x^2}{x^2+y^2}\right| \cdot |4x| \le 1\cdot|4x|$$

양변에 극한을 취하면 다음이 성립한다.

$$0 \le \lim_{(x,y)\to(0,0)} \left|\frac{4x^3}{x^2+y^2}\right| \le \lim_{(x,y)\to(0,0)} |4x| = 0$$

그러므로 다음을 알 수 있다.

$$\lim_{(x,y)\to(0,0)} \frac{4x^3}{x^2+y^2} = 0$$

정의

이변수함수 $f(x, y)$가 다음 조건을 만족하면 $f(x, y)$는 (a, b)에서 연속이라고 한다.

(a) $f(x, y)$가 (a, b)에서 정의되었다. 즉, $f(a, b)$가 존재한다.

(b) $f(x, y)$가 (a, b)에서 극한값을 갖는다. 즉, $\lim_{(x,y)\to(a,b)} f(x, y)$가 존재한다.

(c) $\lim_{(x,y)\to(a,b)} f(x, y) = f(a, b)$이다.

그러므로 $\lim_{(x,y)\to(a,b)} f(x, y) = f(a, b)$이면 $f(x, y)$는 (a, b)에서 연속이다. 즉 모든 $\epsilon > 0$에 대해서 $\delta > 0$가 존재하여 다음 식이 성립한다.

$$|x-a| < \delta, \quad |y-b| < \delta \text{ 이면 } |f(x, y) - f(a, b)| < \epsilon$$

예제 3 $f(x, y) = x^2y + 3xy$는 $\mathbb{R} \times \mathbb{R}$에서 연속임을 증명하시오.

풀이 임의의 $(a, b) \in \mathbb{R} \times \mathbb{R}$에 대해서 다음과 같다.

$$f(a, b) = a^2b + 3ab$$

그리고 다음이 성립한다.

$$\lim_{(x,y)\to(a,b)} f(x, y) = a^2b + 3ab$$

그 결과 $f(x, y)$가 연속임을 알 수 있다.

예제 4 다음 함수가 원점에서 연속인지 여부를 구하시오.

$$f(x) = \begin{cases} \dfrac{x^2y}{2x^4+y^2}, & (x, y) \neq (0, 0) \\ 0, & (x, y) = (0, 0) \end{cases}$$

풀이 (x, y)가 $y=x^2$의 경로를 따라 $(0, 0)$에 수렴하면 다음과 같다.

$$\begin{aligned}\lim_{(x, y)\to(0, 0)} \frac{x^2y}{2x^4+y^2} &= \lim_{x\to 0}\frac{x^4}{2x^4+x^4}\\ &= \frac{1}{3}\end{aligned}$$

(x, y)가 $y=x$의 경로를 따라 $(0, 0)$에 수렴하면 다음과 같다.

$$\begin{aligned}\lim_{(x, y)\to(0, 0)} \frac{x^2y}{2x^4+y^2} &= \lim_{x\to 0}\frac{x^3}{2x^4+x^2}\\ &= \frac{0}{1}=0\end{aligned}$$

즉 $(0, 0)$에서 $\dfrac{x^2y}{2x^4+y^2}$의 극한이 존재하지 않음으로 연속이 아니다.

정리 3

이변수함수 $f(x, y)$에 대해서 f, f_x, f_y, f_{xy}, f_{yx}가 영역 D에서 연속이면 D의 모든 점에 대해서 다음이 성립한다.

$$f_{xy}=f_{yx}$$

9.3 편도함수

함수 $f(x, y)$가 이변수함수일 때 다음이 성립한다.

y가 상수이면, 즉 $y=y_0$이면 다음은 일변수함수이다.

$$f(x, y)=f(x, y_0)$$

x가 상수이면, 즉 $x=x_0$이면 다음은 일변수함수이다.

$$f(x, y)=f(x_0, y)$$

$x=x_0$에서 $f(x, y_0)$의 미분계수를 점 (x_0, y_0)에서 x에 관한 $f(x, y)$의 편미분계수라 하고 $f_x(x_0, y_0)$로 나타낸다. 즉

$$f_x(x_0, y_0)=\lim_{\Delta x\to 0}\frac{f(x_0+\Delta x, y_0)-f(x_0, y_0)}{\Delta x}$$

이때 극한이 존재하면 $f(x, y)$는 (x_0, y_0)에서 x에 대해서 편미분가능하다고 한다. 또한 $y=y_0$에서 $f(x_0, y)$의 미분계수를 점 (x_0, y_0)에서 y에 관한 $f(x, y)$의 편미분계수라 하고 다음과 같이 나타낸다.

$$f_y(x_0, y_0)$$

즉, 다음이 성립한다.

$$f_y(x_0, y_0)=\lim_{\Delta y\to 0}\frac{f(x_0, y_0+\Delta y)-f(x_0, y_0)}{\Delta y}$$

이때 극한이 존재하면 $f(x, y)$는 (x_0, y_0)에서 y에 대해서 편미분가능하다고 한다.

함수 $f(x, y)$가 x에 관하여 편미분가능한 모든 점 (x, y)에 대해서 편미분계수 $f_x(x, y)$를 대응시키는 함수를 $f(x, y)$의 x에 관한 편도함수(partial derivative)라 하고 다음과 같이 나타낸다.

$$f_x,\ \frac{\partial f}{\partial x},\ f_x(x, y)$$

함수 $f(x, y)$가 y에 관한 편미분가능한 모든 점 (x, y)에 대해서 편미분계수 $f_y(x, y)$

를 대응시키는 함수를 $f(x, y)$의 y에 관한 편도함수라 하고 다음과 같이 나타낸다.

$$f_y, \ \frac{\partial f}{\partial y}, \ f_y(x, y)$$

$f_x(x, y)$, $f_y(x, y)$를 모두 함수 $f(x, y)$의 일계편도함수(first partial derivative)라 하고 $f_x(x, y)$, $f_y(x, y)$를 구하는 것을 x와 y에 대해서 각각 편미분한다고 한다.

일반적으로 $f_x(x, y)$, $f_y(x, y)$를 먼저 구해서 $x = x_0$, $y = y_0$를 대입하여 $f_x(x_0, y_0)$, $f_y(x_0, y_0)$를 구한다.

$$\begin{aligned} f_x(x, y) &= \frac{\partial z}{\partial x} \\ &= \frac{\partial f(x, y)}{\partial x} \end{aligned}$$

그리고 다음과 같다.

$$f_x(x_0, y_0) = \left.\frac{\partial z}{\partial x}\right|_{(x_0, y_0)}$$

또한 다음을 알 수 있다.

$$\begin{aligned} f_y(x, y) &= \frac{\partial z}{\partial y} \\ &= \frac{\partial f(x, y)}{\partial y} \end{aligned}$$

그리고 다음과 같다.

$$f_y(x_0, y_0) = \left.\frac{\partial z}{\partial y}\right|_{(x_0, y_0)}$$

예제 1 $f(x, y) = xy^3 - 2x^3$일 때 $f_x(1, 3)$, $f_y(-1, 2)$를 구하시오.

풀이 다음을 알 수 있다.

$$\begin{aligned} \frac{\partial f}{\partial x} &= f_x \\ &= y^3 - 6x^2 \end{aligned}$$

그리고 다음과 같다.

$$f_x(1, 3) = 21$$

또한 다음을 알 수 있다.

$$\begin{aligned}\frac{\partial f}{\partial y} &= f_y \\ &= 3xy^2\end{aligned}$$

그리고 다음과 같다.

$$f_y(-1, 2) = -12$$

$f(x, y)$에서 $f_x(x, y)$, $f_y(x, y)$는 모두 x와 y의 함수이다. 따라서 $f_x(x, y)$, $f_y(x,y)$를 다시 x와 y로 편미분 할 수 있다. $f_x(x, y)$, $f_y(x, y)$를 x 또는 y에 대해서 편미분한 것을 $f(x, y)$의 이계편도함수(second partial derivative)라 하고 다음과 같다.

$$f_{xx} = (f_x)_x = \frac{\partial}{\partial x}\left(\frac{\partial f}{\partial x}\right) = \frac{\partial^2 f}{\partial x^2},$$

$$f_{xy} = (f_x)_y = \frac{\partial}{\partial y}\left(\frac{\partial f}{\partial x}\right) = \frac{\partial^2 f}{\partial y\,\partial x},$$

$$f_{yy} = (f_y)_y = \frac{\partial}{\partial y}\left(\frac{\partial f}{\partial y}\right) = \frac{\partial^2 f}{\partial y^2},$$

$$f_{yx} = (f_y)_x = \frac{\partial}{\partial x}\left(\frac{\partial f}{\partial y}\right) = \frac{\partial^2 f}{\partial x\,\partial y}$$

정리 1

함수 $f(x, y)$, $f_x(x, y)$, $f_y(x, y)$ $f_{xy}(x,y)$와 $f_{yx}(x,y)$ 가 (a,b)의 근방에서 정의되고 (a,b)에서 연속이면 다음이 성립한다.

$$f_{xy}(a,b) = f_{yx}(a,b)$$

예제 2 $f(x,\ y) = xy^3 - 3x^2y^4$일 때 다음을 구하시오.

$$f_x,\ f_y,\ f_{xy},\ f_{yx},\ f_{xx},\ f_{yy}$$

풀이

$$f_x = y^3 - 6xy^4 \qquad f_y = 3xy^2 - 12x^2y^3$$

$$f_{xy} = 3y^2 - 24xy^3 \qquad f_{yx} = 3y^2 - 24xy^3$$

$$f_{xx} = -6y^4 \qquad f_{yy} = 6xy - 36x^2y^2$$

위 식에서 $f(x,\ y) = xy^3 - 3x^2y^4$는 연속이므로 다음을 알 수 있다.

$$f_{xy} = f_{yx}$$

예제 3 $f(x,\ y) = xe^y + \sin\left(\dfrac{x}{y}\right) + x^3y$일 때 다음을 구하시오.

$$f_x,\ f_y,\ f_{xy}, f_{yx},\ f_{xx},\ f_{yy}$$

풀이

$$f_x = e^y + \cos\left(\frac{x}{y}\right)\frac{1}{y} + 3x^2y$$

$$f_y = xe^y + \cos\left(\frac{x}{y}\right)(-xy^{-2}) + x^3 = xe^y - \frac{x}{y^2}\cos\left(\frac{x}{y}\right) + x^3$$

$$f_{xy} = e^y + \left(-\sin\frac{x}{y}\right)(-xy^{-2})\frac{1}{y} + \cos\left(\frac{x}{y}\right)(-y^{-2}) + 3x^2$$

$$= e^y + \frac{x}{y^3}\sin\left(\frac{x}{y}\right) - \frac{1}{y^2}\cos\left(\frac{x}{y}\right) + 3x^2$$

$$f_{yx} = e^y + \left(-\sin\frac{x}{y}\right)\left(\frac{1}{y}\right)(-xy^{-2}) + \cos\left(\frac{x}{y}\right)(-y^{-2}) + 3x^2$$

$$= e^y + \frac{x}{y^3}\sin\left(\frac{x}{y}\right) - \frac{1}{y^2}\cos\left(\frac{x}{y}\right) + 3x^2$$

$$f_{xx} = \frac{1}{y}\left(-\sin\frac{x}{y}\right)\frac{1}{y} + 6xy$$

$$= -\frac{1}{y^2}\sin\left(\frac{x}{y}\right) + 6xy$$

$$f_{yy} = xe^y + -\sin\left(\frac{x}{y}\right)(-xy^{-2})(-xy^{-2}) + \cos\left(\frac{x}{y}\right)(2xy^{-3})$$

$$= xe^y - \frac{x^2}{y^4}\sin\left(\frac{x}{y}\right) + \frac{2x}{y^3}\cos\left(\frac{x}{y}\right)$$

9.4 그래디언트

$f(x)$의 미분가능성은 x에서 도함수 $f'(x)$의 존재를 의미한다. 그러나 이변수함수의 미분가능성은 다음과 같은 문제점이 존재한다.

첫째, $f(x, y)$의 편미분의 존재성을 알기 어렵고

둘째, $f(x, y)$의 편도함수의 역할을 알기 어렵다.

$f(x)$에서 다음이 성립한다.

$$f'(x) = \lim_{h \to 0} \frac{f(x+h) - f(x)}{h}$$

그러나 $f(x, y)$에서 $(x, y) = p$로 놓으면 다음과 같다.

$$f'(p) = \lim_{h \to 0} \frac{f(p+h) - f(p)}{h}$$

그러나 h가 벡터이므로 나누는 것이 의미가 없다.

이 문제를 해결하기 위해서 $f(x)$에서 $f'(x)$의 형태를 바꾸어 생각해보자. 즉, 다음의 식으로 다시 나타낼 수 있다.

$$f(x+h) - f(x) = f'(x)h + |h|\epsilon(h)$$

$$(\text{단, } h \to 0 \text{이면 } \epsilon(h) \to 0)$$

정의

$h \to 0$이면 $\epsilon(h) \to 0$인 ϵ에 대해서 한 벡터 q가 존재하여 다음을 만족하면 $f(x, y) = f(p)$는 p에서 미분가능하다고 한다.

$$f(p+h) - f(p) = q \circ h + |h| \cdot \epsilon(h)$$

이때 벡터 q를 p에서 $f(x, y) = f(p)$의 그래디언트(gradient)라 하고 $\nabla f(p)$로 나타낸다. 그러므로 $f(x, y)$가 $p = (x, y)$에서 미분가능하면 $f(p)$는 $\nabla f(p)$를 가지며 다음

이 성립한다.

$$f(p+h)-f(p)=\nabla f(p)\circ h+|h|\cdot\epsilon(h)$$

단, $h\to 0$일 때 $\epsilon(h)\to 0$이다. 여기서 다음을 알 수 있다.

(a) $\nabla f(p)$는 벡터이다.

(b) $\nabla f(p)\circ h$는 두 벡터의 내적이다.

(c) 위의 정의는 모든 차원에서 성립한다.

다음 정리는 그래디언트를 구하는 방법이다.

정리 1

$f(x, y)$가 $p=(x, y)$에서 미분가능하면 p에서 $f(p)$의 일계 편도함수가 존재하고 다음이 성립한다.

$$\nabla f(p)=\frac{\partial f}{\partial x}(p)i+\frac{\partial f}{\partial y}(p)j$$

삼변수함수에서 정리 1은 성립한다. 즉 $g(x, y, z)$가 $p=(x, y, z)$에서 미분가능하면 다음과 같다.

$$\nabla g(p)=\frac{\partial g}{\partial x}(p)i+\frac{\partial g}{\partial y}(p)j+\frac{\partial g}{\partial z}(p)k$$

정리 2

$p=(x, y)$의 근방에서 $f(x, y)$의 일계 편도함수가 존재하고 이 편도함수가 $p=(x, y)$에서 연속이면 $f(x, y)$는 $p=(x, y)$에서 미분가능하다.

예제 1 $f(x, y)=x^3e^y+xy^2$일 때 그래디언트를 구하시오.

풀이 다음과 같다.

$$\frac{\partial f}{\partial x}=3x^2e^y+y^2,\quad \frac{\partial f}{\partial y}=x^3e^y+2xy$$

그리고 정리 1에 의해서 다음을 알 수 있다.

$$\begin{aligned}\nabla f(x,\ y) &= (3x^2e^y + y^2)i + (x^3e^y + 2xy)j \\ &= (3x^2e^y + y^2,\ x^3e^y + 2xy)\end{aligned}$$

예제 2 $f(x,\ y,\ z) = y\cos z - xy^2$에서 $\nabla f(2,\ 2,\ 0)$을 구하시오.

풀이 다음과 같다.

$$\frac{\partial f}{\partial x} = -y^2,\quad \frac{\partial f}{\partial y} = \cos z - 2xy,\quad \frac{\partial f}{\partial z} = -y\sin z$$

그러므로 다음이 성립한다.

$$\begin{aligned}\nabla f(x,\ y,\ z) &= -y^2i + (\cos z - 2xy)j + (-y\sin z)k \\ &= (-y^2,\ \cos z - 2xy,\ -y\sin z)\end{aligned}$$

점 $p = (2, 2, 0)$을 대입하면 다음을 알 수 있다.

$$\begin{aligned}\nabla f(2,\ 2,\ 0) &= -4i - 7j \\ &= (-4,\ -7,\ 0)\end{aligned}$$

그래디언트는 도함수와 같은 역할을 한다. D가 선형미분연산자인 것처럼 ∇(델, del)도 역시 선형연산자이다.

정리 3

∇(del)은 선형연산자이다.

(a) $\nabla(f(p) + g(p)) = \nabla f(p) + \nabla g(p)$

(b) $\nabla(c \cdot f(p)) = c \cdot \nabla f(p)$

곱의 법칙이 성립한다.

(c) $\nabla(f(p) \cdot g(p)) = \nabla f(p) \cdot g(p) + f(p) \cdot \nabla g(p)$

일변수함수에서 미분가능하면 연속이고, 정리의 역은 성립하지 않는다.

정리 4

$f(x, y)$가 $p=(x, y)$에서 미분가능하면 $f(x, y)$는 $p=(x, y)$에서 연속이다.

증명 다음과 같다.

$$f(p+h)-f(p)=\nabla f(p)\cdot h+|h|\epsilon(h)$$

그러므로 다음을 알 수 있다.

$$\begin{aligned}|f(p+h)-f(p)| &\leq |\nabla f(p)\cdot h|+|h||\epsilon(h)| \\ &=|\nabla f(p)||h|\cos\theta+|h|\,|\epsilon(h)|\end{aligned}$$

$h\to 0$ 일 때 $|h|\to 0$ 에서 다음이 성립한다.

$$\lim_{h\to 0} f(p+h)=f(p)$$

9.5 연쇄법칙

$y=f(x)$에서 $x=x(t)$이고 $f(x)$와 $x(t)$가 미분가능하면 다음 식이 성립한다.

$$\frac{dy}{dt}=\frac{dy}{dx}\cdot\frac{dx}{dt}$$

$x=x(t)$, $y=y(t)$이고 $z=f(x, y)$인 경우 $z=f(x(t), y(t))$는 t의 함수이므로 다음의 정리에서 $\frac{dz}{dt}$를 구할 수 있다.

정리 1

$x=x(t)$, $y=y(t)$가 t에서 미분가능하고 $z=f(x, y)$가 $(x(t), y(t))$에서 미분가능하면, $z=f(x(t), y(t))$는 t에서 미분가능하고 다음 식이 성립한다.

$$\frac{dz}{dt}=\frac{\partial z}{\partial x}\frac{dx}{dt}+\frac{\partial z}{\partial y}\frac{dy}{dt}$$

증명 $(x, y)=p$, $(\Delta x, \Delta y)=\Delta p$로 놓으면 다음과 같다.

$$\Delta z=f(p+\Delta p)-f(p)$$

또한 $f(x, y)$는 미분가능하므로 다음이 성립한다.

$$\begin{aligned}\Delta z&=f(p+\Delta p)-f(p)\\&=\nabla f(p)\cdot\Delta(p)+|\Delta p|\cdot\epsilon(\Delta p)\\&=f_x(p)\Delta x+f_y(p)\Delta y+|\Delta p|\epsilon(\Delta p)\end{aligned}$$

(단, $\Delta p\to 0$이면 $\epsilon(\Delta p)\to 0$)

양변을 Δt로 나누면 다음과 같다.

$$\frac{\Delta z}{\Delta t}=f_x(p)\frac{\Delta x}{\Delta t}+f_y(p)\frac{\Delta y}{\Delta t}+\frac{|\Delta x|}{\Delta t}\epsilon(\Delta p)$$

그리고 다음이 성립한다.

$$\left|\frac{|\Delta p|}{\Delta t}\right| = \frac{\sqrt{\Delta x^2 + \Delta y^2}}{|\Delta t|}$$

$$= \sqrt{\left(\frac{\Delta x}{\Delta t}\right)^2 + \left(\frac{\Delta y}{\Delta t}\right)^2}$$

극한을 취하면 다음과 같다.

$$\lim_{\Delta t \to 0} \sqrt{\left(\frac{\Delta x}{\Delta t}\right)^2 + \left(\frac{\Delta y}{\Delta t}\right)^2} = \sqrt{\left(\frac{dx}{dt}\right)^2 + \left(\frac{dy}{dt}\right)^2}$$

$\Delta t \to 0$ 일 때 $\Delta x \to 0$ 그리고 $\Delta y \to 0$ 에서 다음이 성립한다.

$$\Delta p \to 0$$

그 결과 다음을 알 수 있다.

$$\frac{dz}{dt} = f_x(p)\frac{dx}{dt} + f_y(p)\frac{dy}{dt}$$

예제 1 $z = x^2 y,\ x = 5t,\ y = t^2$ 일 때 $\dfrac{dz}{dt}$ 를 구하시오.

풀이 다음과 같다.

$$\begin{aligned} z &= x^2 y \\ &= (5t)^2 (t^2) \\ &= 25t^4 \end{aligned}$$

그러므로 다음이 성립한다.

$$\frac{dz}{dt} = 100t^3$$

또한 $\dfrac{dz}{dt} = \dfrac{\partial z}{\partial x}\dfrac{dx}{dt} + \dfrac{\partial z}{\partial y}\dfrac{dy}{dt}$ 에서 다음과 같다.

$$\begin{aligned} \frac{dz}{dt} &= 2xy(5) + x^2(2t) \\ &= 100t^3 \end{aligned}$$

정리 1을 삼변수함수로 확장하는 방법에 대해서 예제를 통해서 알아보자.

예제 2 $x=\sin\theta$, $y=\cos\theta$, $z=\theta^4$ 이고 $\omega=xy^2+y+xz$ 일 때 $\dfrac{d\omega}{d\theta}$를 구하고 $\theta=\pi$ 일 때 값을 구하시오.

풀이

$$\frac{d\omega}{d\theta}=\frac{\partial\omega}{\partial x}\frac{dx}{d\theta}+\frac{\partial\omega}{\partial y}\frac{dy}{d\theta}+\frac{\partial\omega}{\partial z}\frac{dz}{d\theta}$$
$$=(y^2+z)(\cos\theta)+(2xy+1)(-\sin\theta)+x(4\theta^3)$$
$$=(\cos^2\theta+\theta^4)\cos\theta+(2\sin\theta\cdot\cos\theta+1)(-\sin\theta)+\sin\theta(4\theta^3)$$

$\theta=\pi$ 일 때 다음을 알 수 있다.

$$\frac{d\omega}{d\theta}=-(1+\pi^4)$$

다음에는 $x=x(s,t)$, $y=y(s,t)$이고 $z=f(x,y)$일 때 $\dfrac{\partial z}{\partial s}$, $\dfrac{\partial z}{\partial t}$를 구하는 방법을 알아보자.

정리 2

(s,t)에서 $x=x(s,t)$, $y=y(s,t)$의 일계편도함수가 존재하며 $z=f(x,y)$는 $(x(s,t),y(s,t))$에서 미분가능하다고 하자. 그러면 $z=f(x(s,t),y(s,t))$의 일계편도함수가 다음과 같이 존재한다.

$$\frac{\partial z}{\partial s}=\frac{\partial z}{\partial x}\frac{\partial x}{\partial s}+\frac{\partial z}{\partial y}\frac{\partial y}{\partial s},\qquad \frac{\partial z}{\partial t}=\frac{\partial z}{\partial x}\frac{\partial x}{\partial t}+\frac{\partial z}{\partial y}\frac{\partial y}{\partial t}$$

예제 3 $x=2s-t$, $y=5st$ 이고 $z=2x^2+y^2$ 일 때 $\dfrac{\partial z}{\partial s}$와 $\dfrac{\partial z}{\partial t}$를 구하시오.

풀이

$$\frac{\partial z}{\partial s}=\frac{\partial z}{\partial x}\cdot\frac{\partial x}{\partial s}+\frac{\partial z}{\partial y}\cdot\frac{\partial y}{\partial s}$$
$$=4x\cdot 2+2y\cdot 5t$$
$$=8(2s-5t)+10t(5st)$$
$$=16s-40t+50st^2$$

그리고 다음과 같다.

$$
\begin{aligned}
\frac{\partial z}{\partial t} &= \frac{\partial z}{\partial x} \cdot \frac{\partial x}{\partial t} + \frac{\partial z}{\partial y} \cdot \frac{\partial y}{\partial t} \\
&= 4x(-1) + 2y \cdot 5s \\
&= -4(2s-t) + 10s(5st) \\
&= -8s + 4t + 50s^2 t
\end{aligned}
$$

$F(x, y) = 0$ 에서 $y = g(x)$가 존재할 때 $F(x, y) = F(x, g(x)) = 0$이므로 정리 1에 의해서 다음과 같다.

$$\frac{\partial F}{\partial x}\frac{dx}{dx} + \frac{\partial F}{\partial y}\frac{dy}{dx} = 0$$

그 결과 다음을 알 수 있다.

$$\frac{dy}{dx} = -\frac{\partial F/\partial x}{\partial F/\partial y}$$

예제 4 $x^2y^3 - \sin y = 0$ 에서 $\dfrac{dy}{dx}$ 를 구하시오.

풀이 다음과 같이 놓자.

$$F(x, y) = x^3y^3 - \sin y = 0$$

그러므로 다음과 같다.

$$\frac{\partial F}{\partial x} = 3x^2y^3,\ \frac{\partial F}{\partial y} = 3x^3y^2 - \cos y$$

그 결과 다음을 알 수 있다.

$$\frac{dy}{dx} = \frac{3x^2y^3}{-3x^3y^2 + \cos y}$$

$F(x, y, z) = 0$ 에서 $z = f(x, y)$일 때 다음이 성립한다.

$$F(x, y, z) = F(x, y, f(x, y)) = 0$$

그러므로 정리 2에 의해서 다음이 성립한다.

$$\frac{\partial F}{\partial x}\frac{\partial x}{\partial x}+\frac{\partial F}{\partial y}\frac{\partial y}{\partial x}+\frac{\partial F}{\partial z}\frac{\partial z}{\partial x}=0$$

그리고 $\frac{\partial y}{\partial x}=0$에서 다음을 알 수 있다.

$$\frac{\partial z}{\partial x}=-\frac{\partial F/\partial x}{\partial F/\partial z}$$

또한 다음이 성립한다.

$$\frac{\partial F}{\partial x}\frac{\partial x}{\partial y}+\frac{\partial F}{\partial y}\frac{\partial y}{\partial y}+\frac{\partial F}{\partial z}\frac{\partial z}{\partial y}=0$$

그리고 $\frac{\partial x}{\partial y}=0$에서 다음을 알 수 있다.

$$\frac{\partial z}{\partial y}=-\frac{\partial F/\partial y}{\partial F/\partial z}$$

예제 5 $F(x, y, z)=x^3e^{y+z}+y\cos(x+z)=0$에서 $\frac{\partial z}{\partial x}$, $\frac{\partial z}{\partial y}$를 구하시오.

풀이 다음과 같다.

$$\frac{\partial z}{\partial x}=-\frac{\partial F/\partial x}{\partial F/\partial z},\quad \frac{\partial z}{\partial y}=-\frac{\partial F/\partial y}{\partial F/\partial z}$$

그러므로 다음이 성립한다.

$$\frac{\partial F}{\partial x}=3x^2e^{y+z}-y\sin(x+z),$$

$$\frac{\partial F}{\partial y}=x^3e^{y+z}+\cos(x+z),$$

$$\frac{\partial F}{\partial z}=x^3e^{y+z}-y\sin(x+z)$$

그 결과 다음을 알 수 있다.

$$\frac{\partial z}{\partial x}=\frac{-3x^2e^{y+z}+y\sin(x+z)}{x^3e^{y+z}-y\sin(x+z)},$$

$$\frac{\partial z}{\partial y}=\frac{-\cos(x+z)-x^3e^{y+z}}{x^3e^{y+z}-y\sin(x+z)}$$

9.6 방향도함수

곡면 $F(x, y, z)=c$ 위의 점 $p(x_0, y_0, z_0)$에서 접평면의 방정식에 대해서 알아보자. $x=x(t)$, $y=y(t)$, $z=z(t)$가 곡면 위의 곡선의 매개변수방정식일 때 모든 t에 대해서 $F(x(t), y(t), z(t))=c$이고 다음이 성립한다.

$$\begin{aligned}\frac{dF}{dt} &= \frac{\partial F}{\partial x}\frac{dx}{dt}+\frac{\partial F}{\partial y}\frac{dy}{dt}+\frac{\partial F}{\partial z}\frac{dz}{dt} \\ &= \frac{dc}{dt} \\ &= 0\end{aligned}$$

이것을 F의 그래디언트와 곡선에 대한 벡터 표현, 즉

$$\begin{aligned}r(t) &= x(t)i+y(t)j+z(t)k \\ &= (x(t), y(t), z(t))\end{aligned}$$

의 도함수로 표시하면 다음과 같다.

$$\nabla F \circ \frac{dr}{dt}=0$$

또한 $\frac{dr}{dt}$는 곡선의 접선이므로 그래디언트는 접선에 수직임을 알 수 있다.

정의

곡면 $F(x, y, z)=c$에 대해서 곡면 위의 점 $p(x_0, y_0, z_0)$에서 미분가능하고 $\nabla F(x_0, y_0, z_0)\neq 0$일 때 점 $p(x_0, y_0, z_0)$를 지나 $\nabla F(x_0, y_0, z_0)$에 수직인 평면을 점 $p(x_0, y_0, z_0)$에서 곡면의 접평면이라 한다.

위의 정의로부터 접평면의 방정식을 다음과 같이 구할 수 있다.

정리 1

곡면 $F(x, y, z) = c$ 위의 점 $p(x_0, y_0, z_0)$에서 접평면의 방정식은 다음과 같다.

$$F_x(x_0, y_0, z_0)(x - x_0) + F_y(x_0, y_0, z_0)(y - y_0) + F_z(x_0, y_0, z_0)(z - z_0) = 0$$

또한 곡면 $z = f(x, y)$ 위의 점 $(x_0, y_0, f(x_0, y_0))$에서의 접평면의 방정식은 다음과 같다.

$$\begin{aligned} z - z_0 &= -\frac{F_x}{F_z}(x - x_0) - \frac{F_y}{F_z}(y - y_0) \\ &= \frac{\partial z}{\partial x}(x - x_0) + \frac{\partial z}{\partial y}(y - y_0) \\ &= f_x(x - x_0) + f_y(y - y_0) \end{aligned}$$

예제 1 $z = x^2 + y^2$ 위의 점 $(2, 3, 13)$에서 접평면의 방정식을 구하시오.

풀이 다음과 같이 놓자.

$$z = f(x, y) = x^2 + y^2$$

그러므로 다음이 성립한다.

$$f_x = 2x, \ f_y = 2y$$

또한 다음과 같다.

$$\nabla f(x, y) = 2x\,i + 2y\,j$$

점 (2,3)을 대입하면 다음과 같다.

$$\nabla f(2, 3) = 4i + 6j$$

그 결과 다음을 알 수 있다.

$$z - 13 = 4(x - 2) + 6(y - 3)$$

$$\text{즉, } z = 4x + 6y - 13$$

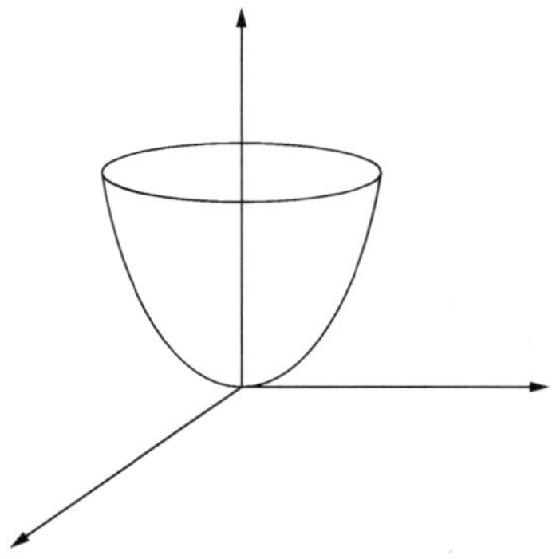

[그림 9-7] $z = x^2 + y^2$

예제 2 곡면 $x^2 + 2y^2 + 3z^2 = 6$ 위의 점 $(1, 1, 1)$에서 접평면의 방정식을 구하시오.

풀이 다음과 같이 놓자.

$$F(x, y, z) = x^2 + 2y^2 + 3z^2$$

그러므로 다음과 같다.

$$\nabla F = 2xi + 4yj + 6zk$$

점 $(1, 1, 1)$을 대입하면 다음이 성립한다.

$$\nabla F(1, 1, 1) = 2i + 4j + 6k$$

정리 1에 의하여 접평면의 방정식은 다음과 같다.

$$2(x-1) + 4(y-1) + 6(z-1) = 0$$

즉, 다음을 알 수 있다.

$$x + 2y + 3z = 12$$

$z = f(x, y)$이고 $p(x_0, y_0, z_0)$를 고정점이라 하자. p를 원점으로 하고 x, y, z 각각의 축에 평행인 새로운 좌표축 dx축, dy축, dz축을 도입하자. 원래의 좌표축에서 $p(x_0, y_0, z_0)$에서 접평면의 방정식은 다음과 같다.

$$z - z_0 = f_x(x - x_0) + f_y(y - y_0)$$

새로운 좌표축에서 p에서의 접평면의 방정식은 다음과 같다.

$$dz = f_x\,dx + f_y\,dy$$

그러므로 다음과 같이 정의할 수 있다.

정의

미분가능한 함수 $f(x, y)$를 $z=f(x, y)$으로 놓고 dx, dy는 각각 x와 y의 미분이라 하자. 이때 z의 미분 dz를 $f(x, y)$의 전미분(total differential)이라 한다. 그리고 다음과 같이 정의한다.

$$\begin{aligned} dz &= \frac{\partial f}{\partial x}dx + \frac{\partial f}{\partial y}dy \\ &= f_x dx + f_y dy \end{aligned}$$

예제 3 다음 이변수함수의 전미분을 구하시오.

(a) $f(x,y) = \cos x \cdot e^y$ (b) $f(x,y) = x\cos y + y\sin x$

풀이 (a) $\frac{\partial f}{\partial x} = -\sin x \cdot e^y$ 그리고 $\frac{\partial f}{\partial y} = \cos x \cdot e^y$

그 결과 다음을 알 수 있다

$$df = -\sin x \cdot e^y dx + \cos x \cdot e^y dy$$

(b) $\frac{\partial f}{\partial x} = y\cos x + \cos y$ 그리고 $\frac{\partial f}{\partial y} = \sin x - x\sin y$

그 결과 다음을 알 수 있다.

$$df = (y\cos x + \cos y)dx + (\sin x - x\sin y)dy$$

정리 2

전미분에 대해서 다음이 성립한다.

(a) $d(xy) = ydx + xdy$

(b) $d\left(\frac{y}{x}\right) = -\frac{y}{x^2}dx + \frac{1}{x}dy$

(c) $d\left(\ln\frac{y}{x}\right) = -\frac{1}{x}dx + \frac{1}{y}dy$

일변수함수에서 미분을 이용하여 다음과 같이 근사식을 구했다.

$$f(x) \approx f(x_0)+f'(x_0)(x-x_0)$$

이변수함수에서도 다음과 같은 근사식이 성립한다.

$$f(x, y) \approx f(x_0, y_0)+f_x(x_0, y_0)(x-x_0)+f_y(x_0, y_0)(y-y_0)$$

예제 4 $\sqrt{(3.01)^2+(3.98)^2}$ 의 근삿값을 구하시오.

풀이 다음과 같이 놓자.

$$f(x,y)=\sqrt{x^2+y^2}$$

그러므로 다음을 알 수 있다.

$$\frac{\partial f}{\partial x}=\frac{x}{\sqrt{x^2+y^2}} \quad \text{그리고} \quad \frac{\partial f}{\partial y}=\frac{y}{\sqrt{x^2+y^2}}$$

또한 $x_0=3$, $\Delta x=0.01$, $y_0=4$, $\Delta y=-0.02$에서 다음과 같다.

$$f(3,4)=5, \quad f_x(3,4)=\frac{3}{5}, \quad f_y(3,4)=\frac{4}{5}$$

그 결과 다음을 알 수 있다.

$$\begin{aligned}\sqrt{(3.01)^2+(3.98)^2} &\fallingdotseq f(3,4)+f_x(3,4)\Delta x+f_y(3,4)\Delta y \\ &=5+\frac{3}{5}\cdot 0.01+\frac{4}{5}\cdot(-0.02) \\ &=5-0.01=4.99\end{aligned}$$

이변수함수 $f(x, y)$에서 편도함수 $f_x(x, y)$와 $f_y(x, y)$는 x축과 y축에 평행한 방향의 변화율이다. 그러면 임의의 방향으로의 $f(x, y)$의 변화율에 대해서 알아보자. $p=(x, y)$라 하고 i와 j를 각각 x와 y 방향의 단위벡터라 하자. $p(x, y)$에서 두 편도함수는 다음과 같다.

$$f_x(p)=\lim_{h\to 0}\frac{f(p+hi)-f(p)}{h},$$

$$f_y(p)=\lim_{h\to 0}\frac{f(p+hj)-f(p)}{h}$$

방향도함수를 생각하기 위해 i와 j 대신 임의의 단위벡터 u를 생각하자.

정의

단위벡터 u에 대해서 다음의 극한값이 존재하면 이 극한값을 p에서 u방향의 방향도함수(directional derivative)라고 한다.

$$D_u f(p) = \lim_{h \to 0} \frac{f(p+hu) - f(p)}{h}$$

특히 $D_i f(p) = f_x(p)$ 그리고 $D_j f(p) = f_y(p)$임을 알 수 있다.

정리 3

$f(x, y)$가 p의 근방에서 연속인 편도함수를 갖고 $f(x, y)$는 단위벡터 $u = mi + nj$ 방향으로 p에서 방향도함수를 가지며 다음 식을 만족한다.

$$\begin{aligned} D_u f(p) &= u \circ \nabla f(p) \\ &= m \cdot f_x + n \cdot f_y \end{aligned}$$

예제 5 $f(x, y) = 2x^3 + xy - 4y^3$일 때 점 $(1, -1)$에서 벡터 $a = 3i + 4j$ 방향의 방향도함수를 구하시오.

풀이 a방향의 단위벡터는 다음과 같다.

$$u = \frac{3}{5}i + \frac{4}{5}j$$

그리고 다음이 성립한다.

$$f_x = 6x^2 + y, \ f_y = x - 12y^2$$

또한 다음과 같다.

$$f_x(1, -1) = 5, \ f_y(1, -1) = -11$$

그 결과 다음을 알 수 있다

$$D_u f(1, -1) = \frac{3}{5} \cdot 5 + \frac{4}{5} \cdot -11 = -\frac{29}{5}$$

9.7 극값

일변수함수와 유사한 방법으로 다변수함수의 최댓값과 최솟값 그리고 극댓값과 극솟값에 대해서 알아보자.

정의

D는 $f(x, y)$의 정의역이고 $p_0 = (x_0, y_0) \in D$일 때

(a) 모든 $p = (x, y) \in D$에 대해서 다음을 만족하면 $f(p_0)$를 D에서 $f(x, y)$의 최댓값이라고 한다.

$$f(p_0) \geq f(p)$$

(b) 모든 $p \in D$에 대해서 다음을 만족하면 $f(q_0)$를 D에서 $f(x, y)$의 최소값이라고 한다.

$$f(q_0) \leq f(p)$$

(c) $f(p_2)$가 D에서 최댓값 또는 최솟값이면 $f(p_2)$를 D에서 $f(x, y)$의 극값이라고 한다.

p_0의 근방 N에 대해서 모든 $p \in D \cap N$에 대해서 다음을 만족하는 $f(p_0)$를 D에서의 $f(x, y)$의 극댓값이라고 한다.

$$f(p_0) \geq f(p)$$

또한 q_0의 근방 N에 대해서 모든 $q \in D \cap N$에 대해서 다음을 만족하는 $f(q_0)$를 D에서의 $f(x, y)$의 극솟값이라고 한다.

$$f(q_0) \leq f(q)$$

정리 1

$f(x, y)$가 폐유계집합 D에서 연속이면 $f(x, y)$는 D에서 최댓값과 최솟값을 모두 갖는다.

정의역 D에서 $f(x, y)$의 임계점이 존재하는 경우는 일변수함수에서와 같이 세 가지이다.

(a) 경계점(boundary point)

(b) 정점(stationary point): p_0가 D의 내점이고 p_0에서 $f(x, y)$가 미분가능하고 $\nabla f(p_0) = 0$인 p_0를 정점이라 한다.

(c) 특이점(singular point): p_0가 D의 내점이고 p_0에서 $f(x, y)$가 미분불가능한 p_0를 특이점이라 한다.

정리 2

p_0를 포함하는 D에서 $f(x, y)$가 정의되었다. $f(p_0)$가 극값이면 p_0는 임계점이다.

예제 1 $f(x, y) = x^2 - 4x + y^2$의 최댓값 또는 최솟값을 구하시오.

풀이 다음과 같다.

$$f_x = 2x - 4,\ f_y = 2y$$

또한 $\nabla f = 0$이면 다음이 성립한다.

$$(x, y) = (2, 0)\ :\ \text{정점}$$

그리고 다음이 성립한다.

$$\begin{aligned} f(x, y) &= x^2 - 4x + 4 + y^2 - 4 \\ &= (x-2)^2 + y^2 - 4 \geq -4 \end{aligned}$$

그 결과 다음을 알 수 있다

$$f(2, 0) = -4\ :\ f(x, y)\text{의 최솟값}$$

정리 3

$f(x, y)$가 (x_0, y_0)의 근방에서 연속인 이계편도함수를 가지며 $\nabla f(x_0, y_0) = 0$ 이고

$$D(x_0, y_0) = f_{xx}(x_0, y_0) \cdot f_{yy}(x_0, y_0) - f_{xy}^2(x_{0,}\ y_0)$$

라고 놓으면 다음이 성립한다.

(a) $D > 0$, $f_{xx}(x_0, y_0) < 0$ 이면 $f(x_0, y_0)$는 극대이다.

(b) $D > 0$, $f_{xx}(x_0, y_0) > 0$ 이면 $f(x_0, y_0)$는 극소이다.

(c) $D < 0$ 이면 (x_0, y_0)는 극값이 아니다. (x_0, y_0)는 안정점이다.

(d) $D = 0$ 이면 이 법칙을 쓸 수 없다.

예제 2 $f(x, y) = -\dfrac{x^2}{a^2} + \dfrac{y^2}{b^2}$ 의 극댓값 또는 극솟값을 구하시오.

풀이 다음과 같다.

$$f_x = -\frac{2x}{a^2},\ f_y = \frac{2y}{b^2}$$

$\nabla f = 0$ 이면 다음이 성립한다.

$$x = 0,\ y = 0 \text{ 그리고 } (0, 0) : \text{임계점}$$

또한 다음이 성립한다.

$$f_{xx} = -\frac{2}{a^2},\ f_{yy} = \frac{2}{b^2},\ f_{xy} = 0$$

그리고 다음과 같다.

$$D = -\frac{2}{a^2} \cdot \frac{2}{b^2} = -\frac{4}{(ab)^2} < 0$$

그 결과 다음을 알 수 있다.

$$(0, 0) : \text{안장점}$$

예제 3 폐집합 $S=\{(x, y) | x^2+y^2 \leq 4\}$ 에서 $f(x, y)=x^2+y^2-2x-2y+1$ 의 최댓값과 최솟값을 구하시오.

풀이 다음과 같다.

$$f_x = 2x-2, \quad f_y = 2y-2$$

$\nabla f = 0$ 이면 다음이 성립한다.

$$(1, 1) \ : \ \text{임계점}$$

S의 경계는 $x^2+y^2=4$ 에서 다음과 같다.

$$x=2\cos\theta, \ y=2\sin\theta, \ 0 \leq \theta \leq 2\pi$$

또한 $f(2\cos\theta, 2\sin\theta)=g(\theta)$의 최댓값과 최솟값을 다음과 같이 구할 수 있다.

$$\begin{aligned} g'(\theta) &= \frac{\partial f}{\partial x}\frac{dx}{d\theta} + \frac{\partial f}{\partial y}\frac{dy}{d\theta} \\ &= (2x-2)(-2\sin\theta)+(2y-2)(2\cos\theta) \\ &= 4\sin\theta - 4\cos\theta \end{aligned}$$

$\theta = \frac{\pi}{4}, \frac{5}{4}\pi$ 에서 $g'(\theta)=0$ 이므로 다음이 성립한다.

$$\text{임계점} \ : \ \theta = 0, \frac{\pi}{4}, \frac{5}{4}\pi, 2\pi$$

경계점들과 정점에서의 $f(x, y)$의 값은 다음과 같다.

$$\begin{gathered} f(2, 0)=1 \\ f(\sqrt{2}, \sqrt{2})=5-4\sqrt{2} \\ f(-\sqrt{2}, -\sqrt{2})=7+4\sqrt{2} \\ f(1, 1)=-1 \end{gathered}$$

그 결과 다음을 알 수 있다

$$\begin{gathered} f(1, 1)=-1 \ : \ \text{최솟값} \\ f(-\sqrt{2}, -\sqrt{2})=7+4\sqrt{2} \ : \ \text{최댓값} \end{gathered}$$

다음은 어떤 제약조건하에서 함수의 최댓값 또는 최솟값을 구하는 문제를 알아보자.

실생활에서 많이 활용되는 방법인데 라그랑주의 승수를 이용하는 방법이 있다.

정리 4

> 제약조건 $g(p)=0$ 일 때 $f(p)$의 최댓값 또는 최솟값은 다음과 같다. p와 λ에 대한 다음의 방정식을 만족시키는 p가 임계점이며 여기에서 최댓값 또는 최솟값을 구한다.
>
> $$\nabla f(p) = \lambda \cdot \nabla g(p), \quad g(p)=0$$

이 식에서 λ를 라그랑주의 승수(multiplier)라 한다.

예제 4 대각선의 길이가 3인 직사각형의 면적의 최댓값을 구하시오.

풀이 좌표축 상에 있는 $x>0$, $y>0$을 생각하면 다음이 성립한다.

$$\text{대각선의 길이} : \sqrt{x^2+y^2}=3$$

$$\text{면적} : xy$$

그러므로 제약조건은 다음과 같다.

$$g(x, y) = x^2 + y^2 - 9$$

다음의 최댓값을 구하는 문제이다.

$$f(x, y) = xy$$

또한 다음이 성립한다.

$$\begin{aligned}\nabla f(x, y) &= f_x i + f_y j \\ &= y i + x j\end{aligned}$$

$$\begin{aligned}\nabla g(x, y) &= g_x i + g_y j \\ &= 2x i + 2y j\end{aligned}$$

그리고 다음과 같다.

$$y = \lambda 2x, \quad x = \lambda 2y$$

$x^2+y^2=9$에서 다음이 성립한다.

$$\lambda = \frac{1}{2},\ x = y = \sqrt{\frac{9}{2}}$$

그 결과 다음을 알 수 있다.

$$\text{면적의 최댓값 : } \frac{9}{2}$$

제약조건이 두 개인 경우 최댓값 또는 최솟값을 구하는 경우 라그랑주 승수를 두 개 사용한다.

예를 들면, 두 제약조건 $g(x, y, z) = 0$, $h(x, y, z) = 0$에서 $f(x, y, z)$의 최댓값 또는 최솟값을 구하기 위해 다음을 알 수 있다.

$$\nabla f = \lambda \nabla g + \mu \nabla h,\ g(x, y, z) = 0,\ h(x, y, z) = 0$$

또한 다음 식을 얻고 임계점을 구할 수 있다.

$$\begin{aligned} f_x &= \lambda g_x + \mu h_x \\ f_y &= \lambda g_y + \mu h_y \\ f_z &= \lambda g_z + \mu h_z \\ g(x, y, z) &= 0 \\ h(x, y, z) &= 0 \end{aligned}$$

예제 5 $x^2 + y^2 = 5, y + z = 2$ 와의 공통부분인 타원 위에서 다음의 최댓값과 최솟값을 구하시오.

$$f(x, y, z) = 2x + 2y + z$$

풀이 다음을 알 수 있다.

$$\nabla f = 2i + 2j + k$$

그리고 다음과 같다.

$$\begin{aligned} g(x, y, z) &= x^2 + y^2 - 5 = 0, \\ h(x, y, z) &= y + z - 2 = 0 \end{aligned}$$

또한 다음이 성립한다.

$$\nabla g = 2x\,i + 2y\,j + 0\,k,\ \ \nabla h = 0\,i + j + k$$

위의 공식에 의해 다음과 같다

$$2 = \lambda 2x$$
$$2 = \lambda 2y + \mu$$
$$1 = \mu$$
$$x^2 + y^2 - 5 = 0$$
$$y + z - 2 = 0$$

그러므로 다음을 알 수 있다.

$$\mu = 1, \lambda = \pm\frac{1}{2}$$

또한 다음이 성립한다.

$$\lambda = \frac{1}{2} \text{ 일 때 } x = 2,\ y = 1,\ z = 1$$

$$\lambda = -\frac{1}{2} \text{ 일 때 } x = -2,\ y = -1,\ z = 3$$

$f(2,1,1) = 7$, $f(-2,-1,3) = -3$에서 다음을 알 수 있다.

최댓값 : 7, 최솟값 : -3

연습문제 | 9.1 다변수함수

※ $f(x, y) = 3x^2y - \sqrt{xy^3}$ 에서 다음 값을 구하시오.

01. $f(1, 4)$

02. $f(3, 3)$

03. $f(-2, -4)$

04. $f(2a^2, a^3)$

05. $f\left(\dfrac{3}{x}, x\right)$

06. $f(9, 3)$

※ $f(x, y, z) = 2y^2\cos xz$ 에서 다음 값을 구하시오.

07. $f\left(\dfrac{\pi}{2}, -1, 3\right)$

08. $f\left(3, 2, \dfrac{\pi}{4}\right)$

09. $f\left(\dfrac{\pi}{2}, 3, -2\right)$

10. $f(\sqrt{\pi}, -1, \sqrt{\pi})$

11. $f(\sqrt{7}, 4, 0)$

12. $F(x, y) = -2xy^2$, $f(t) = t^3\sin^2 t$, $g(t) = \sec t$ 일 때 $F(f(t), g(t))$를 구하시오.

※ 다음 함수의 그래프를 구하시오.

13. $f(x, y) = \pi^2$

14. $f(x, y) = 1 - 2x + 5y$

15. $f(x, y) = \sqrt{20 - x^2 - y^2}$

16. $f(x, y) = 36 - 4x^2 - y^2$

※ $f(x, y) = k$ 일 때 등고선을 구하시오.

17. $f(x, y) = -\dfrac{1}{5}(x^2 + y^2)$ $\quad k = -3, -2, -1$

18. $f(x, y) = -\dfrac{3y}{x^2}$ $\quad k = -1, 0, 1$

19. $f(x, y) = \dfrac{x^2 - 3y}{2x + y^2}$ $\quad k = -1, 0, 1$

20. $f(x, y) = \sqrt{x - 2y}$ $\quad k = 1, 2, 3$

연습문제 9.2 극한과 연속

※ 극한을 구하시오.

01. $\lim_{(x,y)\to(1,2)} (2xy^2 - 3x^2y)$

02. $\lim_{(x,y)\to\left(1,\frac{\pi}{2}\right)} (x^2\cos(x^2y) + y^2\sin(xy))$

03. $\lim_{(x,y)\to(0,0)} \dfrac{\sin(x+y)}{x^2+xy-x+y^2}$

04. $\lim_{(x,y)\to(1,1)} \dfrac{x-y}{x^3-y^3}$

※ 다음 함수가 연속이 되는 정의역을 구하시오.

05. $f(x,\ y) = \dfrac{x^2+xy+3y^2}{2y-x^2}$

06. $f(x,\ y) = \sqrt{x-2y-7}$

07. $\lim_{(x,y)\to(0,0)} \dfrac{xy}{x^2-y^2}$는 존재하지 않음을 증명하시오.

※ 다음에서 그래프를 구하시오.

08. $\{(x,\ y) | -2 \le x \le 2,\ -1 \le y \le 5\}$

09. $\{(x,\ y) | x \ge 2\pi,\ y \le -\sin x\}$

10. $\{(x,\ y) | 5 < x^2 + y^2 \le 20\}$

연습문제 9.3 편도함수

※ 다음 함수의 일계 편도함수를 구하시오.

01. $f(x,\ y) = (x-3y)^5$

02. $f(x,\ y) = \dfrac{5x^2+3y^2}{x^2y}$

03. $f(x,\ y) = e^{-x}\cos(xy)$

04. $f(x,\ y) = \sqrt{4x^3+2y^2}$

05. $f(x,\ y) = e^{x^2}y^{-3}$

06. $f(x,\ y) = \sin^{-1}(2x^2-y^3)$

07. $f(x,\ y) = x^2\sin(x^3-5y^2)$

08. $f(x,\ y) = \cos^3 x \cdot \sin^5 y$

09. $f(x, y) = x^2y^3 + x^3y^5$ 일 때 $f_{xy} = f_{yx}$ 임을 증명하시오.

10. $f(x, y) = 5\sin x\, e^{-y}$일 때 $f_{xy} = f_{yx}$ 임을 증명하시오.

11. $f(x, y) = \tan^{-1}(4x^3y^2)$일 때 $f_x(\sqrt{3}, 1)$, $f_y(\sqrt{3}, 1)$을 구하시오.

12. $f(x, y) = x^3y - xy^3$일 때 $\dfrac{\partial^2 f}{\partial x^2} + \dfrac{\partial^2 f}{\partial y^2} = 0$임을 증명하시오.

※ $f(x, y, z) = xy^3 - x^2y^2z - 5x^2z^2$ 일 때 다음을 구하시오.

13. f_x

14. f_y

15. f_z

16. f_{xx}

17. f_{yy}

18. f_{zz}

19. $f(x, y, z) = e^{xy} - \ln(x^2 + yz^2)$일 때 f_x, f_y, f_z, f_{xy}, f_{xz}, f_{zx}를 구하시오.

20. $f(x, y, z) = xy^2z^3 - \sin(x + y + z)$일 때 f_x, f_y, f_z, f_{xy}, f_{xz}, f_{zx}를 구하시오.

연습문제 | 9.4 그래디언트

※ 다음에서 ∇f 를 구하시오.

01. $f(x, y) = \dfrac{5x^3}{y^2}$

02. $f(x, y) = e^{x^2y + xy^2}$

03. $f(x, y) = \dfrac{x^2y^3}{x - 2y^2}$

04. $f(x, y) = \ln(x + 3y^2)$

05. $f(x, y) = 3y^2\cos x - \sin xy^2$

06. $f(x, y) = \tan^{-1}(2x^3 + 3y^2)$

07. $f(x, y, z) = \sqrt{x^2 + y^3 + z^3}$

08. $f(x, y, z) = x^2y^3z \cdot e^{x-z}$

※ 주어진 점 p에서 그래디언트를 구하시오.

09. $f(x, y) = \ln(x^2 + xy - 3y^2)$, $p = (4, 1)$

10. $f(x, y, z) = 2x^3 - 3y^2 - 3z^2$, $p = (1, 0, -1)$

연습문제 | 9.5 연쇄법칙

※ 다음에서 $\frac{dz}{dt}$를 구하시오.

01. $z = -5x^3y^4$ $\qquad x = 3t^2,\ y = -t^3$

02. $z = e^x \cos y - 2e^y \sin x$ $\qquad x = 2t,\ y = -t$

03. $z = \cos(x^2y^3)$ $\qquad x = t^3,\ y = 3t^2$

04. $z = \sqrt{y + x^2 + 2xy^2}$ $\qquad x = 5t,\ y = t^{-1}$

05. $z = e^{3 + x^2 y}$ $\qquad x = t^{\frac{1}{2}},\ y = -t^2$

06. $z = \sin(xy^3z^2)$ $\qquad x = -2t,\ y = t^2,\ x = t^3$

※ 다음에서 $\frac{\partial z}{\partial s}$, $\frac{\partial z}{\partial t}$를 구하시오.

07. $z = x^2y^2$ $\qquad x = s^2t^2,\ y = s^2 - 2t$

08. $z = e^{x^2 + 3y^2}$ $\qquad x = s^2 \cos t,\ y = t \sin s$

09. $z = \sqrt{x^2 - y^2 + z^2}$ $\qquad x = \sin(st),\ y = \cos(st),\ z = -st$

10. $z = 5\cos x \cdot \sin y$ $\qquad x = s + t,\ y = s^2 - t^2$

11. $z = x^2y + 2x - y^2$ $\qquad x = 2t + 3s,\ y = 3 - s^2t^2$

※ 다음에서 $\frac{dy}{dx}$를 구하시오.

12. $3x^4y^3 - \sin 5y = 0$

13. $x^2 - x^2y^3 - y^3 = 4$

14. $y^2e^{xy} - x^2e^y = 2$

15. $y + \sqrt{xy} - 2x^2 = -3$

16. $x^2 \sin y + 2y \cos x = \pi$

17. $z = f\left(\frac{x}{y}\right)$일 때 $x\frac{\partial z}{\partial z} = -y\frac{\partial z}{\partial y}$임을 증명하시오.

18. $4x^2z + 5y^2z - xz^2 = 0$일 때 $\frac{\partial z}{\partial x}$를 구하시오.

19. $xy = y^2 - 5zx^2$일 때 $\dfrac{\partial z}{\partial x}$를 구하시오.

20. $x^2\sqrt{y} - 3y\sqrt{z} + z^3\sqrt{x} = 0$ 일 때 $\dfrac{\partial z}{\partial y}$를 구하시오.

연습문제 | 9.6 방향도함수

※ 다음 곡면의 주어진 점에서 접평면의 방정식을 구하시오.

01. $4x^2 - y^2 + 3z^2 = 4$ $\quad p(2, -3, 1)$

02. $9x^2 - 4y^2 + 25z^2 = 30$ $\quad p(1, -1, -1)$

03. $z = 4x^2 + 4y^2 - 5$ $\quad p(2, 1, 15)$

04. $z = 4x^2 + y^2 - 4y$ $\quad p(2, 5, 21)$

05. $2xy + yz - xz^2 = 13$ $\quad p(2, 3, 1)$

06. $-5x^3 + 2xy + z^2 - y = 2$ $\quad p(1, 2, 3)$

07. $z = 6e^{2x}\cos^2 y$ $\quad p\left(0, \dfrac{\pi}{3}, 3\right)$

08. $3z = \ln x^2 y$ $\quad p(e, e, 1)$

09. $5x^2 = \ln\left(\dfrac{y}{3z}\right)$ $\quad p(0, 3, 1)$

10. $x^2yz^2 + 4xz^3 + y^2 = 10$ $\quad p(1, 2, 1)$

※ 다음에서 점 p에서 주어진 방향으로 f의 방향도함수를 구하시오.

11. $f(x, y) = 3xy^3$ $\quad p = (3, -1),\ a = -3i + 4j$

12. $f(x, y) = x^2 - 4xy - 7y^2$ $\quad p = (1, -1),\ a = i - 3j$

13. $f(x, y) = e^{4x}\cos y$ $\quad p = \left(0, \dfrac{\pi}{4}\right),\ a = i - \sqrt{3}\,j$

14. $f(x, y) = \tan^{-1}\left(\dfrac{y^2}{x}\right)$ $\quad p = (2, -3),\ a = 3i - j$

15. $f(x, y) = 7x^3 \ln y^{-2}$ $\quad p = (-2, 1),\ a = -i + \sqrt{2}\,j$

16. $f(x, y) = x^3\sin^2 y$ $\quad p = \left(2, \frac{\pi}{4}\right)$, $a = 3i + j$

17. $f(x, y, z) = x^2y - y^2z^2 - 3xz$ $\quad p = (2, -1, 2)$, $a = i - 2j - 2k$

18. $f(x, y, z) = z^2\sqrt{xy}\,\sin xz$ $\quad p = \left(4, 9, \frac{\pi}{4}\right)$, $a = -2i + j - 2k$

19. $f(x, y, z) = (x + y)(y + 2z)$ $\quad p = (3, -4, -1)$, $a = 2i + k$

20. $f(x, y, z) = z^3\sin^{-1}(x + y)$ $\quad p = (0, 0, 2)$, $a = 3i - 2k$

연습문제 | 9.7 극값

※ 임계점을 구하시오.

01. $f(x, y) = x^2 + 2y^2 - y - 3x$

02. $f(x, y) = x^4 - 6x^2 - 5y^2$

03. $f(x, y) = xy + 8$

04. $f(x, y) = xy - \frac{2}{x} + \frac{3}{y}$

05. 제약조건 $g(x, y) = xy + 5 = 0$ 에서 $f(x, y) = x^2 + y^2$ 의 최솟값을 구하시오.

06. 제약조건 $x^2 + y^2 = 9$ 에서 $f(x, y) = x^2 - 2xy + 5y^2$ 의 최댓값을 구하시오.

07. 제약조건 $x - 3y - 2z = 1$ 에서 $f(x, y, z) = x^2 - 3y^2 + z^2$ 의 최솟값을 구하시오.

08. 제약조건 $x^4 + y^4 = 4$ 에서 $f(x, y) = x^2 + y^2$ 의 최댓값을 구하시오.

09. 제약조건 $x + y + z = 5$, $x^2 + y^2 = 4$에서 $f(x, y, z) = 2x + 7y$의 최댓값을 구하시오.

10. 제약조건 $xy = 10$, $x^2 + y^2 = 9$ 에서 $f(x, y, z) = xy + yz$ 의 최댓값을 구하시오.

제 10 장

다중적분

이변수함수 또는 삼변수함수는 곡면을 나타낸다. 곡면 아래의 부피를 구하는 방법으로 다중적분이 사용된다. 먼저 직교좌표에서 이중적분에 대해서 알아보고 극좌표에서 이중적분에 대해서도 알아본다. 또한 삼중적분에 대해서 공부한다.

10.1 이중적분

일변수함수에 대한 리만 적분을 다시 공부해 보자. 함수 $f(x)$가 $[a, b]$에서 연속인 경우 함수 $f(x)$의 리만 적분은 다음과 같이 정의한다.

$$\int_a^b f(x)dx = \lim_{|P| \to 0} \sum_{i=1}^{n} f(\overline{x}_i) \cdot \Delta x_i$$

이변수함수 $f(x, y)$에 대한 적분도 같은 방법으로 정의할 수 있다. $[a, b]$ 대신에 다음과 같은 좌표축에 평행한 직사각형을 사용한다.

$$R = \{(x, y) | a \le x \le b,\ c \le y \le d\}$$

분할 P, 즉

$$a = x_0 < x_1 < x_2 < \cdots < x_n = b$$

대신에 n개의 부분직사각형 R_i를 사용하여 Δx_i, Δy_i를 R_i의 양변의 길이로 놓으면 R_i의 면적은 다음과 같다.

$$\Delta A_i = \Delta x_i \cdot \Delta y_i$$

R_i에서 표본점 $(\overline{x}_i,\ \overline{y}_i)$를 택하여 리만 합을 만들면 R 위에서 곡면 $f(x, y)$의 체적은 다음과 같다.

$$\sum_{i=1}^{n} f(\overline{x}_i, \overline{y}_i) \cdot \Delta A_i$$

$|P| \to 0$이면 다음과 같이 정의한다.

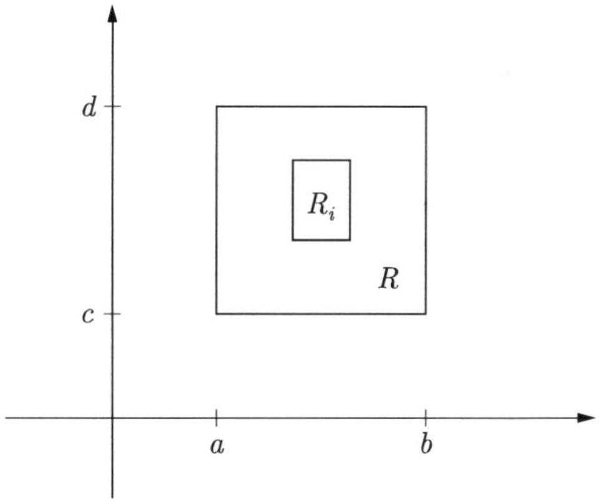

[그림 10-1] 직사각형 R

정의

$f(x, y)$는 폐직사각형 R에서 정의되고 다음이 존재하면 $f(x, y)$가 R에서 적분가능하다고 한다.

$$\lim_{|P|\to 0}\sum_{i=1}^{n} f(\bar{x}_i, \bar{y}_i)\cdot \Delta A_i$$

그리고 다음을 영역 R에서 $f(x, y)$의 이중적분이라고 한다.

$$\iint_R f(x, y)dA$$

그 결과 다음이 성립한다.

$$\iint_R f(x, y)dA = \lim_{|P|\to 0}\sum_{i=1}^{n} f(\bar{x}_i, \bar{y}_i)\cdot \Delta A_i$$

기하학적으로 적분과 이중적분을 비교하면 다음과 같다.

$f(x)\ge 0$일 때 곡선 $y=f(x)$ 아래 $x=a$, $x=b$ 사이의 영역의 면적은 다음과 같이 나타낸다.

$$\int_a^b f(x)dx$$

또한 $f(x, y) \geq 0$일 때 곡면 $z = f(x, y)$ 아래의 직사각형 R 위에 있는 입체의 체적은 다음과 같이 나타낸다.

$$\iint_R f(x, y)dA$$

정리 1

> $f(x, y)$가 폐직사각형 R에서 유계이고 유한개의 원활한 곡선을 제외한 나머지 부분에서 연속이면 $f(x, y)$는 R에서 적분가능하다. 특히 $f(x, y)$가 R의 모든 구간에서 연속이면 $f(x, y)$는 R에서 적분가능하다.

예를 들면 $f(x, y) = e^{\cos x} + xy^2 \sin(xy)$은 유계이므로 모든 영역에서 적분가능하다. 그러나 $g(x, y) = \dfrac{3x+2y}{x-3y^2}$는 $x = 3y^2$과 교차하는 직사각형에서는 적분이 불가능하다. 계단함수는 유한개의 원활한 곡선에서만 불연속이므로 적분가능함을 알 수 있다.

이중적분의 여러 성질에 대해서 알아보자.

(1) 이중적분은 선형이다.

① $\iint_R cf(x, y)dA = c\iint_R f(x, y)dA$, 단 c는 상수

② $\iint_R [f(x, y) + g(x, y)]dA = \iint_R f(x, y)dA + \iint_R g(x, y)dA$

(2) 이중적분은 덧셈이 가능하다.

$$\iint_R f(x, y)dA = \iint_S f(x, y)dA + \iint_T f(x, y)dA$$

단, R, S, T의 관계는 [그림 10-2]와 같다.

(3) 모든 $(x, y) \in \mathbb{R} \times \mathbb{R}$에 대해서 $f(x, y) \leq g(x, y)$이면 다음을 만족한다.

$$\iint_R f(x, y)dA \leq \iint_R g(x, y)dA$$

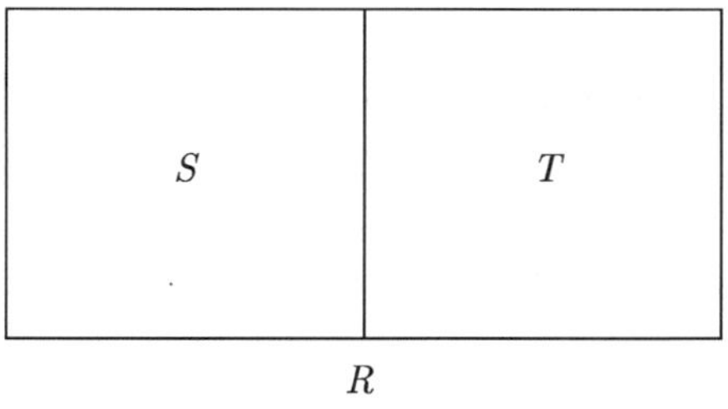

[그림 10-2] $R=S\cup T$

예제 1 $f(x,\ y)$를 다음과 같은 계단함수라 하자.

$$f(x,\ y)=\begin{cases}1,\ 0\le x\le 2,\ 0\le y\le 1\\3,\ 0\le x\le 2,\ 1\le y\le 2\\5,\ 0\le x\le 2,\ 2\le y\le 3\end{cases}$$

$R=\{(x,\ y)|0\le x\le 2,\ 0\le y\le 3\}$일 때 다음을 구하시오.

$$\iint_R f(x,\ y)dA$$

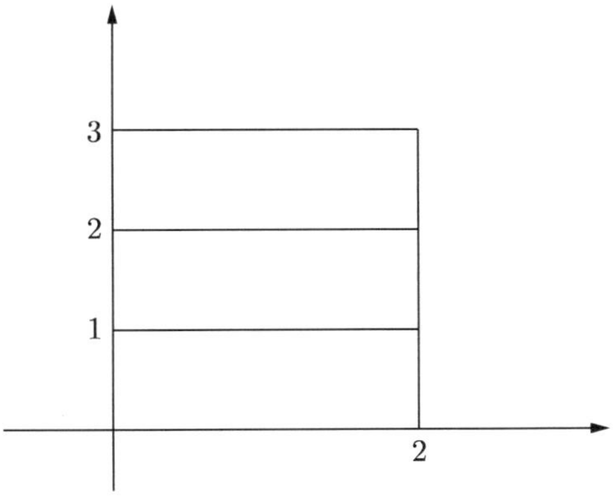

[그림 10-3] R

풀이 먼저 R을 다음과 같이 분할한다.

$$S=\{(x,\ y)|0\le x\le 2,\ 0\le y\le 1\},$$
$$T=\{(x,\ y)|0\le x\le 2,\ 1\le y\le 2\},$$
$$U=\{(x,\ y)|0\le x\le 2,\ 2\le y\le 3\}$$

그러면 이중적분의 성질에 의해서 다음을 알 수 있다.

$$\iint_R f(x, y)dA = \iint_S f(x, y)dA + \iint_T f(x, y)dA + \iint_U f(x, y)dA$$
$$= 1 \cdot 2 + 3 \cdot 2 + 5 \cdot 2 = 18$$

영역 $R = \{(x, y) | a \leq x \leq b,\ c \leq y \leq d\}$ 에서 다음을 구해보자.

$$\iint_R f(x, y)dA$$

먼저 $f(x, y) \geqq 0$ 인 경우 곡면 아래의 입체의 체적은 다음과 같다.

$$\iint_R f(x, y)dA$$

이 입체를 xz 평면에 수평으로 얇게 나누어 이 면적을 $A(y)$로 나타낸다. 그러면 다음과 같이 나타낼 수 있다.

$$V = \int_c^d A(y)dy$$

또한 다음을 알 수 있다.

$$A(y) = \int_a^b f(x, y)dx$$

그러므로 다음과 같다.

$$V = \int_c^d \left[\int_a^b f(x, y)dx\right] dy$$

그 결과 다음이 성립한다.

$$\iint_R = f(x, y)dA$$
$$= \int_c^d \left[\int_a^b f(x, y)dx\right] dy$$

같은 방법으로 yz 평면에 수평으로 나눌 때 다음이 성립한다.

$$\iint_R f(x, y)dA = \int_a^b \left[\int_c^d f(x, y)dy\right] dx$$

예제 2 $\int_0^3 \left[\int_0^2 (x+2y)dx \right] dy$ 를 구하시오.

풀이 $\int_0^2 (x+2y)dx = \left[\frac{x^2}{2} + 2xy \right]_0^2$

$= 2 + 4y$

그러므로 다음을 알 수 있다.

$$\int_0^3 \int_0^2 (x+2y)dxdy = \int_0^3 (2+4y)dy$$

$$= [2y + 2y^2]_0^3 = 24$$

예제 3 $\int_0^2 \left[\int_0^3 (x+2y) \right] dy\,dx$ 를 구하시오.

풀이 예제 2와 적분순서가 바뀐 사실에 유의하자.

$$\int_0^3 (x+2y)dy = [xy + y^2]_0^3$$

$$= 3x + 9$$

그러므로 다음을 알 수 있다.

$$\int_0^2 \int_0^3 (x+2y)dydx = \int_0^2 (3x+9)dx$$

$$= [\frac{3}{2}x^2 + 9x]_0^2 = 24$$

정리 2

이변수함수 $f(x,y)$가 사각형영역 A에서 연속이면 다음이 성립한다.

$$\iint_A f(x,y)dB = \int_a^b (\int_c^d f(x,y)dx)dy$$

$$= \int_c^d (\int_a^b f(x,y)dy)dx$$

예제 4 $\int_0^1 \left[\int_0^1 (\frac{x-y}{(x+y)^3}) dx \right] dy$ 를 구하시오.

풀이

$$\int_0^1 \left[\int_0^1 (\frac{x-y}{(x+y)^3}) dx \right] dy = \int_0^1 \left[\int_0^1 (\frac{(x+y)-2y}{(x+y)^3}) dx \right] dy$$

$$= \int_0^1 \left[\int_0^1 (\frac{1}{(x+y)^2} - \frac{2y}{(x+y)^3}) dx \right] dy$$

$$= \int_0^1 \left[(\frac{-1}{(x+y)} + \frac{y}{(x+y)^2}) \right] |_{x=0}^{x=1} dy$$

$$= \int_0^1 - \frac{1}{(1+y)^2} dy$$

$$= \frac{1}{(1+y)} |_{y=0}^{y=1} = -\frac{1}{2}$$

일반적으로 이중적분에서 괄호를 생략하기도 한다. 그러나 적분의 순서를 나타내는 것은 $dx\,dy$ 혹은 $dy\,dx$ 이다.

10.2 직교좌표에서의 이중적분

구간 $[a, b]$에서 연속이고 다음을 만족하는 함수 α, β가 존재하면 S를 y 단순집합이라고 한다.

$$S = \{(x, y) \mid \alpha(x) \le y \le \beta(x),\ a \le x \le b\}$$

y 단순집합에서 $f(x, y)$의 이중적분을 구해보자. 먼저 S를 직사각형 R로 둘러싸고, S의 바깥쪽에서 $f(x, y) = 0$으로 정의한다. 그 결과 다음이 성립한다.

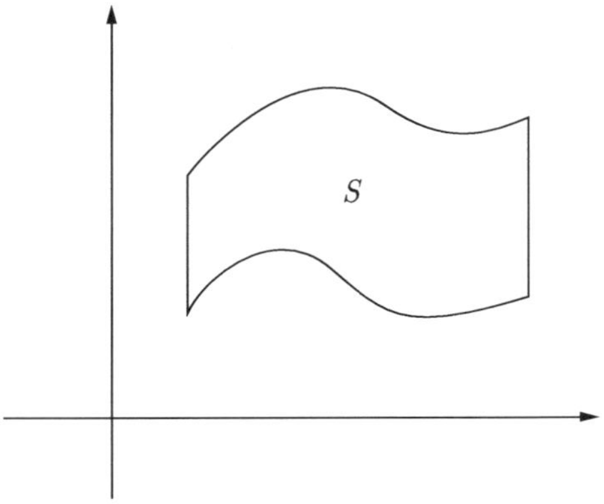

[그림 10-4] y 단순집합

$$\begin{aligned}\iint_S f(x, y)dA &= \iint_R f(x, y)dA \\ &= \int_a^b \int_c^d f(x, y)dy\,dx \\ &= \int_a^b \int_{\alpha(x)}^{\beta(x)} f(x, y)dy\,dx\end{aligned}$$

즉, S가 y 단순집합일 때 이중적분은 다음과 같다.

$$\iint_S f(x, y)dA = \int_a^b \int_{\alpha(x)}^{\beta(x)} f(x, y)dy\,dx$$

예제 1 $\int_0^1 \int_{-x}^{x^2} (3x+6y)\,dy\,dx$ 를 구하시오.

풀이 $\int_{-x}^{x^2} (3x+6y)dy = [3xy+3y^2]_x^{x^2}$

$$= \{3xx^2 + 3(x^4)\} - (-3x^2 + 3x^2)$$
$$= 3x^4 + 3x^3$$

그 결과 다음을 알 수 있다.

$$\int_0^1 \int_{-x}^{x^2} (3x+6y)\,dy\,dx = \int_0^1 (3x^4 + 3x^3)dx$$
$$= \left[\frac{3}{5}x^5 + \frac{3}{4}x^4\right]_0^1 = 1\frac{7}{20}$$

구간 $[c, d]$에서 연속이고 다음을 만족하는 함수 ϕ, ψ가 존재하면 S를 x 단순집합이라고 한다.

$$S = \{(x, y) \mid \phi(y) \le x \le \psi(y),\ c \le y \le d\}$$

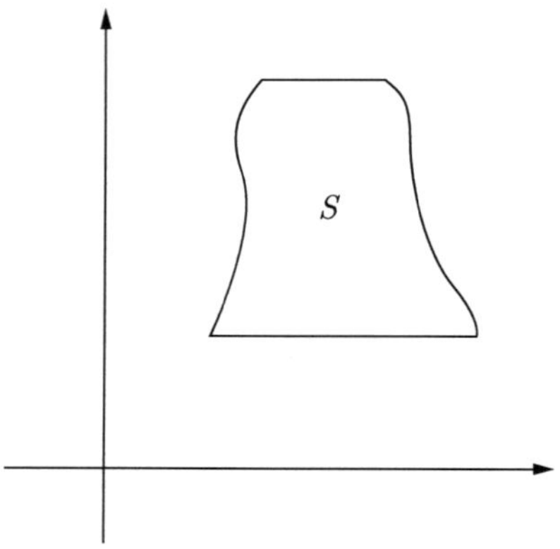

[그림 10-5] x 단순집합

같은 방법으로 x 단순집합일 때 이중적분은 다음과 같다.

$$\iint_S f(x, y)dA = \int_c^d \int_{\phi(y)}^{\psi(y)} f(x, y)\,dx\,dy$$

예제 2 $\int_0^2 \int_0^{y^2} 2y\,e^x\,dx\,dy$를 구하시오.

풀이 $\int_0^{y^2} 2y\,e^x\,dx = [2y\,e^x]_0^{y^2}$

$= 2y\,e^{y^2} - 2y$

그 결과 다음을 알 수 있다.

$$\int_0^2 \int_0^{y^2} 2y\,e^x\,dx\,dy = \int_0^2 (2y\,e^{y^2} - 2y)dy$$
$$= [e^{y^2} - y^2]_0^2$$
$$= e^4 - 5$$

예제 3 좌표평면과 평면 $2x + 3y + 4z - 12 = 0$이 경계면인 사면체의 체적을 y 단순집합과 x 단순집합을 이용하여 구하시오.

풀이

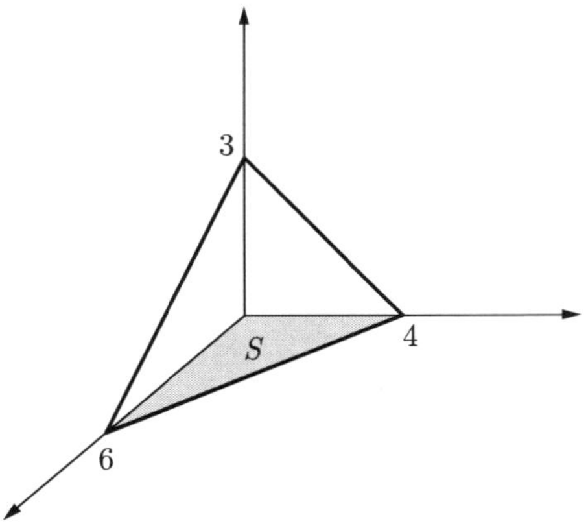

[그림 10-6] $2x + 3y + 4z = 12$

빗금친 S를 y 단순집합으로 생각할 때 영역은 다음과 같다.

$$S = \left\{(x,\ y) \,\middle|\, 0 \le x \le 6,\ 0 \le y \le 4 - \frac{2}{3}x\right\}$$

이를 이용하여 다음과 같이 체적을 구할 수 있다.

$$V = \iint_S \left(3 - \frac{1}{2}x - \frac{3}{4}y\right)dy\,dx$$

$$= \int_0^6 \int_0^{4-\frac{2}{3}x} \left(3 - \frac{1}{2}x - \frac{3}{4}y\right) dy\, dx$$

$$= \int_0^6 \left[3y - \frac{1}{2}xy - \frac{3}{4}y^2\right]_0^{4-\frac{2}{3}x} dx$$

$$= \int_0^6 \left(\frac{1}{6}x^2 - 2x + 6\right) dx$$

$$= \left[\frac{1}{18}x^3 - x^2 + 6x\right]_0^6$$

$$= 12 - 36 + 36 = 12$$

빗금친 S를 x 단순집합으로 생각할 때 영역은 다음과 같다.

$$S = \left\{(x,\ y)\ \middle|\ 0 \le x \le 6 - \frac{3}{4}y,\ 0 \le y \le 4\right\}$$

이를 이용하여 다음과 같이 체적을 구할 수 있다.

$$V = \iint_S \left(3 - \frac{1}{2}x - \frac{3}{4}y\right) dy\, dx$$

$$= \int_0^4 \int_0^{6-\frac{3}{2}y} \left(3 - \frac{1}{2}x - \frac{3}{4}y\right) dy\, dx = 12$$

예제 4 영역 S 위에서 $\iint_S e^{y^2} dA$를 구하시오.

풀이 S를 y 단순집합으로 생각하면 영역은 다음과 같다.

$$S = \left\{(x,\ y)\ \middle|\ \frac{x}{2} \le y \le 1,\ 0 \le x \le 2\right\}$$

그리고 이중적분식은 다음과 같다.

$$\iint_S e^{y^2} dA = \int_0^2 \int_{\frac{x}{2}}^1 e^{y^2} dy\, dx$$

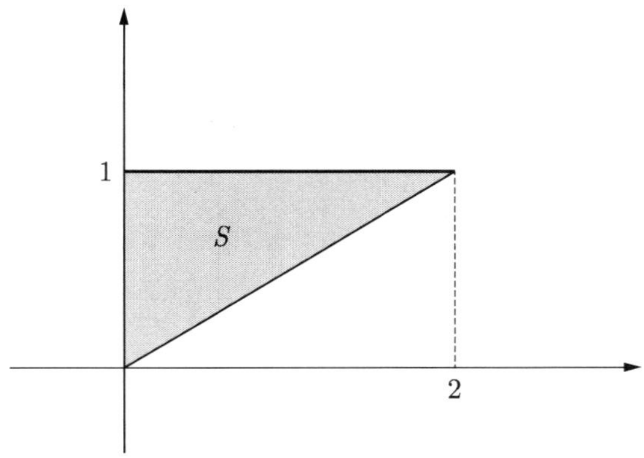

[그림 10-7] $y=\frac{1}{2}x$

그러나 위의 식은 적분이 불가능하다. S를 x 단순집합으로 생각하면 영역은 다음과 같다.

$$S=\{(x,\ y)\mid 0\le x\le 2y,\ 0\le y\le 1\}$$

그 결과 다음을 알 수 있다.

$$\begin{aligned}\iint_S e^{y^2}dA &= \int_0^1\int_0^{2y} e^{y^2}dx\,dy\\ &= \int_0^1 \left[e^{y^2}\cdot x\right]_0^{2y} dy\\ &= \int_0^1 e^{y^2}\cdot 2y\,dy\\ &= \left[e^{y^2}\right]_0^1\\ &= e-1\end{aligned}$$

10.3 극좌표에서의 이중적분

직교좌표와 극좌표 사이의 관계를 알아보기 위해 극좌표를 (r, θ), 직교좌표를 (x, y)로 놓으면 다음과 같다.

$$x = r\cos\theta, \quad y = r\sin\theta$$

그 결과 다음 관계식이 성립한다.

$$x^2 + y^2 = r^2, \quad \tan\theta = \frac{y}{x}$$

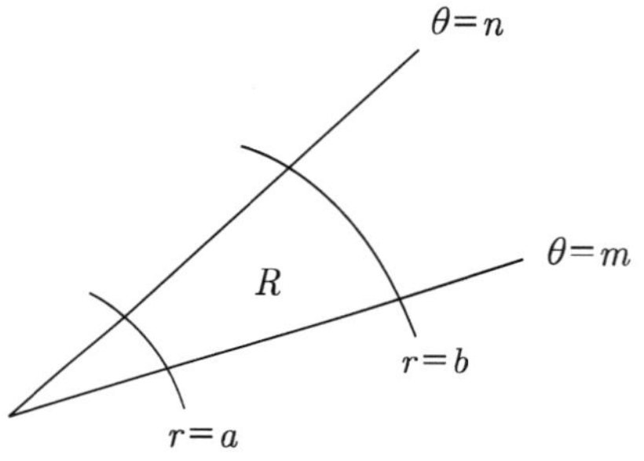

[그림 10-8] 극좌표의 R

극좌표에서 극직각사각형의 형태는 다음과 같다.

$$R = \{(r, \theta) \mid a \le r \le b,\ m \le \theta \le n\}$$

그리고 곡면의 방정식은 다음과 같이 나타낼 수 있다.

$$\begin{aligned} z &= f(x, y) \\ &= f(r\cos\theta, r\sin\theta) \\ &= f(r, \theta) \end{aligned}$$

그러므로 다음 식을 알 수 있다.

$$\iint_R f(x, y)\,dx\,dy = \iint_R f(r\cos\theta, r\sin\theta)\,r\,dr\,d\theta$$

여기서 r을 야코비안(Jacobian)이라 하며 다음과 같이 구한다.

$$\begin{vmatrix} \dfrac{\partial x}{\partial r} & \dfrac{\partial x}{\partial \theta} \\ \dfrac{\partial y}{\partial r} & \dfrac{\partial y}{\partial \theta} \end{vmatrix} = \begin{vmatrix} \cos\theta & -r\sin\theta \\ \sin\theta & r\cos\theta \end{vmatrix} = r\cos^2\theta + r\sin^2\theta = r$$

예제 1 극직사각형 $R = \{(r,\ \theta) | 1 \le r \le 3,\ 0 \le \theta \le 2\pi\}$ 위와 곡면 $z = e^{x^2+y^2}$ 아래의 입체의 체적을 구하시오.

풀이

$$\begin{aligned} V &= \iint_R e^{x^2+y^2} dA = \int_0^{2\pi} \int_1^3 e^{r^2} r\, dr\, d\theta \\ &= \int_0^{2\pi} \left[\frac{1}{2} e^{r^2} \right]_1^3 d\theta \\ &= \frac{1}{2} \int_0^{2\pi} (e^9 - e) d\theta \\ &= \frac{1}{2} (e^9 - e) [\theta]_0^{2\pi} \\ &= \pi (e^9 - e) \end{aligned}$$

일반적인 영역에서 r 단순집합과 θ 단순집합을 이용하여 이중적분을 구해보자. 다음과 같은 경우 S를 r 단순집합이라 한다.

$$S = \{(r,\ \theta) | \alpha(\theta) \le r \le \beta(\theta),\ m \le \theta \le n\}$$

그리고 다음과 같은 경우 S를 θ 단순집합이라 한다.

$$S = \{(r,\ \theta) | a \le r \le b,\ \phi(r) \le \theta \le \psi(r)\}$$

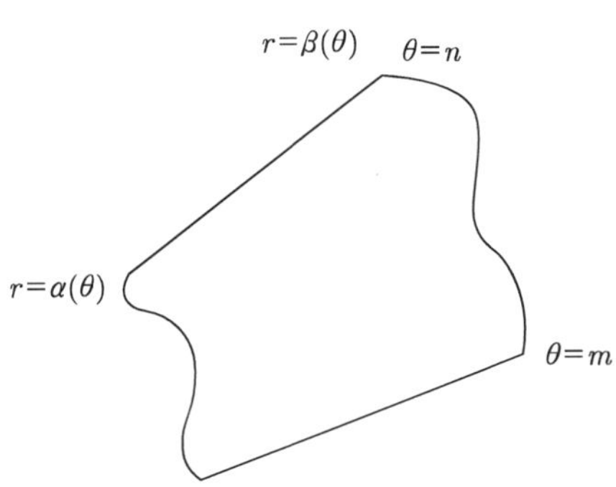

[그림 10-9] r 단순집합

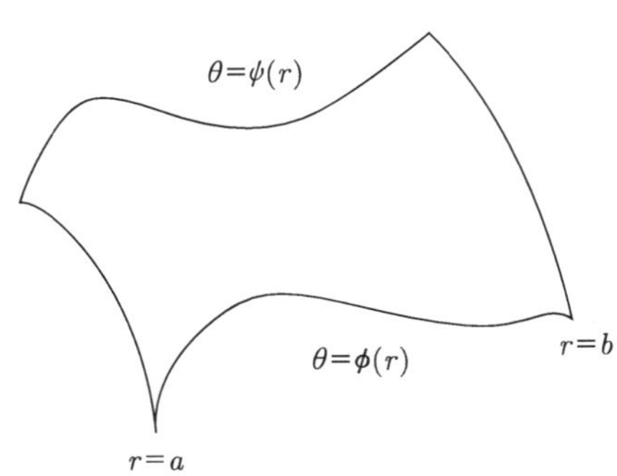

[그림 10-10] θ 단순집합

예제 2 xy 평면 위에서 곡면 $z=x^2+y^2$ 아래와 원기둥 $x^2+y^2=2y,\ x\geq 0$의 안쪽입체의 체적을 구하시오.

풀이 $x=r\cos\theta, y=r\sin\theta$로 놓으면 다음과 같다.

$$z=r^2,\ \ r^2=2r\sin\theta$$

그러므로 다음이 성립한다.

$$r=2\sin\theta$$

그 결과 다음을 알 수 있다.

$$\begin{aligned} V&=\iint_S (x^2+y^2)dA \\ &=\int_0^{\frac{\pi}{2}}\int_0^{2\sin\theta} r^2\cdot r\,dr\,d\theta \\ &=\int_0^{\frac{\pi}{2}}\left[\frac{x^4}{4}\right]_0^{2\sin\theta} d\theta \\ &=\int_0^{\frac{\pi}{2}} 4\sin^4\theta d\theta \\ &=\frac{3}{4}\pi \end{aligned}$$

확률론에서 사용하는 $\int_{-\infty}^{\infty} e^{-x^2}dx$의 값에 대해서 알아보자.

예제 3 $\int_0^{\infty} e^{-x^2}dx$를 구하시오.

풀이 다음과 같이 놓자.

$$\int_{-\infty}^{\infty} e^{-x^2}dx=a$$

그러므로 다음과 같다.

$$a^2=\int_{-\infty}^{\infty} e^{-x^2}dx\cdot\int_{-\infty}^{\infty} e^{-y^2}dy$$

$$= \int_{-\infty}^{\infty} \int_{-\infty}^{\infty} e^{-(x^2+y^2)} dx\, dy$$

$x = r\cos\theta$, $y = r\sin\theta$로 놓으면 다음이 성립한다.

$$a^2 = \int_0^{2\pi} \int_0^{\infty} e^{-r^2} r\, dr\, d\theta$$

먼저 r에 대해서 적분하면 다음을 알 수 있다.

$$\begin{aligned} \int_0^{\infty} r e^{-r^2} dr &= \lim_{b \to \infty} \int_0^b r e^{-r^2} dr \\ &= \lim_{b \to \infty} -\frac{1}{2}[e^{-r^2}]_0^b \\ &= \lim_{b \to \infty} -\frac{1}{2}(e^{-b^2} - 1) = \frac{1}{2} \end{aligned}$$

다시 θ에 대해서 적분하면 다음을 알 수 있다.

$$\begin{aligned} a^2 &= \int_0^{2\pi} \frac{1}{2} d\theta \\ &= \left[\frac{1}{2}\theta\right]_0^{\theta} = \pi \end{aligned}$$

a의 값은 양수이므로 다음이 성립한다.

$$\begin{aligned} a &= \int_{-\infty}^{\infty} e^{-x^2} dx \\ &= \sqrt{\pi} \end{aligned}$$

또한 $f(x) = e^{-x^2}$은 우함수이므로 다음을 알 수 있다.

$$\int_0^{\infty} e^{-x^2} dx = \frac{\sqrt{\pi}}{2}$$

다음은 곡면의 면적에 대해서 알아보자. 곡면 $F(x, y, z) = c$에서 F_x, F_y, F_z가 존재하고 $F_z \neq 0$일 때 G를 곡면의 일부라 하자. 곡면 G의 xy평면 위로의 사영을 폐유계 영역 S라 하자. 이때 S위에서 곡면 G의 면적을 다음과 같이 정의한다.

$$A(G) = \iint_S \sqrt{f_x^2 + f_y^2 + 1}\, dA$$

예제 4 xy 평면 위의 직선 $x=0$, $x=\frac{1}{2}$, $y=0$, $y=2$로 유계인 직사각형 영역을 S라 할 때 $z=\sqrt{1-x^2}$ 중 S에 사영되는 부분의 면적을 구하시오.

풀이 $f(x, y) = \sqrt{1-x^2}$ 에서 다음이 성립한다.

$$f_x = -\frac{x}{\sqrt{1-x^2}}, \quad f_y = 0$$

그 결과 다음을 알 수 있다.

$$\begin{aligned} A(G) &= \iint_S \sqrt{f_x^2 + f_y^2 + 1}\, dA \\ &= \iint_S \sqrt{\frac{x^2}{1-x^2} + 1}\, dA \\ &= \int_0^{\frac{1}{2}} \int_0^2 \frac{1}{\sqrt{1-x^2}}\, dy\, dx \\ &= \int_0^{\frac{1}{2}} \frac{2}{\sqrt{1-x^2}}\, dx \\ &= 2\left[\sin^{-1} x\right]_0^{\frac{1}{2}} \\ &= \frac{\pi}{3} \end{aligned}$$

10.4 삼중적분

적분과 이중적분의 개념을 삼중적분으로 확장시켜보자. 직육면체의 영역 A 에서 정의된 $f(x,\ y,\ z)$를 생각하면 A 를 부분직육면체 $A_1,\ A_2,\ \cdots,\ A_n$ 으로 분할시키고 A_i 에 속하는 표본점 $(\overline{x}_i,\ \overline{y}_i,\ \overline{z}_i)$를 택하면 리만 합은 다음과 같다.

$$\sum_{i=1}^{n} f(\overline{x}_i,\ \overline{y}_i,\ \overline{z}_i)\Delta x_i \cdot \Delta y_i \cdot \Delta z_i$$

$|P| \rightarrow 0$ 일 때 다음과 같이 삼중적분을 정의한다.

$$\iiint_A f(x,\ y,\ z)dv = \lim_{|P|\rightarrow 0}\sum_{i=1}^{n} f(\overline{x}_i,\ \overline{y}_i,\ \overline{z}_i)\Delta V_i$$

$$(\text{단},\ \Delta V_i = \Delta x_i \cdot \Delta y_i \cdot \Delta z_i)$$

$f(x,\ y,\ z)$가 A 에서 연속이면 삼중적분 가능하고, 유한개의 원활한 곡선을 제외한 나머지 영역에서 연속이면 삼중적분가능하다. 이중적분의 여러 성질이 삼중적분에서도 성립한다.

예제 1 $\iiint_A xyz\,dv$ 를 구하시오.

(단, $A = \{(x,\ y,\ z)\,|\,1 \le x \le 2,\ 0 \le y \le 1,\ 0 \le z \le 2\}$)

풀이

$$\begin{aligned}\iiint_A xyz\,dv &= \int_0^2\int_0^1\int_1^2 xyz\,dx\,dy\,dz \\ &= \int_0^2\int_0^1\left[\frac{1}{2}x^2yz\right]_1^2 dy\,dz \\ &= \int_0^2\int_0^1 \frac{3}{2}yz\,dy\,dz \\ &= \int_0^2\left[\frac{3}{4}y^2z\right]_0^1 dz \\ &= \int_0^2 \frac{3}{4}zdz\end{aligned}$$

$$= \left[\frac{3}{8}z^2\right]_0^2 = 1\frac{1}{2}$$

일반 영역에서 삼중적분을 생각해보자. S를 3차원 공간에서 폐유계집합이라 하고, S가 직육면체 A에 둘러싸여 있다고 하자. $f(x, y, z)$는 S에서 정의되고 S의 밖에서 $f(x, y, z) = 0$으로 정의하면 다음과 같다.

$$\iiint_S f(x, y, z)dv = \iiint_A f(x, y, z)dv$$

S가 z 단순집합이고 S_{xy}가 xy 평면으로 S의 사영이면 다음과 같이 정의한다.

$$\iiint_S f(x, y, z)dv = \iint_{S_{xy}} \left[\int_{\psi_1(x,y)}^{\psi_2(x,y)} f(x, y, z)\right] dA$$

S_{xy}가 y 단순집합이면 다음과 같이 정의한다.

$$\iiint_S f(x, y, z)dv = \int_a^b \int_{\phi_1(x)}^{\phi_2(x)} \int_{\psi_1(x,y)}^{\psi_2(x,y)} f(x, y, z)\, dz\, dy\, dx$$

예제 2 $\int_1^3 \int_0^{2x} \int_y^{x+2} 3\, dz\, dy\, dx$를 구하시오.

풀이

$$\int_1^3 \int_0^{2x} \int_y^{x+2} 3\, dz\, dy\, dx = \int_1^3 \int_0^{2x} [3z]_y^{x+2}\, dy\, dx$$

$$= \int_1^3 \int_0^{2x} (3(x+2) - 3y) dy\, dx$$

$$= \int_1^3 \left[3xy + 6y - \frac{3}{2}y^2\right]_0^{2x} dx$$

$$= \int_1^3 (6x^2 + 12x - 6x^2)\, dx$$

$$= [6x^2]_1^3 = 48$$

예제 3 다음을 구하시오.

$$\iiint_S (x^2+y^2+z^2)dx\ dy\ dz$$

(단, S는 $x+y+z=r\ (r>0),\ x=0,\ y=0, z=0$ 의 내부)

풀이

$$\iiint_S (x^2+y^2+z^2)dx\ dy\ dz$$
$$=\int_0^r\int_0^{r-x}\int_0^{r-x-y}(x^2+y^2+z^2)dz\ dy\ dx$$
$$=\int_0^r\int_0^{r-x}(x^2z+y^2z+\frac{z^3}{3}|_{z=0}^{z=r-x-y})dy\ dx$$
$$=\int_0^r\int_0^{r-x}(x^2(r-x)-x^2y+y^2(r-x)-y^3+\frac{(r-x-y)^3}{3})dy\ dx$$
$$=\int_0^r(x^2(r-x)y-\frac{x^2y^2}{2}+\frac{y^3}{3}(r-x)-\frac{y^4}{4}-\frac{(r-x-y)^4}{12})|_{y=0}^{y=r-x}\ dx$$
$$=\int_0^r(x^2(r-x)^2-\frac{x^2(r-x)^2}{2}+\frac{(r-x)^4}{3}-\frac{(r-x)^4}{4}+\frac{(r-x)^4}{12})\ dx$$
$$=\int_0^r(\frac{x^2(r-x)^2}{2}+\frac{(r-x)^4}{6})\ dx$$
$$=\int_0^r(\frac{x^2r^2-2rx^3+x^4}{2}+\frac{(r-x)^4}{6})\ dx$$
$$=(\frac{x^3r^2}{6}-\frac{rx^4}{4}+\frac{x^5}{10}+\frac{(r-x)^5}{30})\ |_{x=0}^{x=r}$$
$$=\frac{r^5}{20}$$

다음은 원기둥좌표와 구면좌표에서 삼중적분을 생각해보자. 원기둥좌표와 직교좌표의 관계는 다음과 같다.

$$x=r\cos\theta,\ y=r\sin\theta,\ x^2+y^2=r^2$$

그러므로 $f(x,\ y,\ z)$를 원기둥좌표로 변환하면 다음이 성립한다.

$$\begin{aligned} f(x,\ y,\ z) &= f(r\cos\theta,\ r\sin\theta,\ z) \\ &= F(r,\ \theta,\ z) \end{aligned}$$

삼중적분은 다음과 같이 나타낼 수 있다.

$$\iiint_S f(x,\ y,\ z)dv = \iiint_S f(r\cos\theta,\ r\sin\theta,\ z)r\,dz\,dr\,d\theta$$

단, 위의 식에서 r은 야코비안이다. 그리고 구면좌표와 직교좌표의 관계는 다음과 같다.

$$x = \rho\sin\phi\cos\theta,\ y = \rho\sin\phi\sin\theta,\ z = \rho\cos\phi$$

그러므로 $f(x,\ y,\ z)$를 구면좌표로 변환하면 다음이 성립한다.

$$f(x,\ y,\ z) = f(\rho\sin\phi\cos\theta,\ \rho\sin\phi\sin\theta,\ \rho\cos\phi)$$

또한 삼중적분은 다음과 같이 나타낼 수 있다.

$$\iiint_S f\ (x,\ y,\ z)dv = \iiint_S f\ (\rho\sin\phi\cos\theta,\ \rho\sin\phi\sin\theta,\ \rho\cos\phi)\rho^2\sin\phi\,d\rho\,d\theta\,d\phi$$

단, 위의 식에서 $\rho^2\sin\phi$는 야코비안이다.

연습문제 | 10.1 이중적분

※ 다음 이중적분을 구하시오.

01. $\int_0^1 \int_{-1}^2 x^3 y^2 dy\, dx$

02. $\int_0^{\frac{\pi}{6}} \int_0^1 x^3 \cos y\, dx\, dy$

03. $\int_1^{e^2} \int_3^9 \ln x\, dy\, dx$

04. $\int_{\frac{\pi}{3}}^{\frac{\pi}{2}} \int_0^2 (y^2 + \cos x) dy\, dx$

※ 다음 영역 R에서 이중적분을 구하시오.

05. $\iint_R x^3 y^2\, dA$, $R = \{(x, y) | 0 \leq x \leq 1,\ 0 \leq y \leq 3\}$

06. $\iint_R \cos(3x + 2y) dA$, $R = \left\{(x, y) | 0 \leq x \leq \frac{\pi}{3},\ 0 \leq y \leq \frac{\pi}{4}\right\}$

※ 다음 입체의 체적을 구하시오.

07. $R = \{(x, y) | 0 \leq x \leq 2,\ 1 \leq y \leq 3\}$에서 평면 $z = 2x + y + 5$ 아래의 입체

08. $R = \{(x, y) | -1 \leq x \leq 1,\ -2 \leq y \leq 2\}$ 위에 있고 $z = 0$, $z = x^2 + y^2$ 사이에 있는 입체

09. $f(x, y) = g(x) \cdot h(y)$일 때 다음을 증명하시오.

$$\int_a^b \int_c^d f(x, y) dy\, dx = \int_a^b g(x) dx \cdot \int_c^d h(y) dy$$

10. $\int_{-1}^1 \int_0^1 3y e^{x^2 + y^2} dy\, dx$를 구하시오.

연습문제 10.2 직교좌표에서의 이중적분

※ 다음의 이중적분을 구하시오.

01. $\int_0^1 \int_0^y \left(x^2 - \frac{y^2}{6}\right) dx\,dy$

02. $\int_0^{\sqrt{\frac{\pi}{4}}} \int_0^{4x} \cos(x^2)\,dy\,dx$

03. $\int_1^2 \int_0^{\sqrt{4-x^2}} x^2 y\,dy\,dx$

04. $\int_0^3 \int_{2y}^1 \frac{5}{1+y}\,dx\,dy$

※ 다음 영역 R에서 이중적분을 구하시오.

05. $\iint_R e^{y^2} dA,\ R = \{(x, y) | 0 \le x \le 4,\ x \le y \le 4\}$

06. $\iint_R x^3\,dA,\ R = \{(x, y) | \sqrt{y} \le x \le 3,\ 0 \le y \le 9\}$

07. $\iint_R x^2 y\,dA,\ R = \{(x, y) | y^2 \le x \le 1,\ 0 \le y \le 1\}$

08. $\iint_R x\,dA,\ R = \{(x, y) | 1 \le x \le e^3,\ 0 \le y \le \ln x\}$

※ 다음의 영역을 구하시오.

09. $\int_{-1}^1 \int_{x^2-3}^{2x-5} f(x, y)\,dy\,dx$

10. $\int_1^{e^2} \int_{\ln x}^{e^x} f(x, y)\,dy\,dx$

연습문제 | 10.3 극좌표에서의 이중적분

※ 다음의 이중적분을 구하시오.

01. $\int_0^{\frac{\pi}{4}}\int_0^{\sin\theta} 5r\cos\theta\, dr\, d\theta$

02. $\int_0^{\frac{\pi}{2}}\int_0^{5+2\cos\theta} dr\, d\theta$

03. $\int_{-\frac{\pi}{4}}^{0}\int_0^{\sin 2\theta} 6r^2\, dr\, d\theta$

04. $\int_0^{\frac{\pi}{2}}\int_0^{\sin\theta} 4r^3\, dr\, d\theta$

※ 극좌표를 이용하여 이중적분을 구하시오.

05. $\int_{-a}^{a}\int_0^{\sqrt{a^2-x^2}} \pi^2 e^{x^2+y^2} dy\, dx$

06. $\int_{-a}^{a}\int_0^{\sqrt{a^2-x^2}} (x^2+y^2)^{\frac{3}{2}} dy\, dx$

07. $\int_0^2\int_0^x \frac{y}{\sqrt{x^2+y^2}} dy\, dx$

08. $\int_0^3\int_0^{\sqrt{9-x^2}} e^{\sqrt{x^2+y^2}} dy\, dx$

09. $\int_1^3\int_0^{\sqrt{9-x^2}} (9-x^2-y^2)^{-\frac{1}{2}} dy\, dx$

10. $\int_{-1}^{1}\int_{\frac{x}{2}}^{1} x^2\, dy\, dx$

연습문제 | 10.4 삼중적분

※ 다음의 삼중적분을 구하시오.

01. $\int_0^1 \int_0^x \int_y^{x+2} dz\,dy\,dx$

02. $\int_1^2 \int_{z+1}^{3z} \int_1^{y-2z} dx\,dy\,dz$

03. $\int_0^3 \int_{x-1}^{2x} \int_{z+1}^{x+z} x\,dy\,dz\,dx$

04. $\int_0^1 \int_0^{x^2} \int_{x-2z}^{x+z+1} z\,dy\,dz\,dx$

※ 다음의 주어진 식에 의해서 둘러싸인 입체의 부피를 삼중적분에 의해서 구하시오.

05. $z-x^2=1,\ y+z=3,\ y=z=3$

06. $x^2+y^2=25,\ y^2+z^2=25$

07. $y^2+z^2=1,\ x+y+z=3,\ z=2$

08. $z=x^2+y^2,\ y-z=4$

※ 다음을 구하시오.

09. $\int_0^{\frac{\pi}{6}} \int_0^2 \int_0^{\sqrt{4-r^2}} 5rz\,dz\,dr\,d\theta$

10. $\int_0^{\frac{\pi}{4}} \int_0^{\frac{\pi}{4}} \int_0^2 \rho \sin\phi \cos\phi\,d\rho\,d\phi\,d\theta$

부록

1. 미분공식
2. 적분공식

1 미분공식

이 공식에 나타나는 u, v 등은 x에 관해 미분가능한 함수이다.

A. 대수함수의 미분

1. $\frac{d}{dx}(c)=0$ (c는 상수)
2. $\frac{d}{dx}(u^n)=nu^{n-1}\cdot\frac{du}{dx}$
3. $\frac{d}{dx}(cu)=c\cdot\frac{du}{dx}$
4. $\frac{d}{dx}(uv)=u\frac{dv}{dx}+v\frac{du}{dx}$
5. $\frac{d}{dx}\left(\frac{u}{v}\right)=\frac{v\frac{du}{dx}-u\frac{dv}{dx}}{v^2}\ (v\neq 0)$

B. 삼각함수의 미분

6. $\frac{d}{dx}(\sin u)=\cos u\frac{du}{dx}$
7. $\frac{d}{dx}(\cos u)=-\sin u\frac{du}{dx}$
8. $\frac{d}{dx}(\tan u)=\sec^2 u\frac{du}{dx}$
9. $\frac{d}{dx}(\cot u)=-\csc^2 u\frac{du}{dx}$
10. $\frac{d}{dx}(\sec u)=\sec u\tan u\frac{du}{dx}$
11. $\frac{d}{dx}(\csc u)=-\csc u\cot u\frac{du}{dx}$

C. 삼각함수의 역함수의 미분

12. $\frac{d}{dx}(\sin^{-1}u)=\frac{1}{\sqrt{1-u^2}}\frac{du}{dx}$
13. $\frac{d}{dx}(\cos^{-1}u)=-\frac{1}{\sqrt{1-u^2}}\frac{du}{dx}$
14. $\frac{d}{dx}(\tan^{-1}u)=\frac{1}{1+u^2}\frac{du}{dx}$
15. $\frac{d}{dx}(\cot^{-1}u)=-\frac{1}{1+u^2}\frac{du}{dx}$
16. $\frac{d}{dx}(\sec^{-1}u)=\frac{1}{u\sqrt{u^2-1}}\frac{du}{dx}$
17. $\frac{d}{dx}(\csc^{-1}u)=-\frac{1}{u\sqrt{u^2-1}}\frac{du}{dx}$

D. 초월함수의 미분

18. $\dfrac{d}{dx}(\log_a u) = \dfrac{1}{u \ln_a}\dfrac{du}{dx}\ (a > 0,\ a \neq 1)$

19. $\dfrac{d}{dx}(a^u) = a^u \ln a \dfrac{du}{dx}\ (a > 0)$

20. $\dfrac{d}{dx}(\ln u) = \dfrac{1}{u}\dfrac{du}{dx}$

21. $\dfrac{d}{dx}(e^u) = e^u \dfrac{du}{dx}$

E. 쌍곡선함수의 미분

22. $\dfrac{d}{dx}(\sinh u) = \cosh u \dfrac{du}{dx}$

23. $\dfrac{d}{dx}(\cosh u) = \sinh u \dfrac{du}{dx}$

24. $\dfrac{d}{dx}(\tanh u) = \mathrm{sech}^2 u \dfrac{du}{dx}$

25. $\dfrac{d}{dx}(\coth u) =- \mathrm{csch}^2 u \dfrac{du}{dx}$

26. $\dfrac{d}{dx} = (\mathrm{sechx}) =- \mathrm{sechu}\,\mathrm{tanh}u \dfrac{du}{dx}$

27. $\dfrac{d}{dx} = (\mathrm{cschx}) =- \mathrm{cschu}\,\mathrm{coth}u \dfrac{du}{dx}$

F. 쌍곡선함수의 역함수의 미분

28. $\dfrac{d}{dx}(\sinh^{-1} u) = \dfrac{1}{\sqrt{1+u^2}}\dfrac{du}{dx}$

29. $\dfrac{d}{dx}(\cosh^{-1} u) = \dfrac{1}{\sqrt{u^2-1}}\dfrac{du}{dx}\ (u > 1)$

30. $\dfrac{d}{dx}(\tanh^{-1} u) = \dfrac{1}{1-u^2}\dfrac{du}{dx}\ (u^2 < 1)$

31. $\dfrac{d}{dx}(\coth^{-1} u) = \dfrac{1}{1-u^2}\dfrac{du}{dx}\ (u^2 > 1)$

32. $\dfrac{d}{dx}(\mathrm{sech}^{-1} u) =- \dfrac{1}{u\sqrt{1-u^2}}\dfrac{du}{dx}\ (0 < u < 1)$

33. $\dfrac{d}{dx}(\mathrm{csch}^{-1} u) =- \dfrac{1}{|u|\sqrt{1+u^2}}\dfrac{du}{dx}\ (u \neq 1)$

2 적분공식

1. 적분공식에서 다음과 같은 두 표현 방법은 같다.

$$\begin{cases} \ln(u+\sqrt{u^2+a^2}),\ \sinh^{-1}(u/a) \\ \ln(u+\sqrt{u^2-a^2}),\ \cosh^{-1}(u/a) \\ \frac{1}{2}ln\frac{a+u}{a-u},\ \tan^{-1}\frac{u}{a}\left(\frac{a+u}{a-u}>0\right) \text{ 또는 } \cot^{-1}\frac{u}{a}\left(\frac{a+u}{a-u}<0\right) \end{cases}$$

A. 기본형태

2. $\int d[f(x)]=f(x)+c$

3. $\int c\,du=c\int du$ (c는 상수)

4. $\int(du+dv+dw+\cdots)=\int du+\int dv+\int dw+\cdots$

5. $\int u^n du=\frac{u^{n+1}}{n+1}+c(n\neq-1)$

6. $\int\frac{du}{u}=\ln u+c(n=-1)$

7. $\int udv=uv-\int vdu$

8. $\int(ax^{\alpha}+bx^{\beta}+\cdots)dx=\frac{a}{a+1}x^{\alpha+1}+\frac{b}{\beta+1}x^{\beta+1}+\cdots$

B. $a+bx$ 형태의 유리형식

9. $\int(ax+b)^n dx=\frac{1}{a(x+1)}(ax+b)^{n+1}$

10. $\int\frac{dx}{ax+b}=\frac{1}{a}\ln(ax+b)$

11. $\int\frac{dx}{x(ax+b)}=\frac{1}{b}\ln\frac{x}{ax+b}$

12. $\int\frac{dx}{x^2(ax+b)}=-\frac{1}{bx}+\frac{a}{b^2}\ln\frac{ax+b}{x}$

13. $\int \frac{xdx}{ax+b} = \frac{x}{a} - \frac{b}{x^2}\ln(ax+b)$

14. $\int \frac{x^2dx}{ax+b} = \frac{x}{a^3}\left[\frac{1}{2}(ax+b)^2 - 2b(ax+b) + b^2\ln(ax+b)\right]$

15. $\int \frac{xdx}{(ax+b)^2} = \frac{b}{a^2(ax+b)} + \frac{1}{a^2}\ln(ax+b)$

16. $\int \frac{x^2dx}{(ax+b)^2} = \frac{1}{a^3}\left[(ax+b) - 2b\ln(ax+b) - \frac{b^2}{ax+b}\right]$

17. $\int \frac{dx}{x(ax+b)^2} = \frac{1}{b(ax+b)} - \frac{1}{b^2}\ln\frac{ax+b}{x}$

18. $\int \frac{xdx}{(ax+b)^3} = \frac{1}{a^2}\left[-\frac{1}{ax+b} + \frac{b}{2(ax+b)^2}\right]$

19. $\int \frac{x^2dx}{(ax+b)^3} = \frac{1}{a^2}\left[\ln(ax+b) + \frac{2b}{ax+b} - \frac{b^2}{2(ax+b)^2}\right]$

20. $\int x(ax+b)^n dx = \frac{1}{a^2(n+2)}(ax+b)^{n+2} - \frac{b}{a^2(n+1)}(ax+b)^{n+1}$

$n=-1$일 때 식 13, $n=-2$일 때 식 15 적용.

21. $\int x^2(ax+b)^n dx = \frac{1}{a^3}\left[\frac{(ax+b)^{n+3}}{n+3} - 2b\frac{(ax+b)^{n+2}}{n+2} + b^2\frac{(ax+b)^{n+1}}{n+1}\right]$

$n=-1$일 때 식 14, $n=-2$일 때 식 16, $n=-3$일 때 식 19 적용.

C. $\sqrt{ax+b}$ 를 포함하는 형태

22. $\int x\sqrt{ax+b}\,dx = \frac{2}{15a^2}(ax+b)^{\frac{3}{2}}(3ax-2b)$

23. $\int x^2\sqrt{ax+b}\,dx = \frac{2}{105a^2}(ax+b)^{\frac{3}{2}}(15a^2x^2 - 12abx + 8b^2)$

24. $\int \frac{\sqrt{ax+b}}{x}dx = 2\sqrt{ax+b} + \sqrt{b}\ln\frac{\sqrt{ax+b}-\sqrt{b}}{\sqrt{ax+b}+\sqrt{b}}\ (b>0)$

25. $\int \frac{\sqrt{ax+b}}{x}dx = 2\sqrt{ax+b} - 2\sqrt{-b}\tan^{-1}\sqrt{-\frac{ax+b}{b}}\ (b<0)$

26. $\int \frac{dx}{x\sqrt{ax+b}} = \frac{1}{\sqrt{b}}\ln\frac{\sqrt{ax+b}-\sqrt{b}}{\sqrt{ax+b}+\sqrt{b}}\ (b>0)$

27. $\int \frac{dx}{x\sqrt{ax+b}} = \frac{2}{\sqrt{-b}}\tan^{-1} - \sqrt{\frac{ax+b}{b}}\ (b<0)$

28. $\int \frac{dx}{x^2\sqrt{ax+b}} = -\frac{\sqrt{ax+b}}{bx} - \frac{1}{2a}\int \frac{dx}{x\sqrt{ax+b}}$

29. $\int \frac{\sqrt{ax+b}}{\sqrt{px+q}}dx$, $px+q=z^2$ 으로 놓고 식 67, 68 적용.

D. $\int x^m(ax+b)^n dx$의 점화공식

30. $\int x^m(ax+b)^n dx$

(a) $= \frac{1}{(m+1)b}\left[x^{m+1}(ax+b)^{n+1} - (m+n+2)a\int (ax+b)^n x^{m+1}dx\right]$

($m+1=0$ 일 때는 식 31, 32 적용)

(b) $= \frac{1}{(m+1)b}\left[-x^{m+1}(ax+b)^{n+1} + (m+n+2)\int x^m(ax+b)^{n+1}dx\right]$

($n+1=0$ 이면 $z=ax+b$로 놓고 식 31, 32 적용)

(c) $= \frac{1}{(m+n+1)a}\left[x^m(ax+b)^{n+1} - mb\int x^{m-1}(ax+b)^n dx\right]$

($m+n+1=0$ 이면 식 33, 34 적용)

(d) $= \frac{1}{(m+n+1)}\left[x^{m+1}(ax+b)^n + nb\int x^m(ax+b)^{n-1}dx\right]$

($m+n+1=0$ 이면 식 33, 34 적용)

31. $\int \frac{(ax+b)^n}{x}dx = \frac{(ax+b)^n}{n} + b\int \frac{(ax+b)^{n-1}}{x}dx$

32. $\int \frac{(ax+b)^n}{x}dx = -\frac{(ax+b)^{n+1}}{b(n+1)} + \frac{1}{b}\int \frac{(ax+b)^{n+1}}{x}dx$

33. $\int \frac{(ax+b)^m}{x^{m+1}}dx = -\frac{(ax+b)^m}{mx^m} + a\int \frac{(ax+b)^{m-1}}{x^m}dx$

34. $\int \frac{(ax+b)^m}{x^{m+1}}dx = \frac{(ax+b)^{m+1}}{a(m+1)x^{m+1}} + \frac{1}{a}\int \frac{(ax+b)^{m+1}}{x^{m+2}}dx$

E. $a^2 \pm u^2$과 $u^2 - a^2$을 포함하는 형태

35. $\int \frac{du}{a^2+u^2} = \frac{1}{a}\tan^{-1}\left(\frac{u}{a}\right)$

36. $\int \frac{du}{a^2-u^2} = \frac{1}{2a}\ln\frac{a+u}{a-u}$, $\frac{1}{a}\tanh^{-1}\left(\frac{u}{a}\right)$ 또는 $\frac{1}{a}\coth^{-1}\left(\frac{u}{a}\right)$

37. $\int \frac{u\,du}{a^2+bu^2}=\frac{1}{2b}\ln(a+bu^2)$

38. $\int (a+bu^2)^n u\,du=\frac{1}{2(n+1)b}(a+bu^2)^{n+1}$

39. $\int \frac{du}{\sqrt{a^2-u^2}}=\sin^{-1}\left(\frac{u}{a}\right)$

40. $\int \frac{du}{\sqrt{u^2\pm a^2}}=\ln(u+\sqrt{u^2\pm a^2})$

41. $\int \frac{du}{u\sqrt{a^2-u^2}}=-\frac{1}{a}\ln\left(\frac{a+\sqrt{a^2-u^2}}{u}\right)$ 또는 $-\frac{1}{a}\cosh^{-1}\left(\frac{a}{u}\right)$

42. $\int \frac{du}{u\sqrt{u^2-a^2}}=\frac{1}{a}\sec^{-1}\left(\frac{u}{a}\right)$

43. $\int \frac{du}{u\sqrt{u^2+a^2}}=-\frac{1}{a}\ln\left(\frac{a+\sqrt{u^2+a^2}}{u}\right)$ 또는 $-\frac{1}{a}\sinh^{-1}\left(\frac{a}{u}\right)$

44. $\int \frac{du}{u^2\sqrt{a^2-u^2}}=-\frac{\sqrt{a^2-u^2}}{a^2u}$

45. $\int \frac{du}{u^2\sqrt{u^2\pm a^2}}=\frac{\sqrt{u^2\pm a^2}}{\mp a^2u}$

46. $\int \frac{u^2du}{\sqrt{a^2-u^2}}=-\frac{u}{2}\sqrt{a^2-u^2}+\frac{a^2}{2}\sin^{-1}\left(\frac{u}{a}\right)$

47. $\int \frac{u^2du}{\sqrt{u^2\pm a^2}}=\frac{u}{2}\sqrt{u^2\pm a^2}\mp\frac{a^2}{2}\ln(u+\sqrt{u^2\pm a^2})$

48. $\int \sqrt{a^2-u^2}\,du=\frac{u}{2}\sqrt{a^2-u^2}+\frac{a^2}{2}\sin^{-1}\left(\frac{u}{2}\right)$

49. $\int \sqrt{u^2\pm a^2}\,du=\frac{u}{2}\sqrt{u^2\pm a^2}\pm\frac{a^2}{2}\ln(u+\sqrt{u^2\pm a^2})$

50. $\int u^2\sqrt{a^2-u^2}\,du=-\frac{u}{4}(a^2-u^2)^{\frac{3}{2}}+\frac{a^2}{4}\int \sqrt{a^2-u^2}\,du$

51. $\int u^2\sqrt{u^2\pm a^2}\,du=\frac{u}{4}(u^2\pm a^2)^{\frac{3}{2}}\mp\frac{a^2}{4}\int (u^2\pm a^2)du$

52. $\int \frac{\sqrt{a^2-u^2}}{u}du=\sqrt{a^2-u^2}-a\ln\left(\frac{a+\sqrt{a^2-u^2}}{u}\right)$

53. $\int \frac{\sqrt{u^2+a^2}}{u}du=\sqrt{u^2+a^2}-a\ln\left(\frac{a+\sqrt{u^2+a^2}}{u}\right)$

54. $\int \frac{\sqrt{u^2-a^2}}{u}du = \sqrt{u^2-a^2} - a\sec^{-1}\left(\frac{u}{a}\right)$

55. $\int \frac{\sqrt{a^2-u^2}}{u^2}du = -\frac{\sqrt{a^2-u^2}}{u} - \sin^{-1}\left(\frac{u}{a}\right)$

56. $\int \frac{\sqrt{u^2 \pm a^2}}{u^2}du = -\frac{\sqrt{u^2 \pm a^2}}{u} + \ln(u + \sqrt{u^2 \pm a^2})$

57. $\int \frac{du}{(au^2+b)^{3/2}} = \frac{u}{b\sqrt{au^2+b}}$

58. $\int \sqrt{2au-u^2}\,du = \frac{u-a}{2}\sqrt{2au-u^2} + \frac{a^2}{2}\cos^{-1}\left(1-\frac{u}{a}\right)$

59. $\int \sqrt{2au+u^2}\,du = \frac{u+a}{2}\sqrt{2au+u^2} - \frac{a^2}{2}\ln(u+a+\sqrt{2au+u^2})$

60. $\int \frac{du}{\sqrt{2au-u^2}} = \cos^{-1}\left(1-\frac{u}{a}\right)$

61. $\int \frac{du}{\sqrt{2au+u^2}} = \ln(u+a+\sqrt{2au+u^2})$

62. $\int u^m(2au \pm u^2)^n du = \int u^{m+n}(2a \pm u)^n du$ (식 30의 특수 형태)

F. ax^2+b를 포함하는 형태

63. $\int \frac{dx}{ax^2+b} = \frac{1}{\sqrt{ab}}\tan^{-1}\left(\frac{x\sqrt{ab}}{b}\right)\ (ab>0)$

$= \frac{1}{2\sqrt{-ab}}\ln\frac{x\sqrt{a}-\sqrt{-b}}{x\sqrt{a}+\sqrt{-b}}\ (a>0,\ b<0)$

$= \frac{1}{2\sqrt{-ab}}\ln\frac{\sqrt{b}+x\sqrt{-a}}{\sqrt{b}-x\sqrt{-a}}\ (a<0,\ b>0)$

$= \frac{1}{\sqrt{-ab}}\tanh^{-1}\frac{x\sqrt{-ab}}{b}\ (ab<0)$

64. $\int (ax^2+b)^n x\,dx = \frac{1}{2a}\frac{(ax^2+b)^{n+1}}{n+1}$

65. $\int \frac{x\,dx}{ax^2+b} = \frac{1}{2a}\ln(ax^2+b)$

66. $\int \frac{dx}{x(ax^2+b)} = \frac{1}{2a}\ln\frac{x^2}{ax^2+b}$

67. $\int \sqrt{ax^2+b}\,dx = \frac{x}{2}\sqrt{ax^2+b} + \frac{b}{2\sqrt{a}}\ln(x\sqrt{a}+\sqrt{ax^2+b})\ (a>0)$

68. $\int \sqrt{ax^2+b}\,dx = \frac{x}{2}\sqrt{ax^2+b} + \frac{b}{2\sqrt{-a}}\sin^{-1}\left(x\sqrt{-\frac{a}{b}}\right)\ (a<0)$

69. $$\int \frac{dx}{\sqrt{ax^2+b}} = \frac{1}{\sqrt{-a}}\sin^{-1}\left(x\sqrt{-\frac{a}{b}}\right)\ (a<0)$$

$$\left.\begin{aligned} &= \frac{1}{\sqrt{a}}\sinh^{-1}\left(x\sqrt{\frac{a}{b}}\right) \\ &= \frac{1}{\sqrt{a}}\cosh^{-1}\left(x\sqrt{-\frac{a}{b}}\right) \\ &= \frac{1}{\sqrt{a}}\ln\left(\sqrt{a}\,x + \sqrt{ax^2+b}\right) \end{aligned}\right\}\ (a>0)$$

70. $\int \sqrt{ax^2+b}\,x\,dx = \frac{1}{3a}(ax^2+b)^{3/2}$

71. $\int \frac{x\,dx}{\sqrt{ax^2+b}} = \frac{1}{a}\sqrt{ax^2+b}$

72. $\int \frac{\sqrt{ax^2+b}}{x}dx = \sqrt{ax^2+b} + \sqrt{b}\ln\frac{\sqrt{ax^2+b}-\sqrt{b}}{x}\ (b>0)$

73. $\int \frac{\sqrt{ax^2+b}}{x}dx = \sqrt{ax^2+b} - \sqrt{-b}\tan^{-1}\frac{\sqrt{ax^2+b}}{\sqrt{-b}}\ (b<0)$

74. $\int \frac{dx}{x\sqrt{ax^2+b}} = \frac{1}{\sqrt{b}}\ln\frac{\sqrt{ax^2+b}-\sqrt{b}}{x}\ (b>0)$

75. $\int \frac{dx}{x\sqrt{ax^2+b}} = \frac{1}{\sqrt{-b}}\sec^{-1}\left(x\sqrt{-\frac{a}{b}}\right)\ (b<0)$

76. $\int \frac{dx}{(ax^2+b)^{3/2}} = \frac{x}{b\sqrt{ax^2+b}}$

77. $\int \frac{dx}{x(ax^2+b)^{3/2}} = \frac{1}{b}(ax^2+b)^{-1/2} + \frac{1}{b}\int \frac{dx}{x\sqrt{ax^2+b}}$

78. $\int x^m(ax+b)^n dx$

(a) $= \dfrac{x^{m-1}(ax^2+b)^{n+1} - b(m-1)\int x^{m-2}(ax^2+b)^n dx}{(2x+m+1)a}$

($2n+m+1=0$ 이면 식 79, 80 적용)

(b) $= \dfrac{x^{m+1}(ax^2+b)^{n+1} - a(2n+m+3)\int x^{m+2}(ax^2+b)^n dx}{(m+1)b}$

($m+1=0$ 이면 식 81, 82 적용)

$$(c) = \frac{x^{m+1}(ax^2+b)^n + 2bn\int x^m(ax^2+b)^{n-1}dx}{2n+m+1}$$

$$(d) = \frac{-x^{m+1}(ax^2+b)^{n+1} + (2n+m+3)\int x^m(ax^2+b)^{n+1}dx}{2(n+1)b}$$

79. $\int \frac{(ax^2+b)^n}{x^{2n+1}}dx = -\frac{1}{2n}\frac{(ax^2+b)^n}{x^{2n}} + a\int \frac{(ax^2+b)^{n-1}}{x^{2n-1}}dx$

80. $\int \frac{(ax^2+b)^n}{x^{2n+1}}dx = \frac{1}{2a(n+1)}\frac{(ax^2+b)^{n+1}}{x^{2n+2}} + \frac{1}{a}\int \frac{(ax^2+b)^{n+1}}{x^{2n+3}}dx$

81. $\int \frac{(ax^2+b)^n}{x}dx = \frac{(ax^2+b)^n}{2n} + b\int \frac{(ax^2+b)^{n-1}}{x}dx$

82. $\int \frac{(ax^2+b)^n}{x}dx = -\frac{(ax^2+b)^{n+1}}{2b(n+1)} + \frac{1}{b}\int \frac{(ax^2+b)^{n+1}}{x}dx$

G. ax^2+bx+c를 포함하는 형태

83. $\int \frac{dx}{ax^2+bx+c} = \frac{2}{\sqrt{4ac-b^2}}\tan^{-1}\frac{2ax+b}{\sqrt{4ac-b^2}}\ (b^2<4ac)$

84. $\int \frac{dx}{ax^2+bx+c} = \frac{1}{\sqrt{b^2-4ac}}\ln\frac{2ax+b-\sqrt{b^2-4ac}}{2ax+b+\sqrt{b^2-4ac}}\ (b^2>4ac)$

85. $\int \frac{dx}{ax^2+bx+c} = -\frac{2}{\sqrt{b^2-4ac}}\tanh^{-1}\frac{2ax+b}{\sqrt{b^2-4ac}}\ (b^2>4ac)$

86. $\int \frac{dx}{ax^2+bx+c} = -\frac{2}{2ax+b}\ (b^2=4ac)$

87. $\int \frac{xdx}{ax^2+bx+c} = \frac{1}{2a}\ln(ax^2+bx+c) - \frac{b}{2b}\int \frac{dx}{ax^2+bx+c}$

88. $\int \frac{x^2dx}{ax^2+bx+c} = \frac{x}{a} - \frac{b}{2a^2}\ln(ax^2+bx+c) + \frac{b^2-2ac}{2a^2}\int \frac{dx}{ax^2+bx+c}$

89. $\int \frac{dx}{ax^2+bx+c} = \frac{1}{\sqrt{a}}\ln(2ax+b+2\sqrt{a}\ \sqrt{ax^2+bx+c})\ (a>0)$

90. $\int \frac{dx}{ax^2+bx+c} = \frac{1}{\sqrt{-a}}\sin^{-1}\frac{-2ax-b}{\sqrt{b^2-4ac}}\ (a<0)$

91. $\int \sqrt{ax^2+bx+c}\ dx = \frac{2ax+b}{4a}\sqrt{ax^2+bx+c} + \frac{4ac-b^2}{8a}\int \frac{dx}{ax^2+bx+c}$

92. $\int \frac{xdx}{\sqrt{ax^2+bx+c}} = \frac{\sqrt{ax^2+bx+c}}{a} - \frac{b}{2a}\int \frac{dx}{\sqrt{ax^2+bx+c}}$

93. $\int \sqrt{ax^2+bx+cx}\, dx = \frac{(ax^2+bx+c)^{\frac{3}{2}}}{3a} - \frac{b}{2a}\int \sqrt{ax^2+bx+c}\, dx$

H. $\sin ax$ 와 $\cos ax$ 를 포함하는 형태

94. $\int \sin ax\, dx = -\frac{1}{a}\cos ax$

95. $\int \sin^2 ax\, dx = \frac{x}{2} - \frac{\sin 2ax}{4a}$

96. $\int \cos ax\, dx = \frac{1}{a}\sin ax$

97. $\int \cos^2 ax\, dx = \frac{x}{2} + \frac{\sin 2ax}{4a}$

98. $\int \frac{dx}{\sin ax} = \frac{1}{a}\ln\tan\frac{ax}{2} = \frac{1}{a}\ln(\csc ax - \cot ax)$

99. $\int \frac{dx}{\cos ax} = \frac{1}{a}\ln\tan\left(\frac{ax}{2}+\frac{\pi}{4}\right) = \frac{1}{a}\ln(\tan ax + \sec ax)$

100. $\int \frac{dx}{b+c\sin ax} = -\frac{2}{a\sqrt{b^2-c^2}}\tan^{-1}\left[\sqrt{\frac{b-c}{b+c}}\tan\left(\frac{\pi}{4}-\frac{ax}{2}\right)\right] \quad (b^2>c^2)$

101. $\int \frac{dx}{b+c\sin ax} = -\frac{1}{a\sqrt{c^2-b^2}}\ln\left[\frac{c+b\sin ax+\sqrt{c^2-b^2}\cos ax}{b+c\sin ax}\right] (c^2>b^2)$

102. $\int \frac{dx}{b+c\cos ax} = \frac{2}{a\sqrt{b^2-c^2}}\tan^{-1}\left(\sqrt{\frac{b-c}{b+c}}\tan\frac{ax}{2}\right)(b^2>c^2)$

103. $\int \frac{dx}{b+c\cos ax} = \frac{1}{a\sqrt{c^2-b^2}}\ln\frac{c+b\cos ax+\sqrt{c^2-b^2}\sin ax}{b+c\cos ax} \quad (c^2>b^2)$

104. $\int \sin ax\sin bx dx = \frac{\sin(a-b)x}{2(a-b)} - \frac{\sin(a+b)x}{2(a+b)} \quad (a^2\neq b^2)$

105. $\int \sin ax\cos bx dx = -\frac{1}{2}\left[\frac{\cos(a-b)x}{a-b}+\frac{\cos(a+b)x}{a+b}\right](a^2\neq b^2)$

106. $\int \cos ax\cos bx dx = \frac{\sin(a-b)x}{2(a-b)} + \frac{\sin(a+b)x}{2(a+b)}(a^2\neq b^2)$

107. $\int \sin^n ax dx = -\frac{\sin^{n-1}ax\cos ax}{na} + \frac{n-1}{n}\int \sin^{n-2}ax dx$

108. $\int \cos^n ax dx = \frac{\cos^{n-1}ax\sin ax}{na} + \frac{n-1}{n}\int \cos^{n-2}ax dx$

109. $\int \sin^m ax\cos^n ax dx = \frac{\sin^{m+1}ax\cos^{n-1}ax}{a(m+n)} + \frac{n-1}{m+n}\int \sin^m ax\cos^{n-2}ax dx$

($m+n=0$ 이면 식 121, 122 적용)

110. $\int \sin^m ax\cos^n ax dx = -\frac{\sin^{m-1}ax\cos^{n+1}ax}{a(m+n)} + \frac{m-1}{m+n}\int \sin^{m-2}ax\cos^n ax dx$

($m+n=0$ 이면 식 121, 122 적용)

111. $\int \sin^m ax \cos^n dx = -\frac{\sin^{m+1} ax \cos^{n+1} ax}{a(n+1)} + \frac{m+n+2}{n+1} \int \sin^m ax \cos^{n+2} ax dx$

$(n+1 \neq 0)$ ($n+1=0$ 이면 식 110, 112 적용)

112. $\int \sin^m ax \cos^n ax dx = \frac{\sin^{m+1} ax \cos^{n+1} ax}{m+1} + \frac{m+n+2}{m+1} \int \sin^{m+2} ax \cos^n ax dx$

$(m+1 \neq 0)$ ($m+1=0$ 이면 식 109, 111 적용)

113. $\int x \sin ax dx = \frac{1}{a^2} \sin ax - \frac{1}{a} x \cos ax$

114. $\int x^2 \sin ax dx = -\frac{x^2}{a} \cos ax + \frac{2x}{a^2} \sin ax + \frac{2}{a^2} \cos ax$

115. $\int x \cos ax dx = \frac{1}{a^2} \cos ax + \frac{1}{a} x \sin ax$

116. $\int x^2 \cos ax dx = \frac{x^2}{a} \sin ax + \frac{2x}{a^2} \cos ax - \frac{2}{a^2} \sin ax$

117. $\int x^n \sin ax dx = -\frac{1}{a} x^n \cos ax + \frac{n}{a} \int x^{n-1} \cos ax dx$

118. $\int x^n \cos ax dx = \frac{1}{a} x^n \sin ax - \frac{n}{a} \int x^{n-1} \sin ax dx$

I. tanax, cotax, secax, cscax 를 포함하는 형태

119. $\int \tan ax dx = -\frac{1}{a} \ln \cos ax = \frac{1}{a} \ln \sec ax$

120. $\int \cot ax dx = \frac{1}{a} \ln \sin ax$

121. $\int \tan^n ax dx = \frac{1}{a(n-1)} \tan^{n-1} ax - \int \tan^{n-2} ax dx$

122. $\int \cot^n ax dx = -\frac{1}{a(n-1)} \cot^{n-1} ax - \int \cot^{n-2} ax dx$

123. $\int \sec ax dx = \frac{1}{a} ln \tan\left(\frac{ax}{2} + \frac{\pi}{4}\right) = \frac{1}{a} \ln(\sec ax + \tan ax)$

124. $\int \sec^2 ax dx = \frac{1}{a} \tan ax$

125. $\int \csc ax dx = \frac{1}{a} \ln \tan \frac{ax}{2} = \frac{1}{a} \ln(\csc ax - \cot ax)$

126. $\int \csc^2 ax dx = -\frac{1}{a} \cot ax$

127. $\int \sec^n ax dx = \frac{1}{a(n-1)} \frac{\sin ax}{\cos^{n-1} ax} + \frac{n-2}{n-1} \int \sec^{n-2} ax dx$

128. $\int \csc^n ax dx = -\frac{1}{a(n-1)} \frac{\cos ax}{\sin^{n-1} ax} + \frac{n-2}{n-1} \int \csc^{n-2} ax dx$

129. $\int \tan ax \sec ax dx = \frac{1}{a} \sec ax$

J. 역삼각함수의 적분

130. $\int \sin^{-1} ax dx = x \sin^{-1} ax + \frac{1}{a} \sqrt{1-a^2x^2}$

131. $\int \cos^{-1} ax dx = x \cos^{-1} ax - \frac{1}{a} \sqrt{1-a^2x^2}$

132. $\int \tan^{-1} ax dx = x \tan^{-1} ax + \frac{1}{2a} \ln(1+a^2x^2)$

133. $\int \cot^{-1} ax dx = x \cot^{-1} ax + \frac{1}{2a} \ln(1+a^2x^2)$

134. $\int \sec^{-1} ax dx = x \sec^{-1} ax - \frac{1}{a} \ln(ax + \sqrt{a^2x^2-1})$

$= x \sec^{-1} ax - \frac{1}{a} \cosh^{-1} ax$

135. $\int \csc^{-1} ax dx = x \csc^{-1} ax + \frac{1}{a} \ln(ax + \sqrt{a^2x^2-1})$

$= x \csc^{-1} ax + \frac{1}{a} \cosh^{-1} ax$

K. 초월함수의 적분

136. $\int e^{ax} dx = \frac{1}{a} e^{ax}$

137. $\int b^{ax} dx = \frac{b^{ax}}{a \ln b}$

138. $\int x e^{ax} dx = \frac{e^{ax}}{a^2}(ax-1)$

139. $\int x^n e^{ax} dx = \frac{1}{a} x^n e^{ax} - \frac{n}{a} \int x^{n-1} e^{ax} dx \quad (n>0)$

140. $\int x^n b^{ax} dx = \frac{x^n b^{ax}}{a \ln b} - \frac{n}{a \ln b} \int x^{n-1} b^{ax} dx \quad (n>0)$

141. $\int e^{ax} \sin bx dx = \frac{e^{ax}}{a^2+b^2}(a \sin bx - b \cos bx)$

142. $\int e^{ax}\cos bx dx = \frac{e^{ax}}{a^2+b^2}(a\cos bx + b\sin bx)$

143. $\int \ln ax dx = x\ln ax - x$

144. $\int x^n \ln ax dx = x^{n+1}\left[\frac{\ln ax}{n+1} - \frac{1}{(n+1)^2}\right]$

145. $\int \frac{dx}{x\ln ax} = \ln(\ln ax)$

L. 쌍곡선함수의 적분

146. $\int \sinh ax dx = \frac{1}{a}\cosh ax$

147. $\int \sinh^2 ax dx = \frac{1}{4x}\sinh 2ax - \frac{1}{2}x$

148. $\int \cosh ax dx = \frac{1}{a}\sinh ax$

149. $\int \cosh^2 ax dx = \frac{1}{4x}\sinh 2ax + \frac{1}{2}x$

150. $\int \tanh ax dx = \frac{1}{a}\ln(\cosh ax)$

151. $\int \tanh^2 ax dx = x - \frac{1}{a}\tanh ax$

152. $\int \cot ax dx = \frac{1}{a}\ln(\sinh ax)$

153. $\int \coth^2 ax dx = x - \frac{1}{a} coth ax$

154. $\int \mathrm{sech}\, ax dx = \frac{1}{a}\frac{1}{\tan^{-1}}(\sinh ax)$

155. $\int \mathrm{sech}^2 ax dx = \frac{1}{a}\tanh ax$

156. $\int \mathrm{csch}\, ax dx = -\frac{1}{a}\ln(\coth ax + \mathrm{csch}\, ax)$ 또는 $\frac{1}{a}\ln\tanh\frac{ax}{2}$

157. $\int \mathrm{csch}^2 ax dx = -\frac{1}{a}\coth ax$

158. $\int \mathrm{sech}\, ax \tanh ax dx = -\frac{1}{a}\mathrm{sech}\, ax$

159. $\int \mathrm{csch}\, ax \coth ax dx = -\frac{1}{a}\mathrm{csch}\, ax$

160. $\int e^{ax}\sinh b^x dx = \frac{e^{ax}}{a^2-b^2}(a\sinh bx - b\cosh bx)$

161. $\int e^{ax}\cosh b^x dx = \frac{e^{ax}}{a^2-b^2}(a\cosh bx - b\sinh bx)$

찾아보기

■ **김익성**
동국대학교 수학과 졸업
동국대학교 대학원(이학석사, 이학박사)
University of Queensland(호주) 방문교수
현재 상지대학교 이공과대학 컴퓨터데이터정보학과 교수

일반수학

지은이 김익성
펴낸이 조경희
펴낸곳 경문사
펴낸날 2015년 9월 1일 1판 1쇄
2021년 3월 5일 1판 2쇄
등 록 1979년 11월 9일 제1979-000023호
주 소 04057, 서울특별시 마포구 와우산로 174
전 화 (02)332-2004 팩스 (02)336-5193
이메일 kyungmoon@kyungmoon.com

값 25,000원

ISBN 978-89-6105-925-1